Mammuts

thorbecke SPECIES

Adrian Lister und
Paul Bahn

Mammuts

Die Riesen der Eiszeit

Herausgegeben von Gerhard Bosinski
Mit einem Vorwort von Jean M. Auel
Aus dem Englischen von Peter Nittmann

Jan Thorbecke Verlag
1997

Für Barbara und Stanley Lister

und für Guy Bahn

Umschlagabbildung: Ausschnitt aus einer Illustration von Rien Poortvliet (Verlag Uitgeversmaatschappij J. H. Kok, Kampen, Holland)

О НАХОДКАХ ИСКОПАЕМЫХ ЖИВОТНЫХ

По берегам северных рек, ручьев и морей вымываются водой из слоев земли остатки давно вымерших животных, когда-то живших в Сибири и на севере Европейской части СССР: отдельные кости, *черепа* или даже *цельные скелеты* и *трупы* мамонтов, носорогов, диких быков, лошадей, оленей и других. Все эти находки трупов с мясом кожею и шерстью, а также цельные скелеты и черепа представляют большой научный интерес. Они нужны Академии Наук СССР для изучения и для выставки в музеях.

Поэтому Академия Наук СССР просит всех граждан, нашедших такие остатки вымерших животных или слышавших о них, во-первых, принять меры к их охране от уничтожения дикими животными или от дальнейшего размыва водою, во-вторых, возможно скорее сообщить по радио или почтою в Москву, в Академию Наук, об этих находках.

За это Академия Наук СССР будет выдавать *денежное вознаграждение*, в зависимости от научной ценности находки, размером *до тысячи рублей*.

Президент Академии Наук СССР академик *В. Л. Комаров*

Seite 1: **Ein geschnitztes Mammut** aus Mammutknochen – wahrscheinlich von der Patella (Kniescheibe) oder einem Rückenwirbel –, das in Avdeevo (Rußland) entdeckt wurde. Der Fundort datiert aus einer Zeit vor etwa 22000 Jahren.

Seite 2–3: **Ein Mammut im Verein mit anderen Tieren,** einschließlich einem Steinbock. Szene aus einer Malerei an der Decke der Höhle Rouffignac im Südwesten Frankreichs. Verschiedentlich wurde geltend gemacht, daß diese Malerei nicht aus der Eiszeit stammt; aber die detaillierte Ausgestaltung des Mammuts spricht sehr für ein eiszeitliches Alter dieser Darstellung.

Oben: In diesem Jahrhundert wurden in Rußland **etliche Plakate** hergestellt, die Belohnungen für Hinweise auf Mammutkadaver in Sibirien auslobten.

Titel der englischen Original-Ausgabe:
Adrian Lister and Paul Bahn
Mammoths
Foreword by Jean M. Auel

Titel der deutschen Ausgabe:
Adrian Lister und Paul Bahn
Mammuts – Die Riesen der Eiszeit
Herausgegeben von Gerhard Bosinski
Mit einem Vorwort von Jean M. Auel
Aus dem Englischen von Peter Nittmann
Thorbecke SPECIES Band 1

Die Deutsche Bibliothek – CIP-Einheitsaufnahme

Lister, Adrian: Mammuts: die Riesen der Eiszeit / Adrian Lister und Paul Bahn. Hrsg. von Gerhard Bosinski. Mit einem Vorw. von Jean M. Auel. Aus dem Engl. von Peter Nittmann. – Sigmaringen: Thorbecke, 1997
(Thorbecke SPECIES; 1)
Einheitssacht.: Mammoths <dt.>
ISBN 3-7995-9050-1

Dieses Buch ist aus säurefreiem und alterungsbeständigem Papier hergestellt.

Herstellung: Norbert Brey
Umschlag: Arnold Buck

Satz: M. Liehners Hofbuchdruckerei GmbH & Co. Verlagsanstalt, Sigmaringen
Druck und Bindearbeiten: Arnoldo Mondadori
Printed in Italy
ISBN 3-7995-9050-1

Inhalt

VORWORT

von Jean M. Auel

Schädel eines Mammuts, ausgegraben bei Ilford in der Nähe von London. Die charakteristische Krümmung der gewaltigen Stoßzähne ist gut zu erkennen.

Nur wenigen unter uns ist es jemals vergönnt, in Afrika oder Indien Elefanten in ihrer natürlichen Umgebung zu beobachten. So verbleiben nur Zoo und Zirkus, um diese prächtigen Tiere – die größten auf der Erdoberfläche – zu bewundern. Zu einer bestimmten Zeit durchstreiften jedoch frühe Verwandte der Elefanten die nördlichen Kontinente und grasten an Stellen, wo jetzt die geschäftigen Straßen unserer Großstädte verlaufen. Wie schön wäre es, wenn man diese gewaltigen, fremdartigen Tiere mit ihrem zottigen Fell und ihren beeindruckenden Stoßzähnen heute noch sehen könnte!

Das Buch von Adrian Lister und Paul Bahn gewährt uns Einblicke, die diesem Abenteuer wenigstens sehr nahe kommen. Wie hilfreich wäre es gewesen, wenn ich auf dieses ausgezeichnete Buch hätte zurückgreifen können, als ich für meine Erzählungen über die Eiszeit nach Auskünften über die Mammuts forschte. So mußte ich mich durch Dutzende sehr spezieller Sachbücher und wissenschaftlicher Abhandlungen hindurcharbeiten.

Nach landläufiger Auffassung gehören die Mammuts als ausgestorbene Tiere in einen Topf mit den Dinosauriern; auch in Spielwarengeschäften macht sich dieser Trend bemerkbar. Der Leser dieses Buches wird jedoch entdecken, daß die Dinosaurier vor 65 Millionen Jahren ausstarben, während die Mammuts zusammen mit den Menschen vor vier bis fünf Millionen Jahren in Erscheinung traten. Nach all der Aufmerksamkeit, die den Sauriern gegenwärtig zuteil wird, ist es endlich an der Zeit, diesen nicht minder faszinierenden Kolossen ihren Anteil am allgemeinen Interesse zukommen zu lassen. Das vorliegende Buch leistet hierfür einen wesentlichen Beitrag.

Fachleute, Wissenschaftler, neugierige Erwachsene und – obwohl das Buch nicht eigens für sie geschrieben wurde – sogar Kinder, jeder also, der mehr darüber wissen will, wie sich diese hinreißenden Tiere in das Gesamtbild einfügen, wird diesen Band willkommen heißen. Auf den folgenden Seiten werden die Leser entdecken, wie einmalig sich die europäischen Mammuts den Bedingungen ihrer kalten Welt anpaßten, und sie werden Unterschiede zwischen ihnen und der amerikanischen Varietät feststellen. Sie werden erfahren, daß die Mammuts Verwandte der Afrikanischen und Indischen Elefanten, aber nicht ihre Vorfahren waren. Und schließlich werden sie herausfinden, auf welche Weise wir so viel Wissen über die Mammuts – einschließlich ihres Verhaltens – erworben haben.

In diesem informativen und prächtig illustrierten Band wird jedes der im Eis und dem Dauerfrostboden des Nordens gefundenen Exemplare beschrieben und nebenbei so manche Legendenbildung zerstreut. So ist beispielsweise nicht bekannt, daß jemand – von Hunden und anderen fleischfressenden Tieren abgesehen – jemals gefrorenes Mammutfleisch gegessen hätte, obwohl es tiefrot ist und wie Rindfleisch aussieht. Wissenschaftler haben ihre DNS isoliert und versuchen auf dieser Grundlage, zusammen mit der sorgfältigen Erforschung der morphologischen Eigenschaften dieser Tiere, herauszufinden, ob sie enger mit dem Indischen oder mit dem Afrikanischen Elefanten verwandt sind.

Von den Malereien und Gravierungen der Eiszeitmenschen erfahren wir, wie unsere Ahnen diese gewaltigen und die Phantasie anregenden Tiere wahrgenommen haben, die an ihrer eisigen Welt Anteil hatten, und wie wichtig die Mammuts für ihr Überleben und ihre alltäglichen Bedürfnisse waren. Sie lebten in Hütten, die aus Mammutknochen gebaut waren, und sie benutzten Knochen als Brennstoff. Sie stellten aus den Stoßzähnen der Tiere nicht nur Werkzeuge her, von Beilen über Nadeln bis zu Bumerangs, sondern sie fertigten ebenso Kunstwerke aus Elfenbein. Und dabei beschränkten sie sich keineswegs auf Schnitzereien. Die frühen Menschen entlockten den Mammutknochen Musik, und wahrscheinlich kamen die Instrumente bei freudigen Feiern und Zeremonien zum Einsatz.

Indem sie all diese Fäden zu einem farbigen Gewebe verknüpften, haben uns die Verfasser einen großen Dienst erwiesen. Nach der Lektüre wissen wir nicht nur mehr über das Leben des geheimnisumwitterten Mammuts: wir haben mehr über uns selbst erfahren.

Ein aus Mammutelfenbein hergestelltes Pferd, das im Vogelherd (Deutschland) entdeckt wurde. Es wurde vor ungefähr 30 000 Jahren geschnitzt und ist damit eine der ältesten Skulpturen der Welt.

Jean M. Auel
Autorin des Buches *Mammutjäger* und anderer erfolgreicher Erzählungen über die Eiszeit

EINLEITUNG

»Dann tauchte nach einer Biegung des Pfades der hochragende Schädel auf, und jetzt standen wir am Grab des diluvialen Riesentiers! Rumpf und Gliedmaßen steckten teilweise noch in den Erdmassen, mit denen zusammen der Kadaver von oben aus einer der weiten Spalten der Eisbank abgerutscht war. Wortlos standen wir vor diesem Zeugen der Vorwelt, der bis auf unsere Tage in seinem Eisgrab durch die Jahrtausende fast unversehrt erhalten geblieben war, und lange konnten wir uns von diesem sagenumsponnenen Urwaldwesen nicht trennen, dessen bloßer Anblick die Naturkinder der Wälder und Tundren schon mit abergläubischem Grauen erfüllt.«

Aus diesen Worten von Eugen Pfizenmayer, eines Zoologen der Russischen Kaiserlichen Akademie der Wissenschaften, mit denen er ein dramatisches Zusammentreffen während einer Expedition im Nördlichen Polarkreis im Jahre 1901 beschreibt, klingen die besondere Aufregung und Ehrfurcht wieder, die einen befallen, wenn man auf ein vollständig erhaltenes gefrorenes Mammut stößt. Wir, die Verfasser, stehen schon seit langem im Bann der Mammuts. Während unserer Forschungsarbeiten hatten wir das Glück, jenen eigenartigen Kitzel beim Ausgraben von Mammutüberresten zu verspüren, die seit Jahrtausenden begraben lagen, jenes Prickeln angesichts von Darstellungen dieser ausgestorbenen Tiere wahrzunehmen, die unsere frühen Vorfahren hinterlassen haben. Auf den folgenden Seiten dieses Buches wollen wir die Leser an diesen aufregenden Exkursionen und an unseren Erfahrungen teilhaben lassen.
Unserer Ansicht nach gibt es über keine andere Tierart unter den prähistorischen Lebewesen so viele spannende Nachrichten. Während gegenwärtig die Bücher über Dinosaurier Konjunktur haben, gibt es bislang noch kein allgemeinverständliches Buch, das sich allen Aspekten des Mammuts widmet – seinem Leben und Verschwinden, den Fragen seiner Konservierung und den Wechselbeziehungen mit dem vorgeschichtlichen Menschen.

In diesem Buch haben wir den Versuch unternommen, ein ausgewogenes Verhältnis wiederherzustellen, indem wir die jüngsten Entdeckungen und Forschungsergebnisse – einschließlich unserer eigenen Arbeit und der vieler Freunde und Kollegen – heranzogen. Der Text wird durch eigens angefertigte Illustrationen ergänzt, die die Mammuts in ihren natürlichen Lebensbedingungen während der Eiszeit anschaulich vor Augen führen.

Das Buch erzählt die Geschichte der Mammuts in einer folgerichtigen Gliederung. Zu Anfang stellt es die Tiere in ihren evolutionären Kontext und zeichnet ihre Ursprünge sowie ihre Verbindungen zu ähnlichen Lebewesen – insbesondere den Elefanten, ihren nächsten noch lebenden Verwandten – nach. Dieses einleitende Kapitel verfolgt des weiteren die

Schnitzerei eines Mammuts aus Mammutelfenbein, die bei Předmostí in Mähren gefunden wurde. Ihr Alter beläuft sich wahrscheinlich auf rund 26 000 Jahre.

Der Kadaver eines kleinen Mammuts, das 1977 in Sibirien entdeckt und unter dem Namen Dima bekannt wurde. Der kleine Dima, der praktisch vollständig erhalten ist, ist vermutlich der berühmteste aller sibirischen Mammutfunde.

Wanderung der Mammuts über den Globus, eine Geschichte, die vor etwa drei Millionen Jahren in Afrika begann und in so entfernten Gebieten wie Großbritannien, Kalifornien und der Wrangel-Insel im Nördlichen Eismeer endete.

Im zweiten Kapitel wird geschildert, wie die Überreste der Mammuts entdeckt, ausgegraben und konserviert werden. Hier kann sich der Leser auf die Spuren Pfizenmayers, der älteren »Mammutjäger« sowie der modernen Ausgräber begeben. Sie erbringen ständig neue Belege, mit deren Hilfe die Geschichte der Mammuts vervollständigt werden kann. Vom einzelnen Zahn in einer Kiesgrube bis zum vollständig erhaltenen, im Dauerfrostboden konservierten Kadaver hat jedes Belegstück einen wichtigen Platz in der gesamten Überlieferung inne.

Im dritten Kapitel zeigen wir auf, wie man die von den Mammutüberresten gewonnenen Informationen verwendet, um alles über das Leben dieses Tieres in Erfahrung zu bringen – seine äußere Erscheinung und Anpassungsstrategien, sein Verhalten und soziales Leben. Die Zähne und Knochen, Haut und Haare von Mammuts – ob männlich oder weiblich, jung oder alt – sind uns dabei behilflich, die täglichen Verrichtungen dieser prähistorischen Lebewesen nachzuzeichnen.

Im Unterschied zu den Dinosauriern lebten die Mammuts mit unseren frühen Vorfahren zusammen. Das vierte Kapitel, das dieser Beziehung gewidmet ist, setzt mit den außergewöhnlichen Mammutdarstellungen der Eiszeitmenschen ein. In der Folge erörtern wir die vielen verschiedenen Möglichkeiten, welchen Gebrauch die Menschen von den Knochen und Stoßzähnen der Tiere machten: für den Bau einer Hütte, für Werkzeuge und Schmuckgegenstände sowie für rituelle Begräbnisse.

Das letzte Kapitel geht der Frage nach, ob und wie die Menschen Mammuts gejagt haben. Hier wird diskutiert, inwiefern diese Beutezüge zum endgültigen Verschwinden der Tierart beigetragen haben und welche Rolle das Klima dabei spielte. In diesem Abschnitt werden die Mammuts beschrieben, die am längsten auf der Erde überlebt haben: die kleinen Mammuts auf der Wrangel-Insel, die wahrscheinlich bis vor 4000 Jahren lebten – zu einer Zeit, als die ägyptische Hochkultur bereits existierte.

Abschließend betrachten wir die jüngsten Versuche, das Mammut durch automatisierte Nachbildungen »wiederauferstehen« zu lassen. Außerdem wird aufgezeigt, daß die DNS-Analyse – die für sich genommen schon aufregend genug ist – in absehbarer Zukunft kaum dazu beitragen kann, ein lebendes Mammut hervorzubringen.

Aber selbst wenn wir die Hoffnung, jemals ein lebendiges Mammut zu sehen, enttäuschen müssen, so können wir doch in einer langwierigen Unternehmung den auf uns gekommenen Relikten Leben einhauchen.

Dies ist durch die Bemühungen und Entdeckungen der Archäologen und Paläontologen möglich geworden, ebenso aber durch die wunderschönen Bilder und Darstellungen, die uns viele prähistorische Künstler hinterlassen haben. Sie haben einst diese außergewöhnlichen Tiere in Fleisch und Blut vor sich gesehen.

Die Ursprünge

Die Abstammung der Mammuts kann über eine Zeit von ungefähr 55 Millionen Jahre zurückverfolgt werden. Die letzten Dinosaurier waren seit etwa zehn Millionen Jahren ausgestorben, bevor eine Gruppe von Säugetieren auftauchte, die wir unter dem Namen Rüsseltiere (*Proboscidea*) zusammenfassen. Sie bildeten recht bald hervorstehende Stoßzähne und verlängerte, rüsselartige Nasen aus. Rund fünfzig Millionen Jahre später gingen aus dieser Abstammungslinie die ersten Mammuts hervor.

Obwohl die Mammuts mit den heutigen Elefanten verwandt sind, zählen sie nicht zu deren Vorfahren, sondern entspringen einem anderen Zweig des Stammbaums. Die ersten Mammuts durchstreiften die tropischen Waldlandschaften Afrikas und weideten dort; erst später wanderten sie nach Europa und Sibirien und erreichten eventuell auch Nordamerika. Mit der zunehmenden Kälte des Eiszeitalters vollzog sich bei den Mammuts der nördlichen Breiten ein evolutionärer Wandel; die Mammuts, die am Ende dieser Entwicklung standen, waren für das Überleben unter arktischen Temperaturen hervorragend ausgerüstet. In Nordamerika entstand hingegen eine recht unterschiedliche Art, das Nordamerikanische Mammut (*Mammuthus columbi*). Die isolierte Insellage führte schließlich zu ganz eigenen, sonderbaren Umgestaltungen: den Zwergmammuts, die die letzten Mammuts überhaupt gewesen zu sein scheinen.

Die heute noch existierenden Verwandten des Mammuts, die Elefanten, sind die letzten Überlebenden einer ursprünglich weitverbreiteten und verschiedenartigen Tiergruppe, deren Entwicklungsgeschichte 55 Millionen Jahre umfaßt.

DIE ERSTEN EUROPÄISCHEN MAMMUTS

Eine Gruppe männlicher Mammuts weidet in einem dicht bewaldeten Gebiet im südlichen Europa vor etwa 1,5 Millionen Jahren. Diese Art, das ursprüngliche Mammut (*Mammuthus meridionalis*), war der direkte Nachkomme der tropischen Ahnform, die vor einer Million Jahren oder mehr nordwärts gewandert war und Afrika schließlich verlassen hatte.

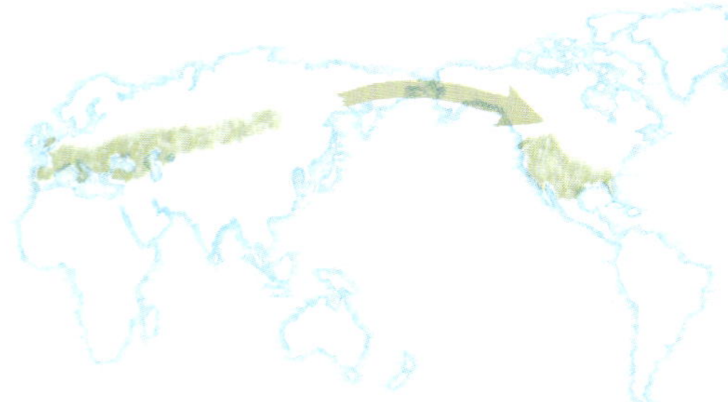

Das ursprüngliche Mammut *Mammuthus meridionalis* war die Urform der Mammuts, von der zwei separate Entwicklungslinien ausgingen: der Steppenelefant (*M. trogontherii*) und das Nordamerikanische Mammut *M. columbi*. Das wollhaarige Mammut (*M. primigenius*) stammt vom Steppenelefanten *(M. trogontherii)* ab.

Im Unterschied zu ihren letzten Nachfahren, die in erster Linie Grasfresser sind, waren die ursprünglichen Mammuts auf Bäume und Sträucher als Nahrungspflanzen spezialisiert. Sie fraßen nicht nur Frucht und Rinde, sondern ebenso die Blätter. Wie die heutigen Elefanten hinterließen diese Tiere höchstwahrscheinlich unmittelbare Spuren in ihrer Umgebung, aufgrund ihrer Gewohnheit, Rinde von den Baumstämmen zu kratzen und ganze Bäume umzudrücken.

Auf den ersten Blick sehen diese ursprünglichen Mammuts eher wie die heutigen Elefanten aus. Da sie noch nicht an die Kälte der Eiszeit angepaßt waren, fehlte ihnen das Haarkleid ihrer Nachkommen. Mehrere Merkmale kennzeichnen sie indessen als Mammuts, insbesondere der hochgewölbte Kopf und die sich abzeichnende spiralförmige Krümmung der Stoßzähne. Ihre Ohren hatten vermutlich einen ähnlichen Umfang wie bei den heutigen Indischen Elefanten.

Im frühen Eiszeitalter (Pleistozän) herrschte in Europa überwiegend ein mildes Klima vor, und die Wälder beherbergten viele Tier- und Pflanzenarten, deren nächste Verwandte jetzt weiter südlich vorkommen. Ein Beispiel ist das Stachelschwein, das gegenwärtig in Nordafrika und dem Mittleren Osten vorzufinden ist.

Die Mammuts der Steppen
Eine Gruppe von Steppenmammuts (*Mammuthus trogontherii*) wandert in Mitteleuropa vor etwa 600000 Jahren durch ein Flußtal. Das Steppenmammut war das größte aller Mammuts; große männliche Tiere erreichten eine Schulterhöhe von 4,3 m und wogen mindestens 10 Tonnen.

Das Habitat der Steppenmammuts umfaßte große Gebiete mit Grasvegetation wie bei den heutigen Steppen – daher der Name des Tieres. Gras machte den Hauptteil seiner Nahrung aus. Die Blätter und Zweige von Bäumen und Sträuchern, die entlang der Flußtäler und in anderen klimatisch geschützten Gegenden vorkamen, ergänzten jedoch den Speiseplan der Mammuts.

An den Steppenmammuts waren vermutlich die ersten Anzeichen für die Entwicklung eines Fells, kleinerer Ohren und anderer Merkmale zu beobachten, die später beim wollhaarigen Mammut begegnen. Legt man die Verhaltensweisen der heutigen Elefanten zugrunde, dann fanden sich die Mammuts wohl zu Gruppen zusammen, um sich einmal oder mehrere Male im Jahr auf die Suche nach neuen Weideplätzen zu begeben.

Die Mammuts waren nicht die einzige Elefantenart in der europäischen Eiszeit. Der mit geraden Stoßzähnen ausgestattete Waldelefant (*Palaeoloxodon antiquus*; links), der vermutlich mit dem Indischen Elefanten *Elephas* verwandt war, kam dem Steppenmammut an Größe annähernd gleich. Im Vergleich zum Mammut bevorzugte er eher die wärmeren, mehr bewaldeten Gebiete, aber beide Arten kamen bisweilen gemeinsam in Gegenden mit Grasflächen und Bäumen vor.

Viele andere große Tiere gediehen in diesem Steppenhabitat. Einer von ihnen war der Riesenelch. Mit einer Höhe von 2 m war er die größte jemals lebende Hirschart. Sein mächtiges Geweih steht seitlich vom Kopf ab.

Das Steppenmammut (*M. trogontherii*) stellt das evolutionäre Bindeglied zwischen dem älteren ursprünglichen Mammut (*M. meridionalis*), aus dem er hervorging, und dem jüngeren wollhaarigen Mammut (*M. primigenius*), seinem Nachfahren, dar.

ANPASSUNG AN DIE KÄLTE

Mit seinem Haarkleid, dem schräg abfallenden Rücken und den gewaltigen Stoßzähnen ist das wollhaarige Mammut (*Mammuthus primigenius*) geradezu zu einem Symbol der Eiszeit geworden. Die hier gezeigte Szene könnte sich so in Deutschland vor etwa 50000 Jahren abgespielt haben, in der Mitte der letzten Eiszeit, dem Höhepunkt in der Entwicklung des Mammuts.

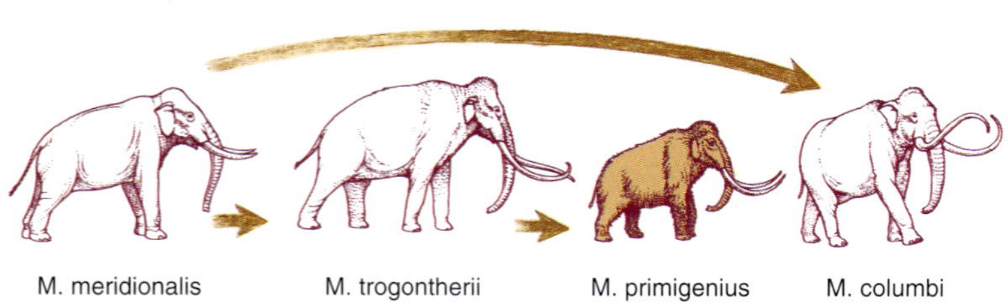

Das wollhaarige Mammut (*M. primigenius*) stammt vom Steppenmammut (*M. trogontherii*) ab, das seinerseits aus dem ursprünglichen Mammut (*M. meridionalis*) hervorging.

Das Mammut kam vermutlich zuerst in Sibirien vor, aber schon bald erstreckte sich sein weitläufiges Verbreitungsgebiet von Irland bis zur Ostküste Nordamerikas. Es lebte südlich der Eiszonen und bewohnte eine Landschaft mit reicher Grasvegetation und spärlichem Baumbewuchs. Es teilte sich diesen Lebensraum mit anderen mittlerweile ausgestorbenen Tieren, so dem Wollnashorn und dem Riesenhirsch.

Eine leichte Schneedecke überzieht die Vegetation, und ein Mammut setzt seine Stoßzähne ein, um den Schnee wegzuschieben und das Gras freizulegen. Im Unterschied zu landläufigen Vorstellungen über den Lebensraum der Mammuts lag im Großteil seines Verbreitungsgebiets nur selten sehr viel Schnee.

Aus nächster Nähe war das Mammut mit seinen mächtigen Stoßzähnen, die sich scheinbar über seinen Kopf wölbten, für jedes kleinere Tier, den Menschen eingeschlossen, eine imposante Erscheinung. Die Einzelheiten seines äußeren Erscheinungsbildes wie die kleinen Ohren, das spitz zulaufende Rüsselende und die Länge seiner Haare kennt man von ganzen Kadavern, die man in Sibirien entdeckt hatte. Das Mammut stellt den Abschluß in einer Reihe von Anpassungen an die eiszeitlichen Lebensbedingungen dar.

Dugongs (Gabelschwanz-Seekühe), die heute in den Küstengewässern Südostasiens und im Indischen Ozean leben, zählen zu den engsten Verwandten der Mammuts und der heutigen Elefanten. Sie haben kleine, aus den Schneidezähnen gebildete Stoßzähne, die aber gewöhnlich unter den Lippen verborgen bleiben.

Mammuts zählen mit den Dinosauriern zu den bekanntesten Vertretern der prähistorischen Tierwelt. Die Dinosaurier waren jedoch reptilienähnliche Tiere und starben vor 65 Millionen Jahren aus, während Mammuts Säugetiere waren, erst vor ungefähr vier Millionen Jahren auftauchten und bis vor wenigen Jahrtausenden überlebten. Die Mammuts stehen uns also zeitlich viel näher und lebten auch tatsächlich mit unseren Vorfahren zusammen.

Mit dem Verschwinden der Dinosaurier begann das »Zeitalter der Säugetiere«. Zwar hatte es Säugetiere schon lange zuvor gegeben – die frühesten Überreste sind rund 200 Millionen Jahre alt –, aber in den ersten Abschnitten ihrer Geschichte waren sie kleine, den Spitzmäusen ähnliche Tiere geblieben, die im Schatten der Dinosaurier lebten. Mit dem Aussterben der Dinosaurier unterteilten sich die Säugetiere rasch in verschiedene Gruppen, die es zum Teil heute noch gibt, teilweise aber ebenfalls ausgestorben sind. Vor etwa 50 Millionen Jahren setzten bei der Mehrzahl der wichtigen Säugetiergruppen evolutionäre Veränderungen ein. Diese Gruppen, die man als Ordnungen bezeichnet, bestanden unter anderem aus den Nagetieren, den fleischfressenden Tieren, den Walen, den Primaten, den Fledermäusen usw.

Das Mammut gehörte zu der Säugetier-Ordnung der Rüsseltiere (*Proboscidea*). Dieser Name leitet sich vom griechischen Wort *proboskis* ab und verweist auf den charakteristischen Rüssel. Heute sind nur noch zwei Arten dieser Ordnung übriggeblieben – die Afrikanischen und die Indischen Elefanten. Zu früheren Zeiten waren die Rüsseltiere jedoch wesentlich artenreicher – man hat weltweit Überreste von bis zu 160 verschiedenen Arten gefunden.

Die Evolutionsgeschichte der Rüsseltiere gründet auf der Untersuchung der Fossilien sowie der heute noch lebenden Arten. Neben anderen Säugetieren scheinen die engsten noch existierenden Verwandten der Rüsseltiere die Vertreter der Ordnung *Sirenia* zu sein. Dies sind die Seekühe, die Rundschwanz-Seekühe und die Gabelschwanz-Seekühe (Dugongs): runde, tonnenförmige, sich behäbig im Wasser bewegende Säugetiere, die sich in den tropischen Küstengewässern von Seegräsern ernähren. Auf den ersten Blick hat es kaum den Anschein, daß es sich hier um Verwandte der Elefanten handelt, aber die Zeit ihrer gemeinsamen Abstammung reicht ungefähr 60 Millionen Jahre zurück: Damals waren beide Tiergruppen kleine, landbewohnende (vielleicht amphibische) Säugetiere, deren Anpassung noch nicht so hochspezialisiert war. Die genaue anatomische Untersuchung läßt keinen Zweifel an ihrer Verwandtschaft: So haben Sirenen und Elefanten beispielsweise eine besondere Unterteilung an der Herzspitze gemeinsam, und bei beiden Tiergruppen befinden sich die Brustdrüsen zwischen den Vorderbeinen anstatt – wie bei den meisten Säugetieren – weiter hinten am Körper. Etwas ent-

Baumbewohnende Schliefer mögen zwar den Elefanten nur wenig ähneln, aber sie haben mit diesen eine Anzahl anatomischer Merkmale gemeinsam, die auf eine gleiche Abstammung verweisen. Dazu zählt auch die Beschaffenheit ihrer Ohren und Beinknochen.

Amebelodon

ferntere Verwandte der Rüsseltiere und Sirenen sind die Schliefer – kleine, pflanzenfressende Tiere, die in den Tropen Afrikas leben. Ähnlichkeiten bei den Ohren und Beinknochen legten eine entfernte Verwandtschaft zu den Elefanten nahe, und dies hat sich in den letzten Jahren anhand von molekularbiologischen Untersuchungen der Proteine und Gene bestätigt.

Stosszähne und Rüssel

Die ältesten echten Vertreter der Ordnung *Proboscidea* traten vor etwa 55 Millionen Jahren im Gebiet des ehemaligen Tethys-Meeres in Erscheinung, das annähernd den Bereich des heutigen Mittelmeers einnahm. Diese ersten Vertreter hatten keinen Rüssel und besaßen kleine Hauer, ähnlich den Nilpferden; die meisten von ihnen (so etwa das dem Schwein ähnliche *Moeritherium*) waren amphibisch. Einige Vertreter einer Tiergruppe, die man als Barytherien bezeichnet, wurden sehr groß und schwer.

»Viele entfernte Verwandte der Mammuts hatten vier Stoßzähne«

Die ersten Rüsseltiere, die tatsächlich einen Rüssel und Stoßzähne aufwiesen, waren die Deinotherien, die vor etwa 40 Millionen Jahren zum ersten Mal nachzuweisen sind; alle späteren Rüsseltiere haben von nun an diese charakteristischen Merkmale. Der Rüssel entstand durch die Vereinigung der Nase mit der Oberlippe; an der Ansatzstelle am Schädel befindet sich eine große, klar ausgeprägte Nasenöffnung in Form eines Schlüssellochs. Aufgrund dieses Merkmals können wir darauf schließen, daß die fossilen Formen dieser Ordnung einen Rüssel besaßen; der Rüssel selbst taucht nie bei den alten Fossilien auf, weil er keine Knochen enthält. Die Stoßzähne sind außerordentlich vergrößerte Schneidezähne, ursprünglich also Zähne zum Beißen im vorderen Mundbereich. Bei einigen Arten, so auch beim *Deinotherium*, wurden die Stoßzähne von den unteren Schneidezähnen gebildet. Bei anderen Arten, beispielsweise den Mammuts und den heutigen Elefanten, sind es dagegen die oberen Schneidezähne. Viele fossile Rüsseltiere hatten sowohl obere wie untere Stoßzähne, insgesamt vier an der Zahl.

Die Blütezeit der Rüsseltiere fiel in das Miozän, einer erdgeschichtlichen Epoche vor 25 bis 5 Millionen Jahren. Es entwickelten sich viele verschiedene Arten, die allgemein unter der Bezeichnung Mastodonten bekannt sind, aber in mehrere verschiedene Familien unterteilt waren. Zur Familie der Mammutähnlichen gehörte das amerikanische Mastodon *Mammut americanum*, das bis vor etwa 10000 Jahren überlebte. Das amerikanische Mastodon mit der lateinischen Bezeichnung *Mammut* darf nicht mit dem entfernt verwandten Mammut verwechselt werden, dessen Fachbezeichnung *Mammuthus* lautet. Diese Art lebte also zeitgleich mit den Mammuts, obwohl es nur ein entfernter Verwandter war, dessen Stammesgeschichte vor 25 Millionen Jahren einen anderen Verlauf genommen hatte. Andere Familien weisen schaufelartige Verbreiterungen der Stoßzähne auf, so etwa das *Amebelodon* mit seinen gewaltig verbreiterten und abgeflachten Unterkieferstoßzähnen, zu denen sich ein Paar kleinerer Oberkieferstoßzähne gesellte.

Eine besonders wichtige Tiergruppe bei den miozänzeitlichen Rüsseltieren war die Familie der Stegodonten, die in Südostasien und in Afrika vorkamen: Aus ihnen, so nimmt man an, gingen die echten Elefanten hervor. Stegodonten hatten lange, gerade Stoßzähne, und ihre Molaren (die Backenzähne zum Mahlen und Kauen) weisen bereits die Ansätze einer Gliederung durch Schmelzlamellen auf, ein Merkmal der späteren Elefanten.

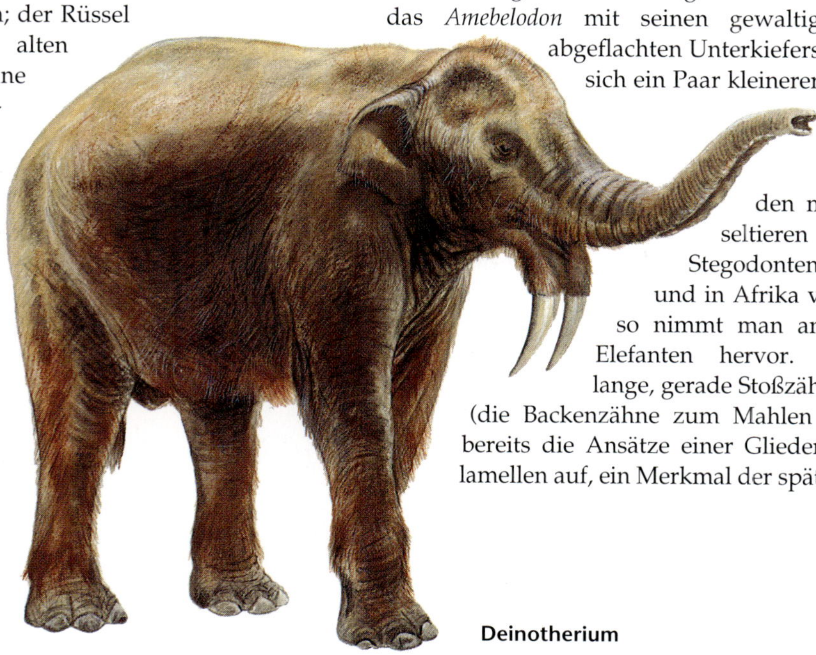

Deinotherium

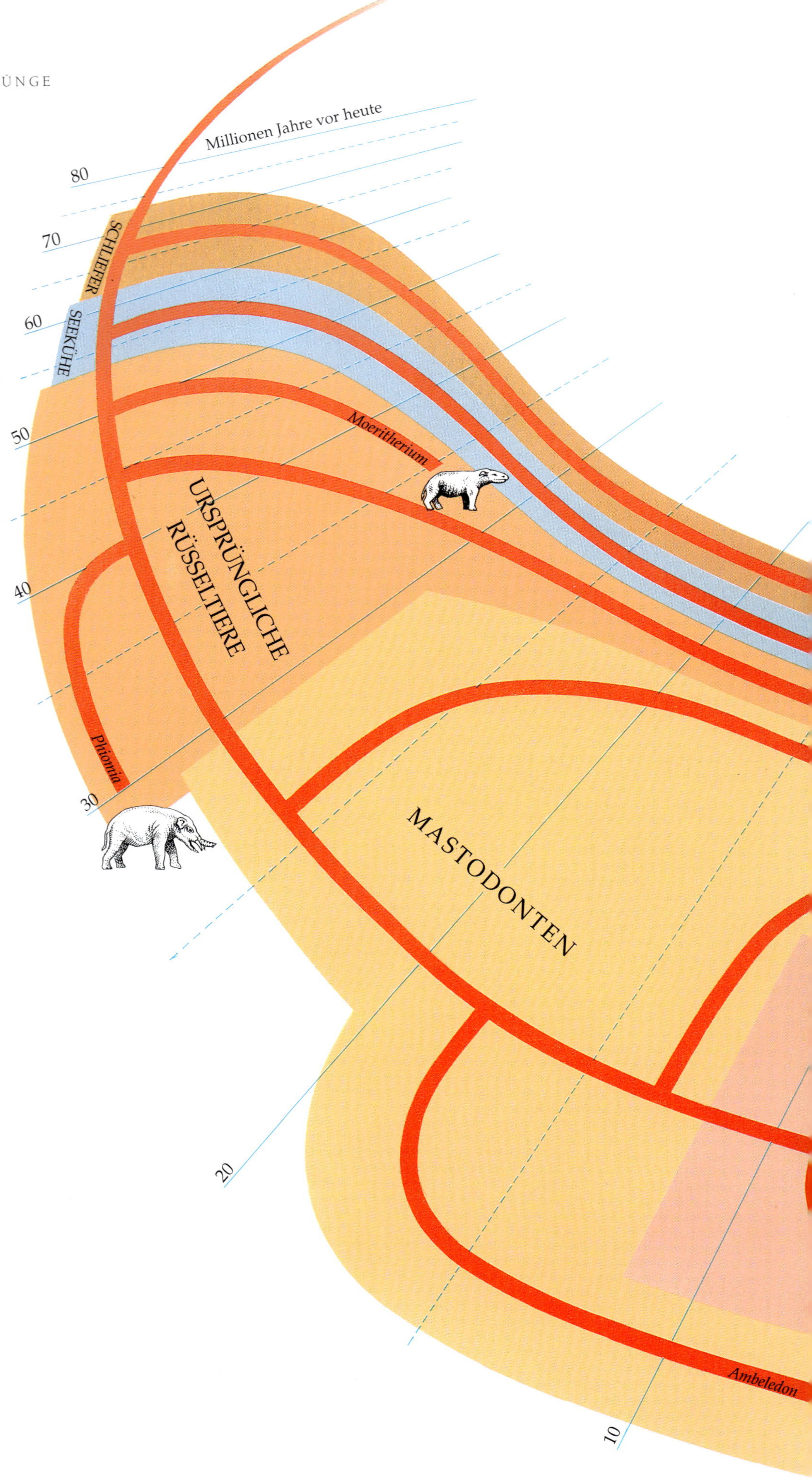

Die Abstammung des Mammuts kann in einem vereinfachten Stammbaum aufgezeigt werden. Schliefer und Dugong, die nächsten lebenden Verwandten der Mammuts und Elefanten, sind von jenen immerhin durch eine mehr als 50 Millionen Jahre anhaltende Evolution der Rüsseltiere entfernt, die mit dem *Moeritherium* einsetzte und sich in etwa 160 fossile Arten auffächerte (nur einige davon werden hier vorgeführt). Die Entstehungszeit jeder Tiergruppe ist ein Annäherungswert, der anhand der frühesten Fossildaten und der jeweiligen Evolutionsgeschwindigkeit ermittelt wurde. So wurde zum Beispiel *Deinotherium* erstmals über ein 25 Millionen Jahre altes Gestein bekannt, aber seine primitiven Merkmale legen nahe, daß seine Abstammungslinie wesentlich früher abzweigte.

Der Stammbaum der Rüsseltiere

Die Abstammung der Mammuts

Wie das Mammut seinen Rüssel bekam

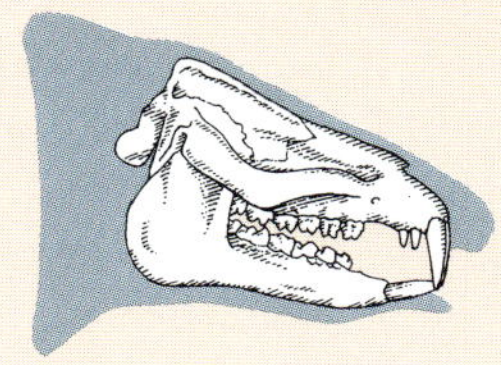

Moeritherium *(vor 40 Millionen Jahren)*

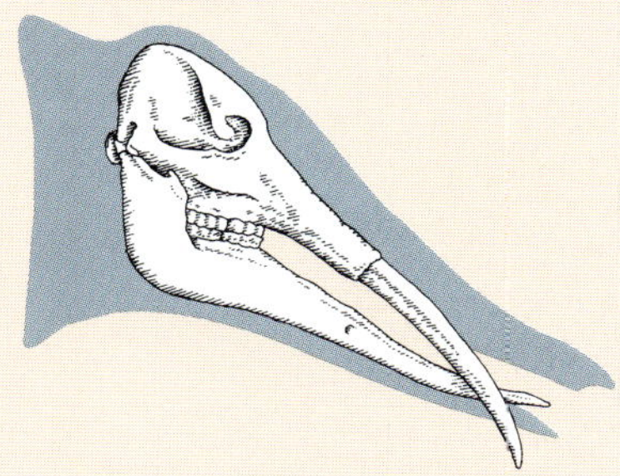

Gomphotherium *(vor 20 Millionen Jahren)*

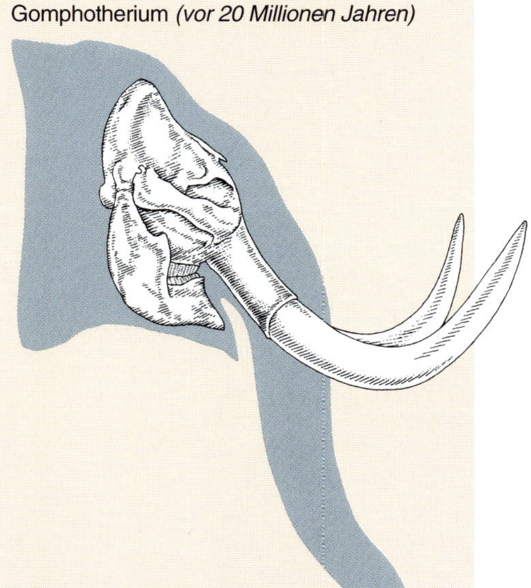

Mammuthus *(vor 100 000 Jahren)*

Der Rüssel, die Stosszähne und der Schädel entwickelten sich miteinander. Als sich die Vorderzähne (Schneidezähne) zu zwei Paar Stoßzähnen oder zu einem gewaltigen einzelnen Paar ausbildeten, wurde der Schädel zum Ausgleich kürzer und höher. Da das Tier an Größe zunahm und der Hals kurz blieb, befand sich der Mund weit über dem Boden; also war ein Rüssel für die Ernährung erforderlich.

Auswanderung aus Afrika

Die echten Elefanten bilden einschließlich der beiden noch lebenden Arten und den Mammuts innerhalb der Ordnung der Rüsseltiere die Familie der Elephantidae. Der Schmelztiegel in der Evolution der Elefanten scheint Afrika gewesen zu sein, denn von dort stammen die frühesten Fossilien und alle Hinweise, daß sich verschiedene Formen auszubilden begannen. Erst zu einem späteren Zeitpunkt verließen die Elefanten Afrika und besiedelten andere Weltgegenden.

Es gibt zwei Merkmale, die die Mammuts und die anderen Elefanten von ihren Vorläufern unterscheiden: Ihnen fehlt eine Zahnschmelzhülle um die Stoßzähne, und sie haben Backenzähne mit Schmelzlamellen (siehe S. 25). Die Stoßzähne bestehen aus festem Dentin, dem harten Gewebe im Inneren der Schneidezähne. Die ältesten Fossilien mit diesen Merkmalen – und damit die frühesten echten Elefanten – sind *Stegotetrabelodon* mit vier Stoßzähnen und der kleinere *Primelephas*, die beide in Afrika vor etwa sechs Millionen Jahren lebten. Vor ungefähr vier oder fünf Millionen Jahren spaltete sich wiederum in Afrika die Abstammungslinie der Elefanten in drei Hauptzweige auf.

Aus dem ersten Zweig, *Loxodonta*, ging der heute lebende Afrikanische Elefant (*L. africana*) hervor. Dieser Seitenzweig ist von Anfang an in Afrika verblieben. Der zweite Zweig, *Elephas*, brachte vermutlich den heutigen Indischen Elefanten (*E. maximus*) hervor. Die Fossilüberlieferung zeigt, daß sich dieser Zweig noch in Afrika in eine weitere Anzahl von Arten

Unterschiede zwischen Mammuts

Art	**Mammut** *Mammuthus primigenius*	**Amerikanisches Masto** *Mammut americanum*
Grösse	2,75–3,4 m	2,4–3 m
Gewicht	4–6 Tonnen	4–5 Tonnen
Rückenkontur	abfallend	gerade
Fell	dicht	vermutlich dicht
Kopf	einzelne hohe Wölbung	einzelne niedrige Wölbu
Ohr	sehr klein	unbekannt
Stosszähne	gekrümmt und verdreht	manchmal zwei Paare
Rüsselspitze	1 kurzer, 1 langer »Finger«	unbekannt
Schwanz	kurz	mittelgroß

Elefanten sind die nächsten lebenden Verwandten **des Mammuts. Wie die heutigen Elefanten entwickelten sich die ältesten Mammuts in einem tropischen Klima – im Unterschied zum wollhaarigen Mammut, das sich in verschiedenen Anpassungsschritten die Überlebensfähigkeit im arktischen Gebiet erwarb.**

Mastodonten und Elefanten

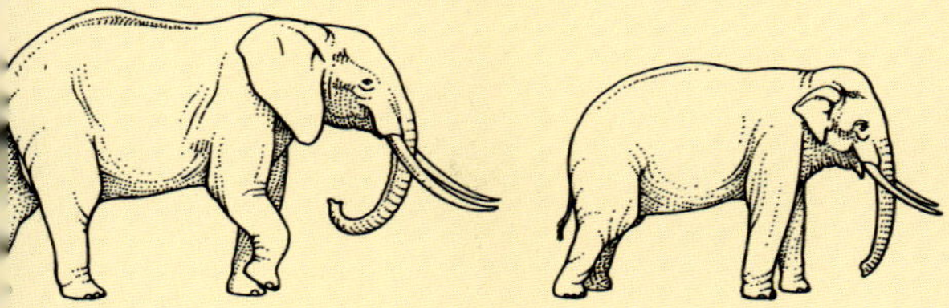

Afrikanischer Elephant *Loxodonta africana*	**Indischer Elephant** *Elephas maximus*
3–3,4 m	2,4–3 m
4–6 Tonnen	3–5 Tonnen
sattelförmig	bucklig
sehr spärlich	spärlich
einzelne niedrige Wölbung	doppelte Wölbung
groß	mittelgroß
leicht gekrümmt	leicht gekrümmt
2 gleichlange »Finger«	1 »Finger«
lang	lang

verästelte, bevor dann eine Art nach Norden und Osten, nach Indien und Südostasien wanderte. Dort entwickelte sie sich zum Indischen Elefanten, den man immer noch in diesem Gebiet antrifft.

Der dritte Hauptzweig der Elefantenfamilie führte zu den Mammuts (*Mammuthus*). Wahrscheinlich spalteten sich alle drei Zweige um dieselbe Zeit weiter auf, und es bleibt unklar, ob das Mammut näher mit dem Indischen oder dem Afrikanischen Elefanten verwandt ist. Bestimmte Merkmale am Schädel und an den Zähnen weisen auf eine größere Nähe zum Indischen Elefanten hin. Erhalten gebliebene Bruchstücke des genetischen Codes (DNS; siehe S. 138f.) lassen jedoch darauf schließen, daß die Verbindung mit dem Afrikanischen Elefanten enger ist. Sicher ist indessen, daß die Mammuts nicht die Vorfahren der heutigen Elefanten waren, obwohl sie mit ihnen eng verwandt sind. Vier Millionen Jahre lang waren Elefanten und Mammuts Zeitgenossen und entwickelten sich getrennt voneinander. Nur der Umstand, daß die Mammuts vor relativ kurzer Zeit, vor einigen Jahrtausenden, verschwanden, vermittelt den falschen Eindruck, die Mammuts seien älter als die heutigen Elefanten und deshalb vielleicht ihre Vorfahren.

»Mammuts und Elefanten durchstreiften die Welt zur selben Zeit; sie waren enge Verwandte«

Fossilien von den frühesten Abkömmlingen des Mammutzweigs, die vor etwa vier Millionen Jahren lebten, entdeckte man in den zwanziger Jahren dieses Jahrhunderts. In Südafrika und in Kenia sowie in weiteren Ländern Ostafrikas stieß man auf Überreste von *Mammuthus subplanifrons*. Man identifizierte sie als Bestandteile von *Mammuthus* aufgrund bestimmter Merkmale, etwa den spiralförmig verdrehten Stoßzähnen, die ausschließlich bei Mammuts vorkommen. Aus den Ablagerungen, in denen sich die Fossilien befanden, und aus den versteinerten Pflanzen, die man mit ihnen entdeckte, geht eindeutig hervor, daß sie sich in einer tropischen Umgebung aufhielten. Der Lebensraum ihres letzten und berühmtesten Nachfahren, des Mammuts, unterschied sich davon grundsätzlich.

Es ist bekannt, daß *M. subplanifrons* bis vor drei Millionen Jahren überlebte. Einige Zeit danach tauchte eine andere Mammutart, vermutlich ein direkter Abkömmling namens *Mammuthus africanavus*, in Nordafrika auf. Er scheint verhältnismäßig klein gewesen zu sein und Stoßzähne besessen zu haben, die weiter als bei anderen Arten von *Mammuthus* vom Schädel abstanden. Einige Paläontologen äußerten daher die Vermutung, es handle sich hier um eine evolutionäre »Sackgasse«, da dieses Merkmal bei späteren Arten nicht mehr anzutreffen ist.

Das vermutlich älteste Mammutfossil der Welt **ist dieses Bruchstück eines Backenzahns (Molaren) von *Mammuthus subplanifrons*. Er wurde in der Landsenke von Afar (Äthiopien) in Ablagerungen gefunden, die über 4 Millionen Jahre alt sind. Das Fragment, das ungefähr die Hälfte des vollständigen Zahns ausmacht, ist 13 cm lang.**

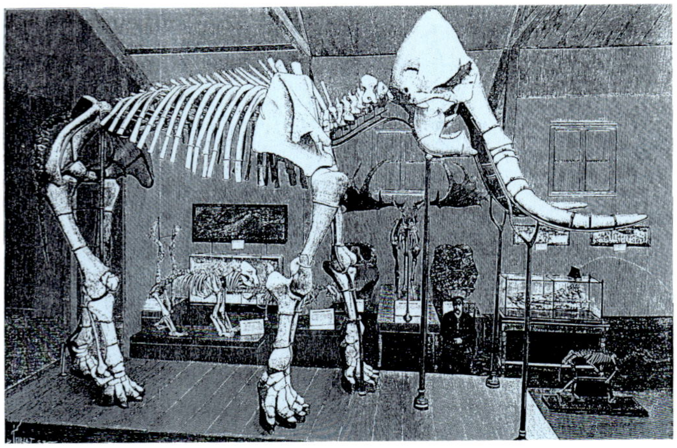

DIE MAMMUTS WANDERN NACH NORDEN

Vor drei bis zweieinhalb Millionen Jahren erschienen die ersten Mammuts in Europa. Ihre Überreste sind an verschiedenen Stellen gefunden worden, zum Beispiel in Montopoli bei Florenz und in Küstensedimenten von Suffolk (England), die man unter der Bezeichnung »Red Crag« kennt. Manche Wissenschaftler haben vermutet, daß ihre Route von Afrika über das westliche Mittelmeergebiet und die Straße von Gibraltar verlief. Obwohl zu früheren Zeiten eine Landbrücke existierte, könnte es zu dieser Zeit durchaus schon die Meerenge gegeben haben. Es ist daher wahrscheinlicher, daß ihr Weg durch den Mittleren Osten und die Türkei führte. Diese Mammutpopulationen stammten entweder von *Mammuthus africanavus* ab, oder sie waren, wofür mehr spricht, späte und direkte Nachkommen von *M. subplanifrons*.

Diese auf den ersten Blick langen Entfernungen, die bei solchen Wanderungen bewältigt wurden, werden plausibler, wenn man den zeitlichen Faktor berücksichtigt: Bei einer Durchschnittsgeschwindigkeit von nur 5 km pro Jahr wären die 6000 km zwischen Ostafrika und Nordwesteuropa in 1200 Jahren zurückgelegt worden – eine sehr kurze Zeitspanne in der Geschichte des Lebens. Die Einwanderung nach England stellte kein Problem dar, weil es den Ärmelkanal erst seit einer halben Million Jahre gibt.

Die ältesten europäischen Mammutfossilien wurden zuerst 1825 von dem italienischen Paläontologen Filippo Nesti untersucht. Er erkannte den engen Bezug dieser Art zu den Mammuts noch nicht und gab ihr den Namen *Elephas meridionalis*. Heute bezeichnet man die Fossilien als *Mammuthus meridionalis*.

Nach der Erstentdekkung stieß man in vielen europäischen Ländern, einschließlich dem europäischen Teil Rußlands, auf Überreste von *M. meridionalis*. Mehrere vollständige Skelette sind in den letzten hundert Jahren im Florentiner Gebiet ausgegraben worden, und in den achtziger Jahren legte man die Skelette von 15 Tieren in einer Braunkohlengrube bei Pietrafitta in Mittelitalien frei. Vereinzelte Skelette wurden an anderen Stellen gefunden, zum Beispiel in Durfort (Mittelfrankreich) und in Nogaisk (Südrußland). Am häufigsten aber stieß man, wie bei allen fossilen Rüsseltieren, auf vereinzelte Zähne. Der britische Zoologe Sir Richard Owen schrieb beispielsweise 1846, daß bei dem Dorf Happisburgh in Norfolk in nur 13 Jahren ganze 2000 Backenzähne von *»Elephas« meridionalis* aus submarinen Sedimenten ausgegraben worden waren.

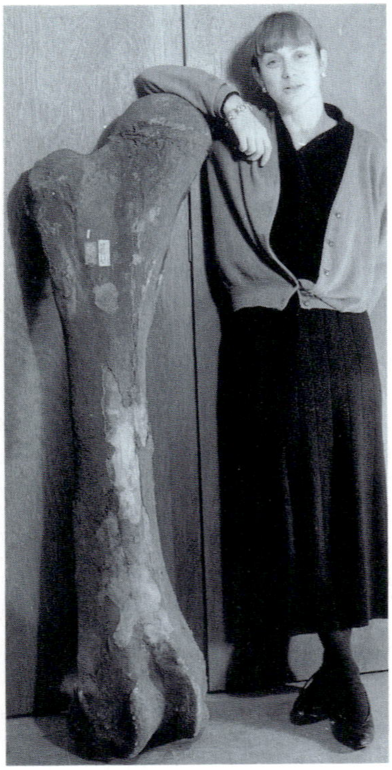

***Der weltweit größte Oberschenkelknochen eines Mammuts,* hier von *M. meridionalis*, ist 1,5 m lang. Er wurde durch Erosion an einer steilen Küstenfelswand bei Mundesley in Norfolk (England) im 19. Jahrhundert freigelegt und anschließend am Strand geborgen.**

Diese Funde lassen sich zu einem Bild von *M. meridionalis* und seiner Lebenswelt zusammenfügen. Die vollständigen Skelette zeigen ein Tier, das beträchtlich größer als der heutige Elefant war: Es war 4 m hoch und wog vermutlich 10 Tonnen. Die Stoßzähne waren kräftig und wiesen die für Mammuts charakteristische Krümmung auf. Pflanzenreste und andere Fossilien, die man zusammen mit *M. meridionalis* fand, verweisen auf ein mildes Klima, das genauso warm oder noch etwas wärmer als im Europa der Gegenwart war. Bäume und Sträucher stellten die Hauptnahrungsquelle dar; in Europa waren es meist Laubbäume wie Eiche, Esche, Buche und andere Bäume, die heute noch hier vorkommen, aber auch andere Bäume, die jetzt fremd anmuten, wie Schierlingstanne, Flügelnuß und Hickorynußbaum. Weiter östlich haben Entdeckungen in Ubeidiya (Israel) und Dmanisi (Georgien) ergeben, daß die frühen Mammuts in Graslandschaften mit verstreuten Bäumen und Sträuchern lebten, von denen sie sich ernährten.

Dem Klima nach zu urteilen, fehlte der Spezies *M. meridionalis* wohl das dichte Fellkleid der späteren Mammuts; ihre Vertreter sahen auf den ersten Blick wahrscheinlich eher wie typische Elefanten aus. Die gekrümmten Stoßzähne und der nach oben hin spitz zulaufende Kopf weisen sie jedoch als Mammuts aus. Mit ihnen lebten zahlreiche andere, ausgestorbene oder hier fremdartige Tiere: Stachelschweine, Hirsche mit kammförmigem Geweih, zebraähnliche Pferde, kleine Nashörner sowie primitive Schweine und Rinder.

Das Skelett eines ursprünglichen Mammuts (Mammuthus meridionalis) **wurde 1893 im Pariser Museum für Naturgeschichte ausgestellt. Man hatte es bei Durfort in Mittelfrankreich ausgegraben, und es war das bis dahin vollständigste Exemplar, das als Grundlage für die ersten Rekonstruktionsversuche des ursprünglichen Mammuts diente.**

Das wollhaarige Mammut

Mammuthus meridionalis überlebte annähernd zwei Millionen Jahre, aber seine Zeit neigte sich vor etwa einer Million Jahren dem Ende zu, als sich die klimatischen Veränderungen beschleunigten. Sie brachten für viele Säugetierarten, die Mammuts eingeschlossen, einen nachhaltigen Wechsel in den Anpassungsstrategien mit sich. Mit der zunehmenden globalen Abkühlung verwandelte sich das warmzeitliche Gebiet mit ausgiebigem Baumbestand, in dem das ursprüngliche Mammut lebte, in eine eher offene Graslandschaft. Diese veränderten Umweltbedingungen leiteten mit großer Sicherheit die fortlaufende Evolution ein, an deren Ende das vertraute, für die Lebensbedingungen der Eiszeit hervorragend spezialisierte wollhaarige Mammut stand.

Die zwischen 750000 und 500000 Jahre alten Mammutfossilien lassen eindeutige Veränderungen erkennen, die ausreichen, um eine besondere Art zu identifizieren: *Mammuthus trogontherii*, auch Steppenmammut genannt, weil einige der besten Fossilien in Zusammenhang mit Pflanzenresten gefunden wurden, die auf einen von Graslandschaften beherrschten Lebensraum hinweisen.

»Die Mammuts zogen vor ungefähr 600000 Jahren in die offenen Steppen«

Einige Mammutpopulationen lebten immer noch in warmen und bewaldeten Gebieten, wie aus der Entdeckung eines vollständigen Skeletts von *M. trogontherii* bei West Runton in Ostengland im Jahre 1990 hervorgeht. Dieses Skelett wurde in einer 600000 bis 700000 Jahre alten Torfschicht gefunden, wobei Waldpflanzen darauf hindeuten, daß das Waldhabitat mit seinem milden Klima den Lebensbedingungen von *M. meridionalis* ähnelte. Andere Belege ergeben indessen, daß *M. trogontherii* gerade um diese Zeit in

Mammuthus trogontherii, **das Steppenmammut.**

Die Entwicklung der Mammutschädel und der Zähne

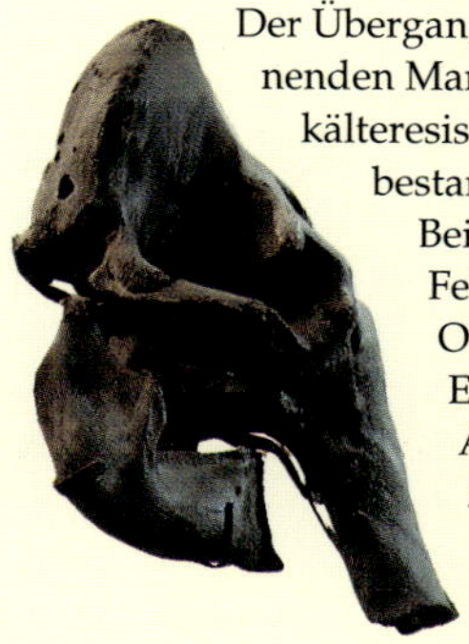

Der Übergang vom hauptsächlich waldbewohnenden Mammut *Mammuthus meridionalis* zum kälteresistenten Mammut *M. primigenius* bestand in mehreren Veränderungen, zum Beispiel in der Ausbildung eines dicken Fellkleids (siehe S. 70f.) sowie kleinerer Ohren und eines kürzeren Schwanzes. Eines der klarsten Indizien dieses Anpassungsprozesses sind die fossilen Zähne, die stets Rückschlüsse auf die Ernährung zulassen. Vor etwa 2 ½ bis 1 ½ Millionen Jahren hatte *M. meridionalis,* das ursprüngliche Mammut, Backenzähne (rechts) mit verhältnismäßig niedrigen Kronen und einer kleinen Anzahl von dicken Lamellen aus Zahnschmelz (gewöhnlich nicht mehr als 12 bis 14 bei dem hinteren Backenzahn). Diese recht bescheidene Kaufähigkeit reichte für eine Ernährung aus Waldbeständen, hauptsächlich den weichen Blättern von Bäumen und Sträuchern, vollständig aus.

Spätere Fossilien, die den Übergang zu *M. trogontherii* und von da zu *M. primigenius* anzeigen, haben zunehmend höhere Zahnkronen und mehr Schmelzlamellen – zwischen 18 und 20 an den hinteren Backenzähnen bei *M. trogontherii* und bis zu 26 bei *M. primigenius.* Dies stand mit dem Übergang zur Grasnahrung in Zusammenhang; sie erforderte mehr Kaukraft und ließ die Zähne schneller verschleißen, da die Gräser winzige Kieselpartikel enthalten und das Tier beim Grasen immer etwas grobkörnigen Sand aufnahm. Zur gleichen Zeit fanden, wenn auch weniger ausgeprägt, Veränderungen in der nordamerikanischen Linie statt, die zu *M. columbi* führten.

Ebenfalls zeitgleich veränderten sich Schädel und Kiefer. Ober- und Unterkiefer wurden stärker, teilweise um die höherkronigen Zähne aufzunehmen. Die Schädelspitze wurde größer und bot nun den zum Rücken verlaufenden Sehnen und Muskeln mehr Ansatzfläche. Diese hielten den wegen der Stoßzähne schwerer gewordenen Schädel im Gleichgewicht. Der Schädel verkürzte sich außerdem nach hinten, während die Aushöhlungen für die Stoßzähne (Alveolen) eher nach unten als nach vorne zeigten; dadurch verminderte sich der bei der Bewegung einer so schwergewichtigen Apparatur erforderliche mechanische Aufwand weiter. Am Abschluß dieser Entwicklung stand ein hoher, aber kurzer Schädel – Kennzeichen sowohl des wollhaarigen Mammuts als auch des Nordamerikanischen Mammuts (oben links).

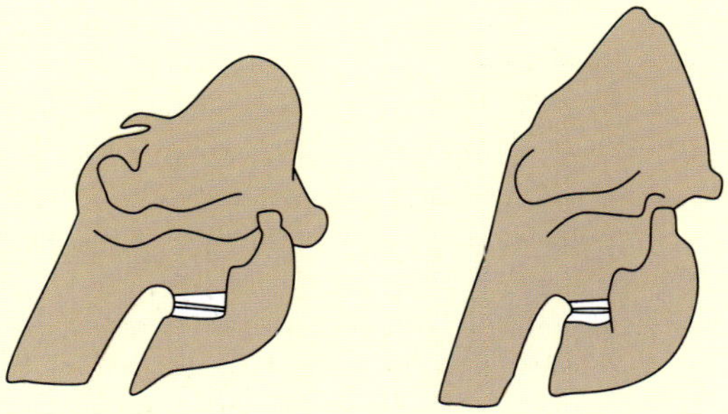

Im Zuge der Evolution von *M. meridionalis* (links) zum wollhaarigen Mammut (rechts) wurde der Schädel höher, Gesicht und Kiefer wurden mehr nach hinten verschoben.

Die heutige arktische Tundra beschränkt sich auf die nördlichen Breiten und ist nun Heimstätte für große Herden des Karibu, des nordamerikanischen Rens. In den Kaltzeiten des Eiszeitalters war diese Art auch sehr viel weiter im Süden verbreitet: in Europa bis nach Spanien und in Nordamerika bis nach Tennessee.

den kühleren und eher offenen Habitaten auftauchte. Von diesen Tieren sind zahlreiche Fossilien in Ablagerungen in Deutschland und anderswo entdeckt worden, mit eindeutigen Hinweisen auf ein grasbewachsenes, steppenähnliches Habitat. Die Zähne dieser Tiere haben sich im Vergleich zum ursprünglichen Mammut verändert und geben somit einen Wechsel in der Ernährung an: Die Zähne besitzen mehr Schmelzlamellen, um die harte Grasnahrung verwerten zu können; höhere Kronen garantieren dabei eine längere Gebrauchsdauer.

Die vor kurzem im Kolyma-Gebiet im Nordosten Sibiriens entdeckten Fossilien legen nahe, daß dieser evolutionäre Wandel hier seinen Ausgang genommen haben könnte: In dieser Region kamen die Auswirkungen der Eiszeit früher und nachhaltiger zum Tragen als in Europa. *M. trogontherii* könnte deshalb hier, in diesen nördlichen Breiten, vor etwa einer Million Jahren seinen Ursprung genommen haben und dann nach Europa gewandert sein, als sich das kalte Klima nach Süden ausbreitete. Es ersetzte so seinen Vorläufer *M. meridionalis*, der ausstarb.

Das Steppenmammut *M. trogontherii* kann als eine Art evolutionäres Bindeglied zwischen dem wärmeliebenden, waldbewohnenden *M. meridionalis* und dem kälteresistenten, grasfressenden wollhaarigen Mammut angesehen werden. Nach *M. trogontherii* beschleunigte sich die Evolution des Mammuts, und vor 250000 Jahren tritt das echte Mammut *Mammuthus primigenius* in Europa in Erscheinung. Die Fossilüberlieferung zeigt wie bei früheren Veränderungen eine Übergangsperiode an: Noch leben einige »primitivere« Populationen im milden Klima Südeuropas, ja verbreiten sich sogar in den Warmzeiten nach Norden. Mammutfunde, die 1992–1994 in Ablagerungen in Stanton Harcourt bei Oxford entdeckt wurden, stammen aus einer Phase mit gemäßigtem Klima. Vegetation, Fossilien von Mollusken und Insektenarten bildeten einen Fundzusammenhang, der typisch für ein mildes Klima vor 200000 Jahren ist (siehe S. 58f.).

Diese Populationen starben jedoch wahrscheinlich aus und wurden von den »fortgeschritteneren« Mammuts abgelöst, die das kalte Klima mühelos ertrugen und für die

DIE EISZEIT

Das Eiszeitalter (Pleistozän) begann vor ungefähr 1,7 Millionen Jahren und hielt bis vor nur 10000 Jahren an. In dieser Periode ereigneten sich weltweit gewaltige Veränderungen in Klima und Ökologie. Dieser Zeitraum wird oft als Eiszeit bezeichnet, obwohl dieser Terminus manchmal ausschließlich für die Kaltphasen während dieser Periode verwendet wird, so etwa bei der »letzten Eiszeit« vor 100000–10000 Jahren.

In England zum Beispiel belief sich die durchschnittliche Sommertemperatur auf gewöhnlich ungefähr 10° C und war damit um 6° C kälter als heute. Die mittlere Wintertemperatur betrug rund –9° C und lag damit 13° C tiefer als in der Gegenwart. Diese Kälteperioden wurden von Warmphasen, den sogenannten Interglazialzeiten, unterbrochen; das Klima war dann ähnlich wie heute. Die Wärmeperioden waren im allgemeinen kürzer als die Kältezeiten: Sie kamen nur rund alle 100000 Jahre und hielten dann einige Jahrtausende oder höchstens Jahrzehntausende an. Gegenwärtig befinden wir uns in einer Warmzeit, dem Holozän oder der Nacheiszeit. Das Diagramm (rechts) zeigt lediglich die wichtigsten Kälte- und Wärmezyklen; es gab ebenso viele kürzere Schwankungen. Während der kältesten Phasen erstreckte sich die polare Eisdecke bis in Gebiete weit südlich der heutigen Gletscher. Die Wintertemperaturen fielen in England auf -18° C oder mehr und glichen damit den Werten im heutigen Westsibirien. Man nimmt an, daß der Wechsel von Warm- und Kaltzeiten durch geringfügige Veränderungen in der Erdumlaufbahn verursacht wird.

Die Temperaturskala gibt die Sommertemperatur der Meeresoberfläche im Nordatlantik wieder.

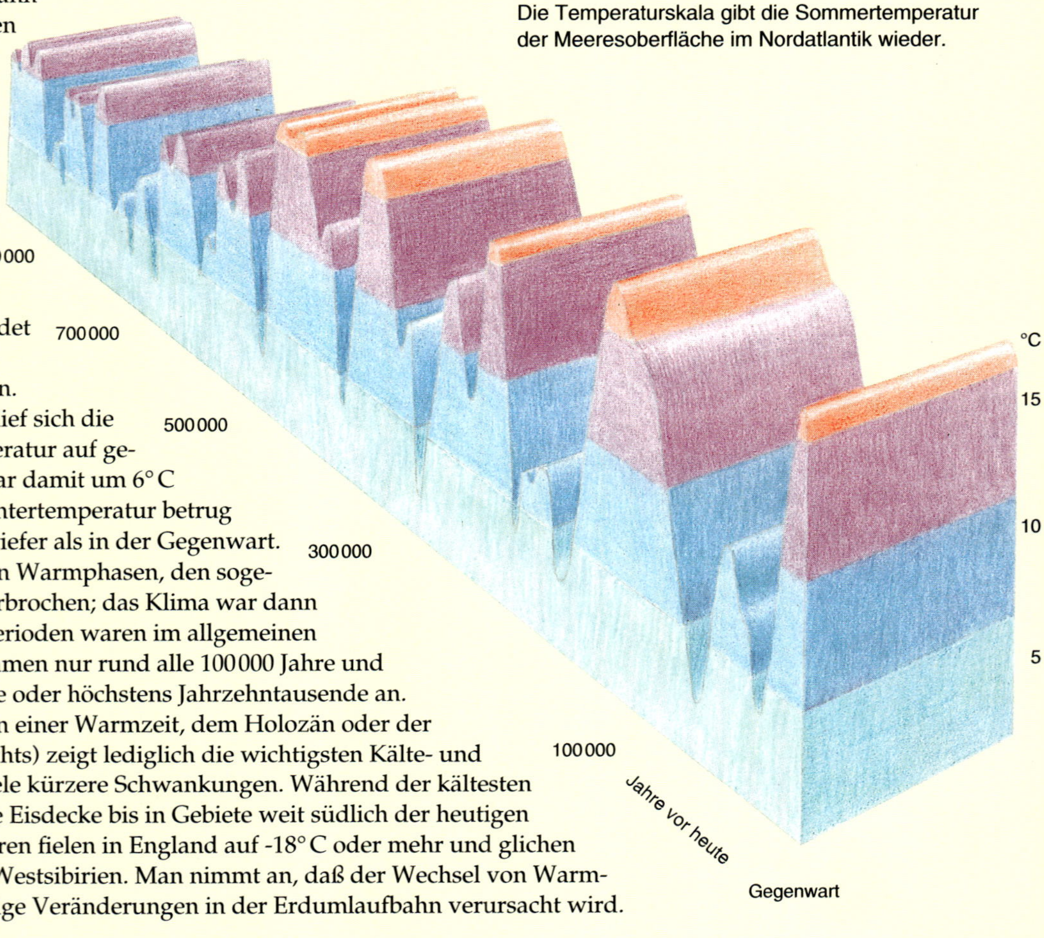

***Mammuthus primigenius*, das wollhaarige Mammut.**

die baumlose Vegetation der Eiszeit kein Problem darstellte. Aus den Fossilien geht hervor, daß dieser Übergang wie zuvor zuerst im Nordosten Sibiriens stattfand und sich dann südwärts nach Europa ausbreitete. Vor 100000 Jahren, zu Beginn der letzten Eiszeit, hatten sich die Mammuts mit Sicherheit in dem ungeheuer weitläufigen, größtenteils baumlosen Vegetationsgürtel eingerichtet, der sich von den Britischen Inseln bis nach Ostsibirien erstreckte.

Die Lebenswelt des Mammuts war über weite Strecken der letzten Eiszeit recht ergiebig. Obwohl das Klima für Bäume allgemein zu kalt und zu trocken war, sorgte der klare Himmel für mehr Stunden mit Sonnenschein, und gemäßigte Niederschläge ließen eine üppige Vegetation sprießen, eine Mischvegetation mit Pflanzen, die heute in der arktischen Tundra vorkommen, und Pflanzen einer mehr grasbewachsenen und steppenähnlichen Landschaft. Einige Bewohner dieses Habitats sind mittlerweile ausgestorben, so das Wollnashorn und der Höhlenbär, andere Arten gibt es dagegen noch heute – das Rentier, den Moschusochsen, das Pferd und den Wisent.

Vor 18000 Jahren, während des Höhepunktes der letzten Eiszeit, sah die Welt anders aus als heute. Die Eisdecke erstreckte sich in Europa bis nach Mittelengland und Berlin, in Nordamerika bis unterhalb der Großen Seen. Südlich davon dehnte sich eine prärieähnliche Grasvegetation über ungeheure Entfernungen aus. Das war die »Mammutsteppe«, so benannt nach ihrem berühmtesten Bewohner, dem Mammut. Noch weiter südlich befand sich ein Mosaik aus Parklandschaften und offenen Wäldern. Hier lebte in Nordamerika das Nordamerikanische Mammut, *Mammuthus columbi.* Anderswo glich die Vegetation heutigen Steppen, Wüsten, subtropischen Savannen und tropischen Wäldern, allerdings in einem jeweils anderen Umfang als heute. Mammuts gab es in diesen Gebieten nicht.

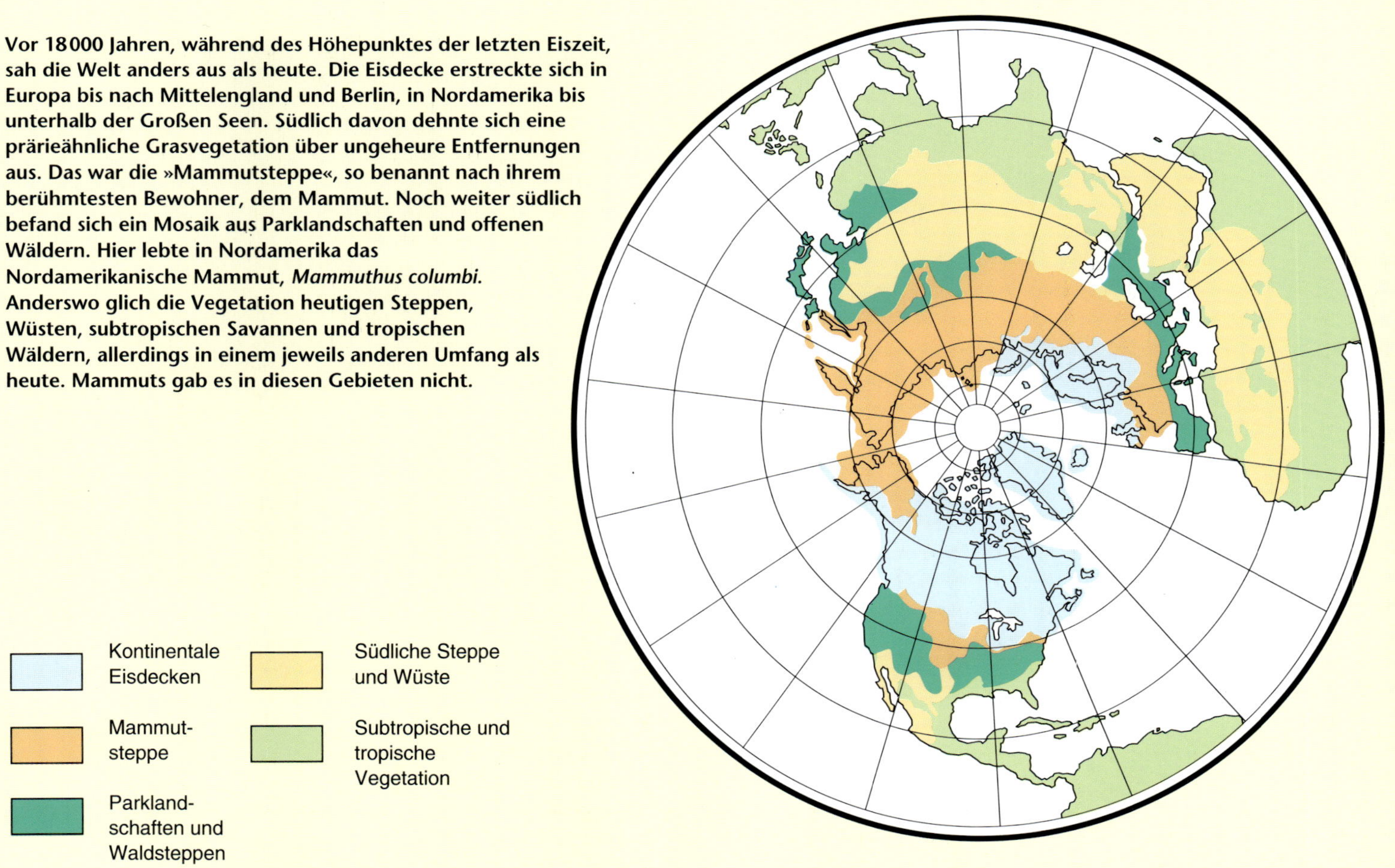

28 Das Amerikanische Mammut

Eine kleine, von einem Kojotenpaar beobachtete Familie Nordamerikanischer Mammuts bei der Futtersuche in der hügeligen Landschaft der Black Hills (Süddakota) vor 25000 Jahren. Ihr Verbreitungsgebiet erstreckte sich bis nach Mexiko – weiter südlich als bei jeder anderen Mammutart seit der Auswanderung aus Afrika vor etlichen Millionen Jahren.

Der amerikanische Zweig der Mammutfamilie, *M. columbi*, entwickelte sich aus Populationen von *M. meridionalis* (dem ursprünglichen Mammut), die vor etwa 1 ½ Millionen Jahren die Neue Welt betraten. In Eurasien ging aus derselben Ahnform *M. primigenius*, das wollhaarige Mammut, hervor.

Im nördlichen Bereich seines Verbreitungsgebietes ist das Nordamerikanische Mammut gelegentlich wohl auf seinen wolligen Verwandten gestoßen, der aus seinen weiter nördlich gelegenen Territorien hierher wanderte. Hier stehen zwei männliche Mammuts dieser beiden Arten einander gegenüber. Das wollhaarige Mammut ist kleiner und hat ein dickeres Fellkleid.

Das Nordamerikanische Mammut erreichte eine Höhe von bis zu 4 m und wog ungefähr 10 Tonnen. Die Einzelheiten seines äußeren Erscheinungsbildes sind teilweise unsicher; da das Tier eher südliche Gebiete besiedelte, war sein Fellkleid wahrscheinlich weniger ausgeprägt als beim wollhaarigen Mammut. Die Stoßzähne waren jedoch nicht minder beeindruckend; bei den im Bildvordergrund gezeigten weiblichen Tieren und Jungtieren nehmen sie sich im Vergleich zu den gewaltigen Paaren der ausgewachsenen Bullen jedoch bescheiden aus.

Wanderungen über Beringia

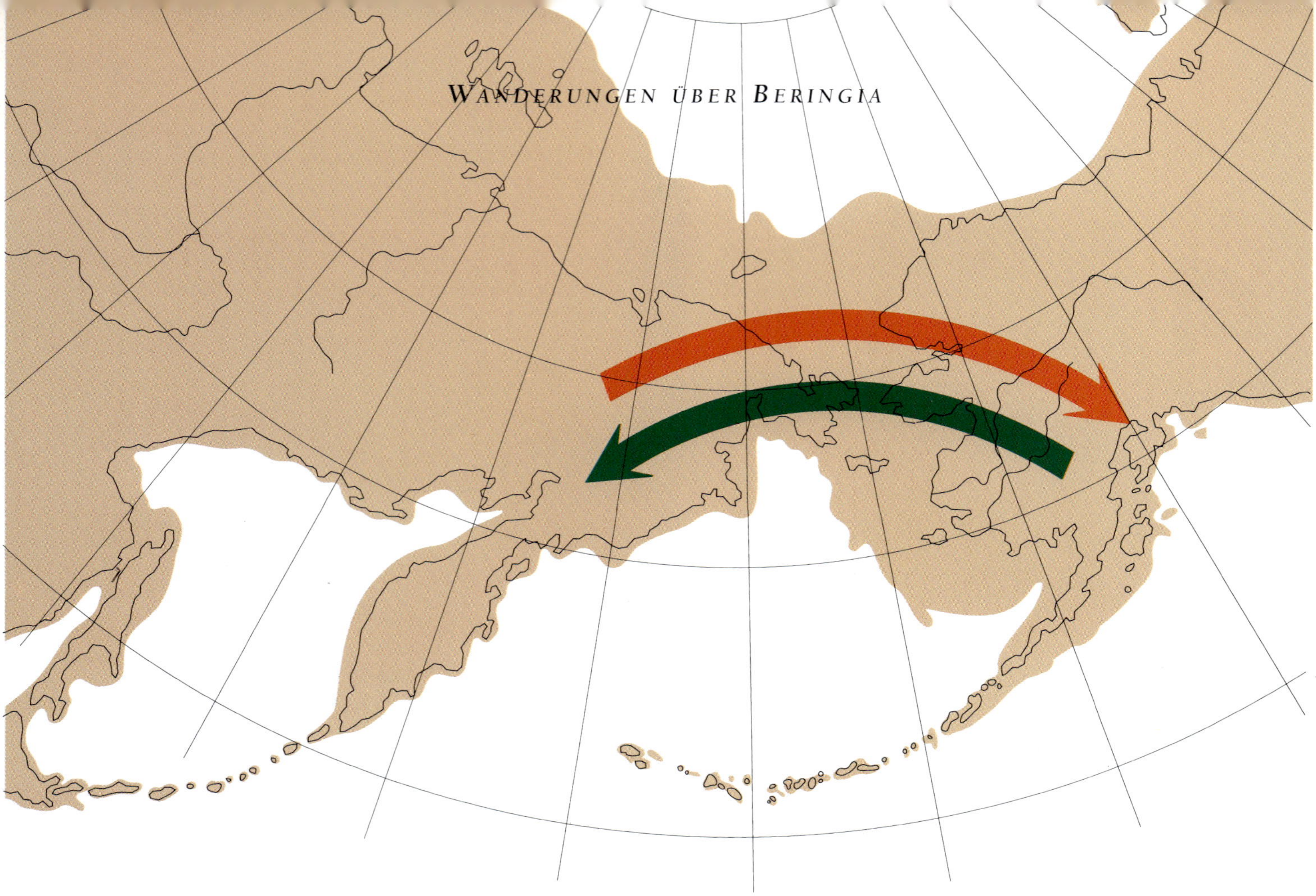

In die Neue Welt

Die Mammuts wanderten zum ersten Mal vor etwa eineinhalb Millionen Jahren nach Nordamerika, als in Europa und Asien *Mammuthus meridionalis* vorherrschte. Der Weg nach Nordamerika verlief in östliche Richtung. Die Nordostspitze von Asien (das Tschuktschengebiet Sibiriens) und die Nordwestspitze Amerikas (Alaska) sind heute durch eine 100 Kilometer breite Meeresenge voneinander getrennt, aber während jeder Eiszeit fiel der Meeresspiegel um ungefähr 100 Meter, weil riesige Wassermengen in den Eiskappen gebunden waren. Zu diesen Zeiten war die Beringstraße zwischen Sibirien und Alaska Trockenland, das Gebiet »Beringia«. Tiere konnten über diese Landbrücke zwischen beiden Kontinenten hin- und herwandern.

Nur ein einziger fossiler Zahn von *M. meridionalis* aus dem Becken des Vilui-Flusses bezeugt sein Vorkommen in Ostsibirien. Doch selbst ohne dieses Fossil wäre es klar, daß sich die frühen Mammuts zu irgendeinem Zeitpunkt nach Beringia ausgebreitet haben mußten, denn dies war der einzige Weg nach Nordamerika, und ihre Überreste – die eineinhalb Millionen Jahre zurückreichen – sind auf diesem Kontinent gefunden worden. Die Wanderung fand vermutlich in einer Phase verhältnismäßig milden Klimas statt, denn *M. meridionalis* war hauptsächlich eine an die Wärme angepaßte Art, und Beringia liegt ja in der Arktis. Erst einmal in der Neuen Welt, verbreiteten sich die ersten Mammuts bald nach Süden, denn man fand frühe Überreste im südlichen Alberta – einer Provinz im Südwesten Kanadas –, in Florida und anderswo.

Die Evolution von *M. meridionalis* in Amerika gleicht in etwa den Geschehnissen, die sich zur selben Zeit in Eurasien abspielten. Dies ist ein interessantes Beispiel für eine parallel verlaufende Evolution – die eigenständige Entwicklung ähnlicher Merkmale in zwei Zweigen eines Stammbaums, die geographisch voneinander getrennt sind. Allerdings stimmen die Resultate nicht genau überein. Während in Europa die Evolution zum wollhaarigen Mammut *M. primigenius* führte, entstand in Amerika das Nordamerikanische Mammut *Mammuthus columbi*.

Landmasse während der Kaltzeiten des Eiszeitalters

Mammuts und Menschen wandern nach Amerika

Pferde und Kamele wandern nach Asien

Bei niedrigem Meeresspiegel während der Kaltzeiten des Eiszeitalters waren Asien und Amerika miteinander verbunden (oben). Tierarten, die sich in der Alten Welt entwickelt hatten, wanderten in die Neue Welt. Hierbei handelte es sich um Mammuts, Wisente, Wapitis – eine nordamerikanische Hirschart – und Menschen. In umgekehrter Richtung fand ein geringerer Austausch statt, aber Pferde und Kamele gelangten nach Eurasien. Diese Arten wechselten nicht alle zur selben Zeit die Kontinente, sondern während der aufeinanderfolgenden Perioden der Landverbindung. Zu solchen Zeiten war dies nicht einfach eine Landbrücke, sondern das weitläufige, eigenständige Gebiet »Beringia«, in dem viele Tier- und Pflanzenarten entstanden und gediehen.

Obwohl die meisten gefrorenen Überreste aus Sibirien stammen, wurde das unter dem Namen Effie bekanntgewordene Mammut 1948 nahe bei Fairbanks in Alaska gefunden. Der teilweise erhaltene Kadaver des kleinen Mammuts mit Kopf, Rüssel und Vorderbein gibt anschaulich die Verbreitung des wollhaarigen Mammuts von der Alten in die Neue Welt wieder.

Das Nordamerikanische Mammut war größer als sein wolliger Verwandter, und sein Fellkleid war wahrscheinlich nicht so dicht. Es war eher als sein Vorfahre *M. meridionalis* an einen mehr offenen und kühlen Lebensraum angepaßt, aber nicht in einem so extremen Maße wie das Mammut. Seine Anpassungen an das wechselnde Nahrungsangebot gingen etwa so weit wie bei *M. trogontherii* in Europa, dessen ungefähr 20 Schmelzlamellen in den letzten Backenzähnen ein typisches Merkmal sind. Aber während in Eurasien die Entwicklung über *M. trogontherii* zum wollhaarigen Mammut führte, verblieb das Nordamerikanische Mammut annähernd auf diesem Stand der Adaptation, bis es gegen Ende des Eiszeitalters ausstarb. Es besiedelte einen Großteil der heutigen Vereinigten Staaten und gelangte sogar bis nach Mexiko, mied aber die arktischen Gebiete Kanadas, lebte also nicht so weit im Norden wie das wollhaarige Mammut in Eurasien.

Das Nordamerikanische Mammut war Teil einer reichen und vielfältigen Säugetierfauna des Eiszeitalters in Nordamerika, von der viele Arten heute ausgestorben sind (siehe S. 124f.). Seine Überreste sind zusammen mit so »exotischen« Arten wie dem Riesengürteltier, der Säbelzahnkatze, dem Riesenfaultier und dem »Vorkamel« gefunden worden, ebenso im Verein mit dem entfernt verwandten Amerikanischen Mastodon und einer großen Anzahl vertrauter Tiere wie Pferde und Bisons.

Einige Forscher sind der Ansicht, bestimmte Populationen hätten sich im Stammbaum des amerikanischen Mammuts über den Stand hinausentwickelt, den *M. columbi* präsentiert, und eine fortgeschrittenere Art, *Mammuthus jeffersonii*, hervorgebracht. Die Existenz von *M. jeffersonii* als einer von *M. columbi* unterschiedlichen Art ist jedoch ungewiß. Der Name *jeffersonii* geht auf den amerikanischen Paläontologen Henry Fairfield Osborn zurück, einem führenden Experten für Elefantenfossilien im frühen 20. Jahrhundert. Er wählte die Bezeichnung nach dem amerikanischen Präsidenten Thomas Jefferson, der mehr als ein Jahrhundert zuvor ein besonderes Interesse für Mammuts und Mastodonten hegte und meinte, daß diese Tiere noch im Westen Amerikas vorkommen könnten.

Vor etwa 100000 Jahren gab es eine zweite Einwanderungswelle von Mammuts, diesmal mit dem wollhaarigen Mammut. Es wanderte wie sein Vorfahr *M. meridionalis* vor mehr als einer Million Jahren von Sibirien und über Beringia nach Nordamerika. Von dieser Zeit an datieren Fossilien vom wollhaarigen Mammut, die man in Alaska, Kanada und den nördlichen Gebieten der Vereinigten Staaten häufiger antrifft. Das Mammut besiedelte in Amerika dieselben Breiten und Lebensräume wie in der Alten Welt. Im Süden war schon das Nordamerikanische Mammut heimisch, so daß sich diese beiden Arten den Kontinent mehr oder weniger untereinander aufteilten.

Obwohl das wollhaarige Mammut und das Nordamerikanische Mammut an Hunderten von Fossilfundstätten entdeckt worden sind, enthalten nur wenige Fundorte Überreste beider Arten. Bei Hot Springs in Süddakota (siehe S. 52f.) wurden jedoch einige Knochen vom wollhaarigen Mammut zusammen mit zahlreichen Skeletten vom Nordamerikanischen Mammut im selben Erdfall gefunden. Dieser Fundort liegt in einem Gebiet, in dem sich die Territorien beider Arten überschnitten. Es ist allerdings nicht erwiesen, ob sich beide zur selben Zeit dort aufhielten oder ob die wollhaarigen Mammuts in einer Zeit mit kühlerem Klima in das Gebiet eindrangen, als sich die Nordamerikanischen Mammuts schon weiter südwärts zurückgezogen hatten.

Die Mammuts stießen nie nach Südamerika oder Südasien vor, auch kehrten sie nicht mehr nach Afrika zurück, nachdem sie sich einmal zerstreut hatten. Aber sie besiedelten dann den größten Teil von Europa, Nordasien und Nordamerika.

Mammuthus columbi,
das Nordamerikanische Mammut

32 Miniatur-Mammuts

Auf mehreren über die ganze Welt verstreuten Inseln entwickelten sich Mammuts mit stark reduzierter Körpergröße. Hier ist *Mammuthus exilis* zu sehen, eine Zwergform des Nordamerikanischen Mammuts *M. columbi*, das auf den Kalifornischen Kanalinseln vor 30 000–12 000 Jahren lebte.

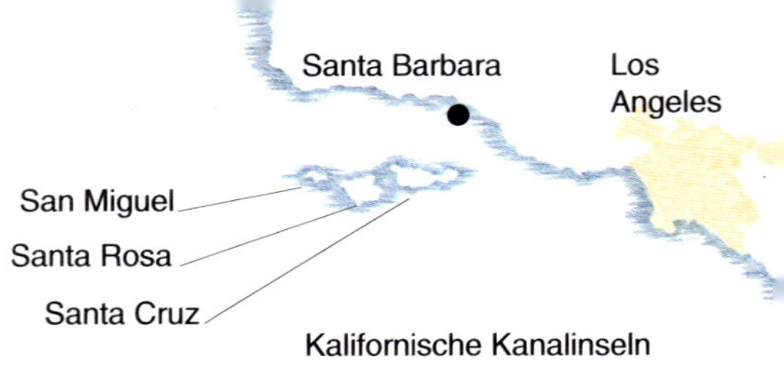

Eine Schar Gänse, die zwischen 60 und 90 cm groß sind, führt anschaulich vor Augen, wie klein die Inselmammuts waren. Die kalifornischen Zwergformen hatten normalerweise eine Schulterhöhe von 1,2–1,8 m, weniger als die Hälfte ihrer Vorfahren und Zeitgenossen auf dem Festland. Sie mögen etwa eine Tonne gewogen haben, während *M. columbi* im Durchschnitt 10 Tonnen schwer war. Ansonsten glichen sie sich wahrscheinlich, hatten ein kurzes Fell, die typische Körperform eines Mammuts, aber einen verhältnismäßig großen Kopf.

Während der Kaltzeiten des Eiszeitalters war der Meeresspiegel so niedrig, daß es eine Landverbindung zwischen einigen kleineren kalifornischen Kanalinseln gab. Der Meeresspiegel war allerdings nicht tief genug, um sie mit dem etwa 30 km entfernten Festland zu verbinden, so daß die ersten Mammuts, die dieses Gebiet besiedelten, hierher geschwommen sein müssen. Mittlerweile sind mindestens 50 Zwergmammuts entdeckt worden, die meisten davon auf Santa Rosa. Dort ist 1994 auch ein vollständiges Skelett gefunden worden. Man stieß ebenso auf einige Knochen von größeren Mammuts, aber es ist ungewiß, ob sie verschiedene Phasen in einem einzigen Verzwergungsprozeß oder verschiedene Einwanderungswellen widerspiegeln.

Sogar auf dem Festland unterschied sich die Körpergröße der Mammuts je nach Gebiet und Zeit, hauptsächlich aufgrund der unterschiedlichen Nahrungsqualität. Nie wurden sie jedoch so klein wie die Zwergformen auf den Inseln, wo das Nahrungsangebot strikt begrenzt war, insbesondere bei jahreszeitlich bedingter Nahrungsknappheit. Inselbewohner konnten nicht zu reichhaltigeren Futtergründen wandern, so daß die kleineren Tiere, die mit weniger Futter auskamen, im Vorteil waren.

Zwerge und Riesen auf Inseln

Inseln nehmen in der Untersuchung der Evolution eine besondere Stellung ein. Tier- und Pflanzenpopulationen, die von ihren Verwandten auf dem Festland isoliert sind, entwickeln sich oft zu neuen Arten, die ausschließlich auf einer Insel oder einem Archipel vorkommen. Berühmte Beispiele sind etwa die Finken und Riesenschildkröten auf dem Galápagos-Inseln im Pazifik, die Charles Darwin in den dreißiger Jahren des 19. Jahrhunderts untersuchte.

Die Individuen, die eine Tierpopulation begründen, können auf zweierlei Weise auf eine Insel gelangt sein. Zunächst kann die Insel zu einem früheren Zeitpunkt mit dem Festland verbunden gewesen sein, aber bei steigendem Meeresspiegel oder absinkender Landoberfläche mitsamt seinen Tier- und Pflanzenbewohnern isoliert worden sein. Zweitens kann die Insel schon immer durch das Meer vom Festland getrennt gewesen sein, aber die Tiere gelangten auf verschiedene Weise dorthin: schwimmend, mit der Strömung driftend, als Passagier auf einem Treibgut, fliegend wie die Vögel und Fledermäuse oder, wie im Falle einiger kleiner Lebewesen, durch Vogeltransport.

Eine der häufigsten Antworten der Evolution auf die Bedingungen des Insellebens besteht darin, den Körper zu vergrößern oder zu verkleinern. Aus Fossilien, die man auf Inseln ausgegraben hat, geht hervor, daß während des Eiszeitalters viele Populationen großer, auf Inseln lebender Säugetiere verzwergten. Im Mittelmeer gab es beispielsweise Zwergantilopen auf den Balearen, Zwergflußpferde auf Zypern und anderswo sowie Zwerghirsche auf etlichen Inseln, unter anderem auf Sizilien und Kreta. Auf indonesischen Inseln verzwergte eine andere Hirschart ebenso wie die isolierten Populationen des Stegodonten, eines mit den Mammuts entfernt verwandten Rüsseltieres. Sogar heute noch können ähnliche Phänomene beobachtet werden, so etwa bei den Populationen von Key-Weißwedelhirschen auf den Inseln vor der Küste Floridas.

Der Key-Weißwedelhirsch von Florida – ein aktuelles Beispiel für die Verzwergung auf Inseln – wiegt halbsoviel wie der Weißwedelhirsch auf dem Festland.

Große Säugetiere bildeten vermutlich aus zwei Gründen Zwergformen aus: weil das Nahrungsangebot begrenzt war und räuberisch lebende Tiere fehlten. Dagegen nahmen kleine Säugetiere – zum Beispiel Nagetiere und Spitzmäuse – ebenso wie kaltblütige Tiere, etwa die Galápagos-Riesenschildkröte, auf Inseln an Größe zu. In ihrem Fall könnte das Fehlen von Beutegreifern die Notwendigkeit geringer Körpergrößen abgeschwächt haben. Andere evolutionäre Faktoren, etwa der Vorteil, den ein großer Körper im Wettstreit um Paarungspartner bot, kamen dann zum Tragen. Offenkundig verliefen diese Anpassungsprozesse recht schnell – innerhalb weniger Jahrtausende oder in noch kürzerer Zeit.

Zwergmammuts

Fossilfunde, welche die Existenz von Zwergmammuts und Zwergelefanten nahelegen, entdeckte man auf vielen Inseln.

Der älteste Prozeß scheint das extremste Ergebnis hervorgebracht zu haben: In Höhlen auf Sizilien und Malta förderte man viele Knochen eines elefantenartigen Säugetieres zutage. Die erwachsenen Tiere dieser Art (*Elephas falconeri*) waren lediglich einen Meter groß. Man nimmt an, daß diese Überreste mindestens 500000 Jahre alt sind und aus einer Zeit stammen, als Malta und Sizilien eine einzige Insel bildeten. Obwohl die Fossilien dieser Zwergform – der Schädel hat nur eine Wölbung, und die Stoßzähne sind gekrümmt – oberflächlich wie bei einem Mammut aussehen, könnte es sich hier um das Ergebnis eines Verzwergungsprozesses handeln. Die Zähne legen die Annahme nahe, daß diese Art aus dem mit geraden Stoßzähnen versehenen Waldelefanten (*Palaeoloxodon antiquus*) hervorging.

»Einige erwachsene Zwergmammuts waren nicht größer als eine Ziege«

Auf der anderen Seite des Globus, auf den Kalifornischen Kanalinseln, entwickelte sich eine Zwergform des Mammuts aus dem amerikanischen Stammbaum von *M. columbi* (siehe S. 32f.); sie erhielt den passenden Namen *Mammuthus exilis*. Untersuchungen haben ergeben, daß es in der jüngeren geologischen Geschichte keine Landbrücke zwischen den Kanalinseln und dem kalifornischen Festland gegeben hat. Die ersten Nordamerikanischen Mammuts mußten die rund 35 km, die zwischen dem Festland und den Inseln lagen, schwimmend bewältigt haben. In Anbetracht der ausgezeichneten Schwimmfähigkeiten heutiger Elefanten erscheint dies plausibel.

Drei russische Wissenschaftler machten 1993 die jüngste Entdeckung von sehr kleinen Mammuts bekannt. Die Überreste stammen von der äußerst entlegenen Wrangel-Insel im Arktischen Ozean, 200 km nördlich von Sibirien. Sie stießen auf teilweise erodierte Stoßzähne, Zähne und Beinknochen, die an der Oberfläche der Tundra oder in seichtem Flußgeröll begraben lagen. Aufgrund der kleinen Zähne ging man davon aus, daß die Tiere etwa 1,8 m groß waren (das typische Mammut erreichte dagegen eine Größe von 3–3,4 m). An den Fossilien gewonnene Radiokarbondaten

Die zerklüftete Küstenlandschaft der Wrangel-Insel im Arktischen Ozean vor Nordostsibirien umgibt eine baumlose Vegetation, die einstmals eine Population von sehr kleinen Mammuts ernährte. Vom Festland isoliert, überlebten die Mammuts hier länger als anderswo auf der Erde.

Zwergmammuts und Zwergelefanten entwickelten sich unabhängig voneinander auf mehreren Inseln weltweit. In allen Fällen stammten diese Exemplare von Tieren mit normaler Größe ab, die auf dem benachbarten Festland lebten.

haben ergeben, daß die Zwergmammuts vor nur 7000-3700 Jahren lebten (siehe S. 137).

Auf dieser Insel entdeckte man ebenso Überreste von Mammuts mit normaler Körpergröße, deren Radiokarbondaten ein Alter von 12000 Jahren und mehr anzeigen. Auf dieser Grundlage kann der Prozeß der Verzwergung nachvollzogen werden. Vor etwa 12000 Jahren stand die Wrangel-Insel über eine Landbrücke mit dem sibirischen Teil von Beringia in Verbindung und beherbergte dieselbe Mammutpopulation. Vor 7000 Jahren war die Verzwergung der Mammuts abgeschlossen; also waren maximal 5000 Jahre für diese Entwicklung erforderlich. Das sind annähernd 500 Generationen von Mammuts – und damit einer der kürzesten evolutionären Übergänge, die wir aus Fossilbefunden kennen.

Was war die Ursache für die Verzwergung der Inselmammuts? Die meisten Forscher stimmen darin überein, daß sie auf das begrenzte Nahrungsangebot und das Fehlen räuberischer Tiere zurückzuführen ist. Bei einem begrenzten Terrain ist die Nachfrage nach Nahrung besonders groß, und kleine Tiere, die mit geringeren Mengen auskommen, werden von der natürlichen Auslese begünstigt. Dies wäre besonders im Winter bei knapp werdenden Nahrungsressourcen von Bedeutung, da es den Inselbewohnern verwehrt ist, zu reicheren Füttergründen zu ziehen. Das Fehlen von Wölfen und anderen Raubtieren könnte diesen Prozeß begünstigt haben. Kleine Inseln können den Unterhalt für eine größere Anzahl von pflanzenfressenden Tieren nicht bereitstellen, und daher können sich hier keine fleischfressenden Raubtiere halten. Faktoren, die die Ausbildung größerer Körperformen begünstigen – beispielsweise Abwehr von Raubtieren und Verteidigung – entfallen hier also. Und da es keine Beutegreifer gibt, die die Zahl der pflanzenfressenden Tiere konstant halten, entwickeln diese sich bis zu einem Punkt, wo sie in direkte Konkurrenz um Nahrung zueinander treten und damit der Anpassungsdruck in Richtung Genügsamkeit und reduzierte Körpermaße zunimmt.

Das Skelett eines erwachsenen Tieres der kleinsten jemals existierenden Elefantenart. Es wurde in der Spinagallo-Höhle auf Sizilien ausgegraben. Vermutlich stammt es vom Waldelefanten (*Palaeoloxodon antiquus*) ab, einem ausgestorbenen Elefanten mit geraden Stoßzähnen. Die Überreste wurden neben Fossilien vom Riesenschläfer (Bilche, Familie *Gliridae*) und verschiedenen Vogelarten entdeckt.

AUSGRABUNGEN VON MAMMUTS

Überreste von Mammuts sind keineswegs selten. Im Laufe der Jahrhunderte hat man sie auf vier Kontinenten an den unterschiedlichsten Stellen gefunden: in den Eiswüsten Sibiriens und Alaskas, in den Pechgruben von Los Angeles, auf dem Meeresgrund der Nordsee, in Kiesgruben, Höhlen und Kohlenbergwerken. Die Körper befanden sich in den verschiedensten Erhaltungszuständen; man entdeckte Exemplare mit Haaren, Haut, Fleisch, Blut und inneren Organen, barg Skelette und stieß auf einzelne Trümmerstücke von Zähnen und Knochen. Und es waren die unterschiedlichsten Leute, die diese Funde machten – Elfenbeinsammler, Jäger, Grubenarbeiter, Planierraupenfahrer, Bootsmannschaften und Personen, die ihren Hund ausführten.

Einst waren diese Entdeckungen eine Quelle der Furcht und des Aberglaubens. Allmählich waren die Wissenschaftler jedoch in der Lage, mit Hilfe dieser Funde ein vollständiges Bild von diesem großartigen Lebewesen der Vergangenheit zu erstellen. Indem man die Informationen, die sich aus den Mammutfunden ergaben, sorgfältig zusammenfügte, erfuhr man vom Leben dieses Tieres, den vielfältigen Todesursachen und den besonderen Bedingungen, die jeweils unterschiedliche Erhaltungszustände zur Folge hatten.

Ein Mammutskelett wird vorsichtig am Fundort Hot Springs in Süddakota ausgegraben. Dort kamen vor etwa 26000 Jahren bis zu 100 Mammuts in einem tiefen Erdfall ums Leben.

DER TOD DES KLEINEN DIMA

Sibirien vor etwa 40000 Jahren: Das Mammutbaby Dima versucht, sich aus dem schlammigen Gewässer eines Tümpels freizukämpfen. Ängstlich nähert sich die Mutter dem Jungtier, während andere Mitglieder der Gruppe herbeieilen. Dima kam ums Leben, wurde aber 1977 wiederentdeckt. Die Wissenschaft verfügt damit über den vollständigsten Mammutkadaver, der jemals geborgen wurde.

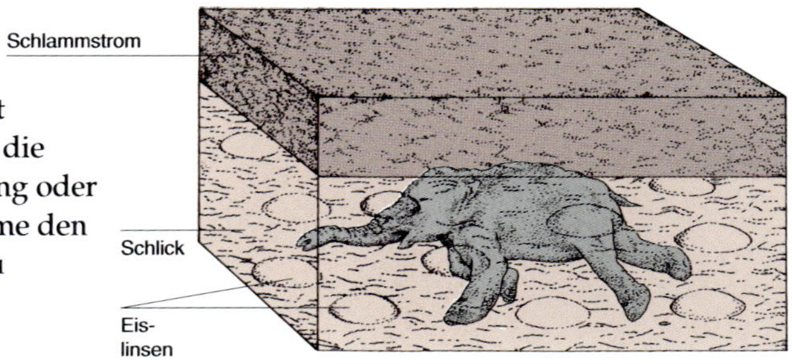

Dima, der in einen Tümpel aus weichem Schlamm gefallen war, geriet vermutlich durch seine eigenen Strampelbewegungen immer tiefer in die Matschkuhle hinein. Er starb wahrscheinlich entweder aus Erschöpfung oder erstickte im Schlamm. Im folgenden Frühling begruben Schlammströme den Leichnam noch tiefer und bewahrten ihn so davor, aufzutauen und zu verwesen. Einschlüsse aus Eis bildeten sich zu Eislinsen aus.

Dima war weniger als ein Jahr alt und befand sich in einem schlechten körperlichen Zustand, wie aus dem fehlenden Fettpolster und den Resten von Parasiten hervorgeht, die man in seinem Gedärm fand. Sein Leichnam verweste nicht und blieb von Aasfressern verschont, also ist es unwahrscheinlich, daß er auf der Erdoberfläche starb. Weitere Theorien über seine Todesumstände lauten, daß er im Wasser ertrunken sei oder in eine Spalte im gefrorenen Boden gestürzt sein könnte. Am wahrscheinlichsten ist jedoch, daß er in eine Falle aus zähflüssigem Schlamm geriet.

Die Größe und der schlechte Gesundheitszustand von Dima ermöglichten ein schnelles Gefrieren, und damit war die wichtigste Voraussetzung für den außerordentlich guten Erhaltungszustand seines Leichnams erfüllt. Die Eisadern im umgebenden Schlick zogen die Feuchtigkeit aus seinem Körper, der zu einer Mumie zusammenschrumpfte – wie Fleisch, das man zu lange im Gefrierfach gelassen hat.

Eine von Menschen betriebene Tretmühle wurde bei der Ausgrabung zweier Mastodon-Skelette im Staat New York 1801 eingesetzt, um das Wasser abzuschöpfen. Zu dieser Zeit unterschied man noch nicht zwischen Mastodonten und Mammuts. Leiter der Grabung war Charles Willson Peale, der dieses Ereignis im Jahre 1806 im Bild festhielt.

Noch vor wenigen Jahrhunderten war man in Europa der Ansicht, daß die großen Knochen, die man auf Feldern oder in Höhlen entdeckte, Überreste von Riesen seien. Man stellte sie als Sehenswürdigkeiten in Schlössern, Palästen, Rathäusern, Kirchen und Klöstern aus. Eines der am besten bekannten Beispiele ist der Oberschenkelknochen eines Mammuts, in den das Entdeckungsjahr (1443) und das Motto Kaiser Friedrichs III. (*a. e. i. o. u.* = alles Erdreich ist Österreich untertan) eingraviert wurden. Rund drei Jahrhunderte lang hing er am »Riesentor« des Wiener Stephandoms. Im Jahre 1557 entfachte eine Sammlung von Mammutknochen einen hitzigen theologischen Disput in der Schweiz. Als man vorschlug, man sollte ihnen ein christliches Begräbnis auf einem Friedhof geben, untersuchte sie ein Arzt näher und kam zu dem Schluß, daß es die Knochen eines 5½ m großen Riesen seien. Da es ein Heide gewesen sei, seien keine solchen Ehrbezeugungen nötig.

»In vergangenen Zeiten nahm man an, daß die Mammutknochen Überreste von Riesen seien«

Schließlich wurde einigen Gelehrten nach und nach klar, was diese Reste in Wirklichkeit waren. So erklärte beispielsweise das Medizinerkollegium von Gotha, daß das 1696 in Tonnua im Großherzogtum Gotha gefundene Skelett eine Laune der Natur sei, die die Gestalt eines Elefanten angenommen habe. Ein Historiker der Herzöge von Sachsen untersuchte es jedoch näher und identifizierte es zutreffend als Skelett eines ausgestorbenen Elefanten. Diese Interpretation barg allerdings eine Schwierigkeit: Wenn diese Überreste von Elefanten stammten, die heute in warmen südlichen Gegenden leben, wie war es dann möglich, daß man sie in Nordeuropa vorfand? In Italien ordnete man Funde dieser Art bis zur Mitte des 18. Jahrhunderts Tieren zu, die zu Zeiten des römischen Imperiums nach Norden gebracht worden waren. Man wußte zum Beispiel, daß Hannibal und Pyrrhus, der König von Epirus, Elefanten gegen die Römer eingesetzt hatten. Was aber die weiter nördlich gelegenen Funde anging, so konnten die Gelehrten nur annehmen, daß das Klima in diesen Ländern früher wärmer gewesen war oder daß ertrunkene Elefanten von der Sintflut nach Norden gespült worden waren.

1796 unterbreitete der große französische Anatom Georges Cuvier auf der Grundlage vergleichender anatomischer Untersuchungen den Vorschlag, daß die Überreste von fossilen Elefanten stammten, die den heute lebenden Elefanten zwar ähnelten, sich aber doch deutlich von ihnen unterschieden. Tatsächlich war das Mammut eines der ersten ausgestorbenen Tiere, die entdeckt und untersucht worden sind. 1799 gab man ihm einen Namen: *Elephas primigenius*.

In der Zwischenzeit hatte man während des 18. Jahrhunderts in Nordamerika, in den salzigen Sümpfen von Big Bone Lick in Kentucky, zahlreiche Knochen gefunden, die, wie man glaubte, zu Elefanten gehörten (tatsächlich waren es Knochen von Mastodonten). Der französische Baron de Longueuil erstand einen Stoßzahn, mehrere Backenzähne und einen Oberschenkelknochen und brachte sie per Schiff nach Frankreich. Zu dieser Zeit waren die amerikanischen Gelehrten derselben Ansicht wie Thomas Jefferson, daß es nämlich so etwas wie ein ausgestorbenes Tier nicht gäbe: Wenn Knochen existierten, dann auch das lebende Tier. Diese Auffassung kommt in dem ersten Namen zum Ausdruck, den man dieser Art gab: *Incognitum* (unbekannt). Einmal mehr war es Cuvier, der zeigte, daß das Mastodon – obwohl es mit dem Elefanten verwandt war – sich doch grundsätzlich vom Afrikanischen und Indischen Elefanten sowie vom eurasischen Mammut unterschied.

Was ist in einem Namen verborgen?

Ursprung und Bedeutung des Wortes »Mammut« bleiben im dunkeln. Einige sind der Ansicht, daß es sich vom hebräischen »Behemoth« herleite, dem Namen eines urtümlichen Wesens, das im Alten Testament erwähnt wird (Hiob 40, 15–24). Man glaubte, der Behemoth sei ein Tier von gewaltiger Größe und Kraft gewesen, mit gekrümmten Hörnern oder Stoßzähnen, habe ungeheure Mengen Gras und Wasser verschlungen und sei sanftmütig und friedlicher Natur gewesen. Andere sehen den Namen in verschiedenen nördlichen Sprachen beheimatet. Am wahrscheinlichsten ist das Estnische: Dort bedeutet *maa* »Erde« und *mutt* »Maulwurf«; damit stünde der Name mit dem weitverbreiteten Aberglauben in Verbindung, daß sich dieses Tier in den Boden eingegraben habe (siehe S. 42). Was auch immer die Herkunft dieses Namens gewesen sein mag: Das Wort scheint in Europa zum ersten Mal in den Jahren 1618–1620 von Richard Johnson eingeführt worden zu sein. Er berichtete, daß die Samojeden Sibiriens Stoßzähne von *maimanto* gefunden hätten. Im Verlauf des 18. Jahrhunderts verbreitete sich der Begriff »Mammut« in seinen verschiedenen Ausprägungen in praktisch allen Sprachen Europas.

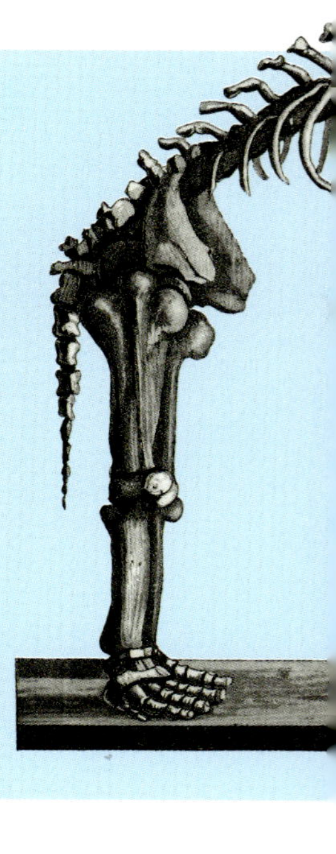

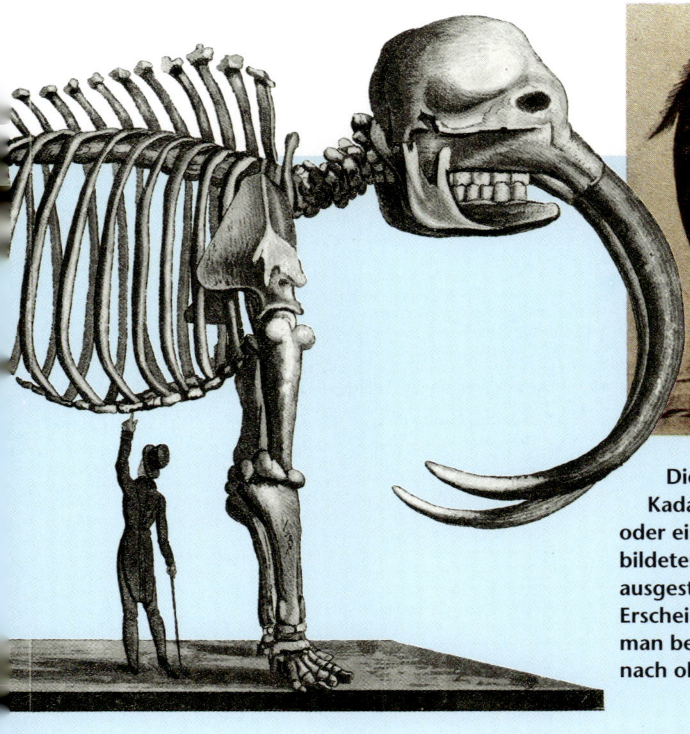

Die ersten Versuche, ein Mammut aufgrund seiner Knochen und des Kadavers zu zeichnen, ergaben bizarre Tiere, die Einhörnern, Rindern oder einem gewaltigen Vogel glichen, bei dem die Stoßzähne die Klauen bildeten. Selbst nachdem sich die Auffassung durchgesetzt hatte, daß es ausgestorbene Elefanten gegeben hatte, stellte die Rekonstruktion ihres Erscheinungsbildes immer noch ein schwieriges Problem dar: So nahm man beispielsweise zuweilen an, daß die Stoßzähne nach unten statt nach oben zeigten.

Viele Mammutüberreste werden in sogenannten Jedoma gefunden, abgerundeten Schlammhügeln, die bis zu 80 Prozent aus Eis bestehen. Da sie bei warmem, regnerischem Wetter schnell erodieren, ist es für die Fachleute schwierig, am Fundort einzutreffen, bevor er völlig aufgetaut ist.

Sibirische Kadaver: Mammuts im Gefrierfach

Die Überreste von Tieren – in erster Linie von Mammuts, aber ebenso von anderen Tierarten wie dem Wollnashorn – kamen im sibirischen Dauerfrostboden seit dem Ende der Eiszeit zum Vorschein. Die Bewohner Sibiriens und die Eskimos glaubten, daß das Mammut ein lebendiges Tier sei: Angesichts seiner Überreste – einschließlich Fleisch und Blut –, die von Flüssen und durch Tauwetter freigelegt wurden, nahmen sie an, es handle sich um eine Art riesigen Maulwurf, der gelegentlich wie ein Wal an die Oberfläche komme, aber sofort sterbe, wenn er Sonnenlicht oder Mondschein ausgesetzt sei. Damit war geschickt erklärt, warum niemand jemals ein lebendiges Mammut gesehen hatte.

Diese gefrorenen Leichname verteilen sich naheliegenderweise über das gesamte Dauerfrostgebiet, der Tiefkühltruhe der Natur; sie kommen also nur nördlich des 60. Breitengrades und überwiegend jenseits des nördlichen Polarkreises vor. Seit dem späten Eiszeitalter (und in einigen Regionen seit mindestens einer Million Jahren) ist der Boden hier bis zu einer Tiefe von 500 m gefroren; in den kurzen Sommern taut er nur oberflächlich bis zu einer Tiefe von 1,5 m auf.

Alle diese Kadaver fielen nicht einem einzelnen katastrophalen Ereignis zum Opfer, und es gibt keinerlei Hinweise, daß auch nur eines dieser Tiere langsam erfroren wäre: Viele Exemplare machen einen gesunden Eindruck, und ihre Mägen sind voll. Einige starben eindeutig einen Erstickungstod; sie ertranken, wurden lebendig von einem Schlammstrom begraben oder wurden verschüttet. Andere blieben vermutlich an sumpfigen Stellen stecken, wiederum andere sind vielleicht auf Flüssen durch das dünne Eis gebrochen oder in mit Schnee gefüllte, versteckte Löcher gefallen.

Solche zufälligen Todesarten und Bestattungsformen können erklären, warum die erhaltenen Kadaver Sibiriens vorwiegend aus Mammuts und Nashörnern bestehen: Sie waren Riesen mit schwerem Gang, für die es schon allein wegen ihrer Größe gefährlich war, an den nachgiebigen Rändern einer Bodenvertiefung oder an den Steilhängen eines Flußufers zu grasen; waren sie erst einmal in eine Falle geraten, kostete es sie die größte Mühe, sich wieder zu befreien. Oft wurden die Tiere – tot oder bei lebendigem Leibe – durch Hangrutschungen (Solifluktion) begraben: wasserdurchtränkte Erdschichten rutschten bergabwärts, verschütteten die Tiere und gefroren dann.

Die Eisschichten in den Ablagerungen, die die Leichname umgeben, sind für den perfekten Erhaltungszustand dieser »Mumien« verantwortlich: Das Eis trocknet den Boden aus und dehydriert die Kadaver; die Feuchtigkeit wird von den umgebenden Eisschichten aufgenommen und kristallisiert. Jedoch sind keineswegs alle in den Permafrostböden eingefrorenen Leichname unversehrt; viele Tiere waren, bevor sie begraben wurden, für einige Zeit Wind und Wetter ausgesetzt und waren daher größtenteils verwest, bevor der Konservierungsprozeß einsetzte.

Die meisten erhaltenen Kadaver Sibiriens entstammen zwei Zeitperioden: entweder der Zeit vor 30000 Jahren oder dem Zeitraum vor 13000 bis 10000 Jahren. Aus den dazwischenliegenden Jahrtausenden sind nur Skelette auf uns gekommen. Eine Erklärung könnte lauten, daß in diesen Perioden ein etwas milderes Klima herrschte (die kälteste Zeitspanne war vor 15000 bis 25000 Jahren). Da es mehr Wasser und mithin mehr Schlammströme gab, konnten die Kadaver schneller verschüttet und infolgedessen besser konserviert werden.

Das Adams-Mammut

Im Jahre 1799 bemerkte Ossip Schumakow, ein tungusischer Elfenbeinsucher und Jäger, eine unförmige Masse zwischen Eisblöcken am Rand eines Sumpfgebiets in der Lena-Mündung. Im folgenden Jahr ragte sie noch weiter aus der Erde heraus, und gegen Ende des Jahres 1801 konnte man die vollständige Seite und den Stoßzahn eines Mammuts erkennen. Seine Frau und seine Freunde glaubten, dies sei ein böses Omen, denn die alten Männer erinnerten sich daran, daß einst ein ähnlicher Fund den Tod über die ganze Familie des Entdeckers gebracht habe. Schumakow war trotzdem entschlossen, von seinem Fund zu profitieren, und er verkaufte die riesigen Stoßzähne. Ende des Jahres 1803 war die gewaltige Körpermasse des unversehrten Mammuts auf eine Sandbank gefallen, und im nächsten Jahr trennte Schumakow die Stoßzähne ab und verkaufte sie an einen Händler.

Im Jahre 1806 besuchte Michail Adams, ein Botaniker der Russischen Akademie der Wissenschaften, den Fundort. Er fand das Mammut immer noch *in situ* vor, allerdings verwest und verstümmelt. Schumakow behauptete, es sei ursprünglich so fett gewesen, daß sein Bauch bis unterhalb der Knie herabhing. Die Jakuten der Umgebung hätten das Fleisch zum Teil an ihre Hunde verfüttert, und um den Kadaver waren die Spuren von Bären, Wölfen, Vielfraßen und Füchsen zu sehen. Schließlich war das Skelett fast vollständig entfleischt, aber mit Ausnahme eines fehlenden Vorderbeins immer noch vollständig.

Adams sammelte sorgfältig die Skeletteile ein, ebenso große Mengen Haar und Haut. Vom Kopf brachte er einen beträchtlichen Anteil Haut einschließlich des rechten Ohres mit (siehe S. 72). Die Haut von der Seite, auf welcher das Tier gelegen hatte, war gut erhalten: Sie war dunkelgrau und mit rötlicher Wolle sowie mit grobem langem schwarzem Haar bedeckt. Alle Überreste, auch die 3 m langen gekrümmten Stoßzähne, die Adams wiedererstehen konnte, wurden nach St. Petersburg geschickt.

Im Jahre 1808 wurde das Skelett des Adams-Mammuts wieder zusammengesetzt, wobei man einige fehlende Knochen durch Kopien aus Gips und Holz ersetzte. Es war das erste zusammenmontierte Mammutskelett überhaupt. Das 5 m lange und 3 m große männliche Tier war in einem Alter von ungefähr 45 Jahren gestorben.

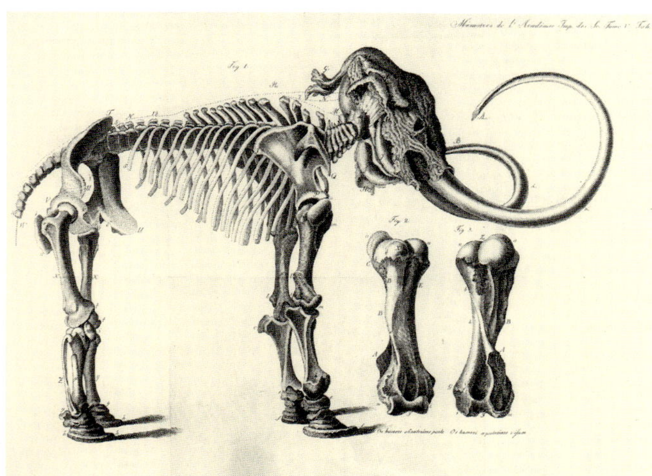

Das Skelett des Adams-Mammuts wurde im Jahre 1808 in St. Petersburg aufgestellt. Proben von Haut und Haar wurden an viele europäische und amerikanische Museen verschickt. Der Fundort und die Zahnstruktur des Tieres führten Cuvier zu seiner bahnbrechenden Schlußfolgerung, daß dies eine an die Kälte angepaßte, früher in diesem Gebiet lebende und ausgestorbene Tierart war, nicht aber ein Opfer der Sintflut.

Das Beresowka-Mammut

Eine Expedition, die im Jahre 1901 von St. Petersburg ausging und unter der Leitung von Dr. Otto Herz und Eugen Pfizenmayer stand – beide Zoologen an der Russischen Kaiserlichen Akademie der Wissenschaften –, führte zu der am vollständigsten dokumentierten Bergung eines gefrorenen Mammuts. Im Jahr zuvor hatte der Gouverneur von Jakutsk die Entdeckung eines nahezu vollständig erhaltenen Mammuts gemeldet. Es war in einem Steilabhang des Beresowka-Flusses, eines Nebenflusses der Kolyma, eingefroren, 1200 km westlich der Beringstraße und 100 km nördlich des Polarkreises. Ein lamutischer Hirschjäger hatte zunächst einen gewaltigen, ungefähr 80 kg schweren Mammutstoßzahn gefunden und war dann unterhalb davon auf den Kopf eines zweiten Mammuts gestoßen, der aus der Erde herausragte und einen kleineren Stoßzahn von etwa 30 kg Gewicht trug.

Der Jäger hatte die beiden Stoßzähne in Kolyma verkauft, hinsichtlich des Kadavers aber nichts weiter unternommen, da auch die Lamuten eine abergläubische Scheu vor solchen Mammutfunden hegen. Der Käufer berichtete von diesem Fund, und der russische Finanzminister stellte 16300 Rubel für eine Expedition zur Verfügung, die dieses Exemplar untersuchen und in Sicherheit bringen sollte. Nach einer Reise von vier Monaten kam sie bei dem Mammut an (siehe nebenstehenden Bericht). Pfizenmayer gab die ersten Eindrücke der Teilnehmer anschaulich wieder: »Schon eine geraume Weile bevor der Mammutkadaver in Sicht kam, traf meine Nase der keineswegs liebliche Duft, der von ihm ausging, vergleichbar den Dünsten eines schlechtgehaltenen Pferdestalls, stark gemischt mit Aasgeruch. Dann tauchte nach einer Biegung des Pfades der hochragende Schädel auf, und jetzt standen wir am Grab des diluvialen Riesentiers! (…) Wortlos standen wir vor diesem Zeugen der Vorwelt, der bis auf unsere Tage in seinem Eisgrab durch die Jahrtausende fast unversehrt erhalten geblieben war…«

Das Mammut wurde später als ein männliches Tier identifiziert, das ungefähr 35–40 Jahre alt gewesen war und aus einer Zeit vor 29000–33000 Jahren stammte. Herz und Pfizenmayer waren der Ansicht, daß es in der vorgefundenen Haltung an Ort und Stelle verstorben war; vermutlich war es durch eine dünne Erdschicht gebrochen und in einen Eisspalt

Die Reise zu einem Mammut

Am 3. Mai verließ die Expedition von Herz und Pfizenmayer St. Petersburg. Mehr als ein Drittel des Erdumfangs lag vor ihnen, und dennoch sollten sie die Grenzen des Zarenreichs nicht überschreiten. Der erste Abschnitt war der einfachste: Man reiste mit dem Zug nach Irkutsk, wo man am 14. Mai ankam. Von Irkutsk reiste die Mannschaft in Pferdekarren und Booten nach Jakutsk, wo man am 14. Juni eintraf. Die nächsten 3200 km bewältigte man zu Fuß und auf dem Pferderücken. In Srednaja Kolymsk mußte sich die Expedition mit Vorräten eindecken – nicht nur mit Nahrungsmitteln, sondern ebenso mit Werkzeugen, um den Frostboden aufzubrechen, mit Moskitonetzen, Handschuhen und einem zusammenklappbaren Boot, das man auch als Zelt benutzen konnte. Ein Führer und ein Übersetzer wurden ebenfalls eingestellt. Nach einer Reise von vier Monaten kamen die Expeditionsteilnehmer schließlich am 9. September beim Beresowka-Mammut an.

Dr. Otto Herz und Eugen Pfizenmayer entfernten etwa 130 kg Fleisch vom Hinterleib des Mammuts, wickelten es in Kuh- und Pferdehäute ein und ließen es im Freien aus Erhaltungsgründen wieder einfrieren. Rund 230 kg Haut schnitt man vom Hinterleib und ebenso vom Kopf ab, darunter die Backen, das rechte Augenlid und die Lippen.

Die meisten inneren Organe waren verfault, bevor sie durch die Kälte hätten konserviert werden können. Der Magen war schwer verwest und zerrissen, aber man konnte 12 kg Nahrungsreste sicherstellen. Damit war erwiesen, daß das Tier nicht verhungert war.

Die Zerlegung des Beresowka-Mammuts war am 11. Oktober abgeschlossen; die Überreste wurden in 27 Kisten verpackt und auf zehn Rentierschlitten geladen. Während der langen und strapaziösen Rückreise nach Jakutsk fiel die Temperatur manchmal auf -48°C, die Schlitten brachen auf den unbefestigten Wegen

Ungefähr ein Drittel der ausgestopften Nachbildung, die im Petersburger Zoologischen Museum ausgestellt wird, ist mit der ursprünglichen Haut und echten Haaren des Beresowka-Mammuts bedeckt.

Kopfhaut und Rüssel sind größtenteils von Bären und Wölfen gefressen worden. Das linke Vorderbein war immer noch emporgehoben, so als ob das Tier versucht hätte, sich selbst aus dem Spalt herauszustemmen.

auseinander, und die Rentiere brachen sich an verborgenen Baumstümpfen die Beine. Für die 3000 km lange Route von Jakutsk nach Irkutsk benutzte man Pferde. Die Expedition kam schließlich am 18. Februar nach St. Petersburg zurück – nach insgesamt zehn Monaten Reise in Bahn und Boot, 6400 km im Schlitten, 3200 km auf dem Pferd und sechs Wochen Ausgrabung unter den härtesten Bedingungen.

Der Leichnam des Mammuts wurde in St. Petersburg wieder zusammengesetzt. Zar Nikolaus II. und seine Frau Alexandra besichtigten das immer noch übel riechende Exemplar: Der Zar folgte den Erläuterungen mit Interesse, während die Zarin ihr Taschentuch an die Nase preßte.

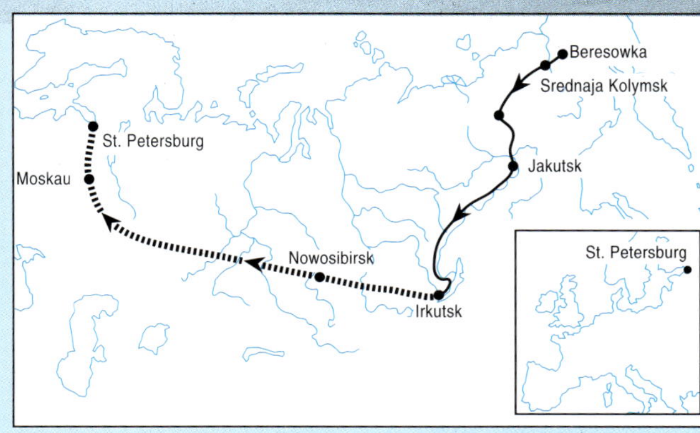

gefallen. Nachstürzendes Erdreich hatte es begraben und erstickt. Indiz für einen Erstickungstod war der erigierte Penis, der 86 cm lang war und einen Durchmesser von 18 cm aufwies. Das Tier hatte noch Futter in seinem Maul, was darauf hinweist, daß es schnell gestorben war. Da das Becken, das rechte Schulterblatt und mehrere Rippen gebrochen waren, nahm Herz an, daß das Tier mit großer Wucht in einen Spalt gestürzt war. Andere Forscher kamen später zu dem Schluß, daß das Mammut nicht *in situ*, sondern auf andere Weise gestorben und dann von einem Erdrutsch bewegt worden war, der von dem tauenden Eis unter der Tundra verursacht wurde. Dabei könnten die Knochen gebrochen worden sein. Das Beresowka-Mammut starb vermutlich im Herbst, als die Bodenoberfläche vom sommerlichen Tauwetter her noch beweglich war. Allerdings fielen die Temperaturen bereits, so daß das begrabene Mammut schnell einfror.

Der Kadaver mußte in mehrere Stücke zerlegt werden, da er nicht aufgetaut und unversehrt vom gefrorenen Boden losgelöst werden konnte; auch war es nicht möglich, seinen massigen Körper als Ganzes nach St. Petersburg zu transportieren. Die Bergungsarbeiten waren wegen des Gestanks besonders unangenehm. Auf die Tiere dagegen übte er eine magnetische Anziehung aus – und in der Tat war das Mammut auch nur entdeckt worden, weil der Hund des lamutischen Jägers von dem Verwesungsgeruch angelockt worden war.

Man errichtete einen Holzbau um den Kadaver, der immer noch gefroren war, da sich unterhalb von ihm eine Eisschicht befand. Mit zwei Öfen beschleunigte man den Tauvorgang. Herz steht ganz links, Pfizenmayer direkt neben ihm. Für die Fahne, die über ihren Köpfen flattert, hatte man ein passendes Emblem ersonnen.

Das Schandrin-Mammut war in Lehm und Kies eingebettet. Es ist mindestens 43 000 Jahre alt. Unglücklicherweise wurde es mit einer Motorpumpe ausgewaschen, die alle in der Brust gelegenen Organe zertrümmerte und alle unversehrten Hautteile auf den Rippen zerstörte. Die Eingeweide konnten dagegen als eine im Dauerfrostboden gut erhaltene Masse geborgen werden.

SPÄTERE SIBIRISCHE FUNDE

Zwischen 1901 und 1903 barg eine russische Expedition auf den Ljachow-Inseln ein kleines erwachsenes männliches Mammut, das 2,4 m groß und 4,25 m lang war. Es wurde in Paris 1914 im Jardin des Plantes ausgestellt, kurz bevor ein Erlaß die Ausfuhr auch nur eines Mammutteils aus Rußland für alle Zeiten untersagte; es ist damit das einzige vollständige Mammutskelett Sibiriens außerhalb seines Ursprungslandes.

Im Jahre 1908 brach Eugen Pfizenmayer auf, um ein Mammut am Sanga-Jurach-Fluß in Jakutien zu bergen. Wie er berichtete, waren die Einheimischen erstaunt, ihn bei so guter Gesundheit zu sehen: Gab es doch Legenden genug, wonach jeder, der ein Mammut aufstörte, vom Unglück ereilt werde. Der frühe Tod von Herz hatte sie in ihrem Argwohn bestätigt. Das Exemplar vom Sanga-Jurach-Fluß sollte eine Enttäuschung werden: Es war größtenteils von Füchsen aufgefressen worden, und beide Stoßzähne fehlten. Der Rüssel war dagegen nahezu vollständig erhalten, und bislang hatte in früheren Funden noch kein Rüssel geborgen werden können. Es war ein weibliches Tier, rund 60 Jahre alt. Vermutlich starb es in einem Winter vor mindestens 29 500 Jahren, als es im Morast eines Flußufers steckenblieb.

Als nächster größerer Fund folgte das Taimyr-Mammut, das Geologen im Jahre 1948 im dauergefrorenen Torfboden im Tal des Mammut-Flusses im Nordwesten der Taimyr-Halbinsel entdeckten. Es ist ein kleines erwachsenes männliches Tier, das zwischen 50 und 55 Jahre alt war. Radiokarbondaten ergaben, daß es vor 11 500 Jahren lebte. Etwas weiches Gewebe, Haut und Haare sind ebenfalls erhalten geblieben. Das Skelett ist bemerkenswert vollständig: Nahezu alle Knochen konnten geborgen werden, mit Ausnahme einiger Knochen von den Zehen und vom Schwanz. Infolgedessen erklärte man das Taimyr-Mammut 1990 zum Typus der Spezies *Mammuthus primigenius*, des wollhaarigen Mammuts.

Im Sommer 1972 grub man ein Mammut am Ufer des Schandrin-Flusses, eines Nebenflusses der Indigirka, aus. Wie sich herausstellte, war es das nahezu vollständige Skelett eines alten, aber nicht sonderlich großen männlichen Tieres,

Überreste vom Mammut wurden während des gesamten 19. Jahrhunderts hier und da ausgegraben. Im Jahre 1860 gab die Akademie der Wissenschaften ein Flugblatt heraus, in dem jedem, der ein vollständiges Skelett entdeckte und dies mitteilte, eine Belohnung von 100 Rubel versprochen wurde; weitere 50 Rubel wurden in Aussicht gestellt, wenn die Akademie mit dem Fund zufrieden war. Die Entdecker sollten die Stoßzähne verkaufen können, an wen sie wollten. Waren Fleisch und Haut noch vorhanden, so stieg die Belohnung auf 300 (später auf 1000) Rubel.

О НАХОДКАХ ИСКОПАЕМЫХ ЖИВОТНЫХ

По берегам северных рек, ручьев и морей вымываются водой из слоев земли остатки давно вымерших животных, когда-то живших в Сибири и на севере Европейской части СССР: отдельные кости, *черепа* или даже *цельные скелеты* и *трупы* мамонтов, носорогов, диких быков, лошадей, оленей и других. Все эти находки трупов с мясом кожею и шерстью, а также цельные скелеты и черепа представляют большой научный интерес. Они нужны Академии Наук СССР для изучения и для выставки в музеях.

Поэтому Академия Наук СССР просит всех граждан, нашедших такие остатки вымерших животных или слышавших о них, во-первых, принять меры к их охране от уничтожения дикими животными или от дальнейшего размыва водою, во-вторых, возможно скорее сообщить по радио или почтою в Москву, в Академию Наук, об этих находках.

За это Академия Наук СССР будет выдавать *денежное вознаграждение*, в зависимости от научной ценности находки, размером *до тысячи рублей*.

Президент Академии Наук СССР академик *В. Л. Комаров*

Viele Bewohner Sibiriens blieben jedoch gleichgültig. Sie hatten wohl das Gefühl, daß die Belohnung nicht die Schwierigkeiten wert war, die so ein Fund mit sich brachte – entweder wegen des Unglücks, das nach abergläubischer Überzeugung nachfolgte, oder wegen der Grabungs- und Transportarbeiten, die man sie dann zu verrichten hieß. Diese Haltung war größtenteils auf Adams' Expedition zurückzuführen: Seinerzeit hatte man die Jakuten gezwungen, zu arbeiten und den Transport zu übernehmen, und dies hatte sie äußerst aufgebracht. In der Folge wurden viele späteren Funde geheimgehalten. So ordnete etwa ein leitender Polizeibeamter an, daß alle Stücke eines Mammutfundes in den See geworfen werden sollten, anstatt die Fundmeldung weiterzuleiten. 1000 Rubel wurden nur einmal, und zwar für die Überreste von Dima, gezahlt (siehe S. 48f.); zugleich wurde eine Silbermedaille verliehen.

1910 wurde ein neues Gesetz verabschiedet, das alle Mammutrelikte zum nationalen Eigentum erklärte und die Entdecker verpflichtete, alle Funde zu melden – was natürlich undurchführbar war. Weiterhin wurden Plakate und Flugblätter (wie das oben abgebildete) von der Akademie in unregelmäßigen Zeitabständen gedruckt – 1924, 1938 und 1973 –, um die Leute zu ermutigen, nach Funden Ausschau zu halten und sie zu melden. Aber selbst heute noch wird vermutlich nur ein kleiner Bruchteil der Funde weitergeleitet. Sibirischen Geologen zufolge fördern die Arbeiten in den Goldminen jedes Jahr gefrorene Kadaver zutage, aber da die Ankunft der Wissenschaftler die Schürfungen verzögern und erschweren könnten, sind diese Funde für die Wissenschaft meist verloren. 1983 behauptete eine Gruppe sibirischer Bauarbeiter, sie hätten das Fleisch eines angegrabenen gefrorenen Mammuts lieber an ihre Hunde verfüttert, als es den zuständigen Stellen zu melden. Dies mutet wie eine Ironie an, denn mittlerweile kann ein vollständig erhaltenes Mammut bis zu einer Million Dollar auf dem internationalen Markt einbringen.

Tritt der seltene Fall ein, daß die Akademie der Wissenschaften einmal benachrichtigt wird, dann bereitet es selbst heute noch Schwierigkeiten, eine richtig organisierte Expedition mit qualifizierten Fachleuten – Archäologen, Biologen, Mikrobiologen, Taphologen (Spezialisten für organische Überreste) und Geologen – zusammenzustellen und sie schleunigst ans Ende der Welt zu schicken. Die meisten Kadaver oder Skelette bleiben nur einige Tage nach ihrem Erscheinen unversehrt, dann werden sie von fleischfressenden Tieren in Stücke gerissen, verwesen unter der Sommersonne, werden von einem Erdrutsch begraben oder durch Hochwasser oder Eis weggetragen.

Da es in den ungeheuren Weiten Nordsibiriens zahllose Wasserläufe und Seen gibt, sind an ihren Ufern im Laufe der Zeit sicherlich Hunderte, wenn nicht Tausende gefrorener Mammuts aufgetaucht. Kaum ein Dutzend davon sind der Wissenschaft bekanntgeworden. Die wenigen konservierten Kadaver, die geborgen werden konnten, sind daher äußerst wertvoll: Sie ermöglichen der Wissenschaft einen einzigartigen Blick auf eine verschwundene Tierart.

das vor mindestens 43000 Jahren lebte. Die Position des Tieres – es lag auf dem Bauch, und seine Beine zeigten nach vorne – ist für sterbende Elefanten typisch, und so mag dieses Tier einfach eines natürlichen Todes gestorben sein, wahrscheinlich im Spätsommer. Von großer Bedeutung ist es seiner Eingeweide wegen: Man schnitt den Magen-Darm-Trakt in mehrere Teile, und die Wissenschaftler waren nun erstmals in der Lage, die im Bauch gelegenen Organe – Milz, Bauchspeicheldrüse, Nieren, Gedärm usw. – zu rekonstruieren. Der Magen enthielt 291 kg pflanzliche Nahrung (siehe S. 74f.).

1977, im Jahr von Dimas Entdeckung (siehe S. 48f.), fand man ein kleines weibliches, 10–14 Jahre altes Mammut in einem Hügel am rechten Ufer des Juribei-Flusses auf der Gydan-Halbinsel. Ein drittes Exemplar, das Khatanga-Mammut, wurde von einem Rentierhirten in den Schwemmsanden am linken Ufer des Bolschaja-Rassoka-Flusses entdeckt. Es war ein erwachsenes männliches Tier von ungefähr 40 Jahren. Es war eines der ersten Mammuts, dem kürzlich mit Erfolg DNS (Erbsubstanz, Genmaterial) entnommen werden konnte (siehe S. 138f.).

Ein Mammutkalb, das man Mascha nannte, wurde 1988 auf der Jamal-Halbinsel gefunden. Weiter westlich hat man bislang kein gefrorenes Exemplar entdeckt. Das weibliche Jungtier war nur drei bis vier Monate alt. Es wurde vermutlich während der letzten Eiszeit aus einer gefrorenen Ablagerung herausgewaschen, mit der Flut davongetragen und dann wieder eingefroren.

Nur ganz wenige Mammutfunde Sibiriens sind so vollständig erhalten wie Mascha. Das Jungtier wird hier in Fundlage gezeigt. Der Kadaver wurde von einem vorbeifahrenden Boot aus am Ufer eines Nebenflusses des Ob entdeckt. Eine Verletzung an der Rückseite des rechten Hinterbeins – die Sehnenfasern waren zerfetzt und geschwärzt – könnte die Todesursache gewesen sein.

Der kleine Dima

Im Juni 1977 machte Alexej Logatschew, ein Planierraupenfahrer, den bemerkenswertesten Fund in der jüngeren Zeit, als er ein Mammutkalb im Wasserlauf des Kirgiljach, eines Nebenflusses des Berelech im Magadan-Gebiet, erblickte. Er erhielt 1000 Rubel Belohnung für die Entdeckung.

Man findet Gold auf dem Grund der Täler, in den Ablagerungen der Flüsse, die hier verliefen, bevor das Eiszeitklima zu kalt und trocken wurde. Um zu diesen Schichten zu gelangen, müssen die Goldgräber die Ablagerungen der Erdrutsche wegräumen; sie tun dies, indem sie die dauergefrorenen Bodenschichten mit kräftigen Wasserstrahlen bespritzen. Bei einer solchen Gelegenheit wurde das Mammut freigelegt.

Der vollständige, gefrorene Kadaver lag auf seiner linken Seite unter einer 2 m dicken Schicht aus gefrorenem Schlamm. Unglücklicherweise wurde ein Teil der rechten Körperhälfte vom Planierschild des Bulldozers abgetrennt. Dieses Mammut – Dima nach einem einheimischen Flußlauf genannt – war ein männliches Tier von etwa 6–12 Monaten; es war 90 cm groß, 110 cm lang und lebte vor rund 40000 Jahren. Sein ausgemergelter Leichnam war gut erhalten und enthielt alle inneren Organe; damit war es das vollständigste Mammut, das jemals geborgen wurde. Teile von Wollhaaren, die die Ohren, den Rüssel und den Körper bedeckten, waren ebenfalls erhalten geblieben; allerdings blieb im Zuge der Konservierungsarbeiten nur das Haar an den Füßen übrig. Zahlreiche Wollhaare fand man auch im Eis unterhalb des

In Alaska hat man etliche bedeutende gefrorene Kadaver von Tieren der Eiszeit gefunden, unter anderem Teile von Pferden, einen ganzen Moschusochsen sowie den Kopf und die Beine eines Bisons. Gefrorene Mammuts sind jedoch selten, obwohl ihre Überreste – wie dieser Schädel eines Mammuts, das bei McGrath ausgegraben wurde – zahlreich vorkommen und seit über einem Jahrhundert in Berichten erwähnt werden.

Kadavers. Zu Lebzeiten mochte das Mammutbaby 100–115 kg gewogen haben. Der dehydrierte Leichnam wog jedoch nur noch 61 kg.

Das Mammutbaby ernährte sich wohl hauptsächlich noch von Muttermilch, obwohl leichte Abnutzungsspuren an den Milchbackenzähnen darauf hindeuten, daß es gerade mit der Pflanzennahrung begonnen hatte. Der Dickdarm enthielt 3,4 kg Pflanzenreste; im kleinen Magen stieß man dagegen nur auf 50 g dunklen Schlamm und einige Haare von Dima. Diese Fakten verweisen zusammen mit den fehlenden Fettschichten auf einen schlechten Gesundheitszustand. Das Mammutkalb starb, als es entweder in eine Bodenvertiefung oder einen tiefen Spalt fiel oder in einem Sumpf beziehungsweise einem Schlammstrom steckenblieb. Im darauffolgenden Jahr wurde Dima noch tiefer unter einer Schicht von Lehm und Steinen begraben, die im Frühlingstauwetter hangabwärts flossen.

Man hat auch die Vermutung geäußert, daß Dima in einer Situation gestorben sei, die ein normales Mammutkalb hätte vermeiden können. Aber Dima war krank, wie aus dem schweren Parasitenbefall ersichtlich ist, und nicht kräftig genug, um sich selbst zu befreien. Jungtiere waren häufig Opfer solcher Unfälle; die Anwesenheit der Mutter mochte Raubtiere und – nach dem Tod – Aasfresser auf Distanz gehalten haben. Der eigenartige Mageninhalt von Dima – Erde und Haare – ist ebenfalls erklärbar, denn Tiere, die in einer Falle gefangen sind, geraten leicht in ein Delirium und fressen vermutlich alles in ihrer Reichweite; in einem solchen Angstzustand kann es auch vorkommen, daß sie sich selbst verstümmeln.

Dima wurde nach Leningrad (St. Petersburg) geflogen und erlangte bald weltweite Medienberühmtheit. Nach der chemischen Behandlung des Kadavers konnte die Anatomie des Mammuts einschließlich seiner inneren Organe näher untersucht und gründlich studiert werden. Muskeln und Gehirn wurden einer biochemischen Analyse unterzogen; Blutgefäße und Zellen wurden erforscht (siehe S. 73). Anschließend wurde Dima auf Ausstellungen in Europa, Nordamerika und Japan gezeigt, wobei das kleine Mammut für 12 Millionen US-Dollar versichert wurde.

Wie die meisten der sehr gut erhaltenen gefrorenen Kadaver ist auch das männliche Mammutkalb Dima wahrscheinlich im August oder im Frühherbst gestorben. Die Arbeitsgruppen und die Bulldozer-Mannschaft, die an dieser Entdeckung beteiligt waren, erhielten eine besondere Belohnung dafür, daß sie für einige Tage auf die Goldsuche verzichtet hatten und es geduldig hinnahmen, daß Wissenschaftler, Reporter und Neugierige herbeiströmten, um diesen bemerkenswerten Fund zu begutachten.

Funde in Alaska

Der Forschungsreisende Otto von Kotzebue, der sich in den Jahren 1815–1818 auf Entdeckungsfahrt befand, berichtete von unzähligen Mammutzähnen und -knochen, die im schmelzenden Eis Alaskas zutage traten. Seitdem sind zahlreiche Knochen, Zähne und Stoßzähne, aber nur sehr wenige Fleischreste gefunden worden, obwohl auch diese gelegentlich vorkommen.

Wie in Sibirien stieg auch hier die Zahl der Entdeckungen seit dem Beginn der Goldgräberei sprunghaft an. Erdschichten müssen aufgetaut und mit Hochdruckstrahlen weggespritzt werden, um an die goldhaltigen Ablagerungen zu gelangen; und dabei erstrecken sich diese Arbeiten über sehr große Gebiete. An manchen Stellen wird die von der Sonne aufgeweichte Bodenoberfläche von gewaltigen hydraulischen Maschinen entfernt, während mit Schleppseilen der darunterliegende Kies bis zum gewachsenen Felsen abgekratzt wird.

Fairbanks Creek ist der Schauplatz von Alaskas berühmtestem Fund. Im August 1948 barg man dort das Gesicht, den Rüssel und das Vorderbein eines Mammutkalbs. Die Haut war weitgehend unbehaart. Die Überreste wurden konserviert und an das Amerikanische Museum für Naturgeschichte in New York geschickt. Dort wurden sie in herkömmlichem Glyzerin aufbewahrt und in einem Tiefkühlfach ausgestellt (siehe S. 31). Zu Lebzeiten hat dieses Mammutbaby namens Effie wohl 100 kg gewogen. Es lebte vor 21300 Jahren.

MAMMUTFRIEDHÖFE

Die Vorstellung von »Elefantenfriedhöfen« – Stellen, die Elefanten aufsuchen, um dort zu sterben – ist eine Legende. Aber sie enthält ein Körnchen Wahrheit, denn in Afrika und Asien gibt es eine ganze Anzahl verschiedener Plätze, meist ausgetrocknete Wasserlöcher und Flußbetten, an denen Elefantenknochen gehäuft vorkommen. Dort sind die Elefanten eines natürlichen Todes gestorben, einzeln oder in Gruppen, durch Dürre oder wegen einer Katastrophe wie beispielsweise einer plötzlichen Überschwemmung.

Außerdem existieren, insbesondere in Sibirien, einige Stellen, wo sich zahlreiche Mammutknochen angesammelt haben, aber hierfür gibt es vermutlich eine andere Erklärung. Über Jahrtausende hinweg kamen Mammuts ums Leben, wenn sie an Flußtälern entlangliefen oder ins Eis einbrachen, und ihre Knochen wurden von der Strömung wahrscheinlich zu Vertiefungen, Staugewässern und Mäanderabschnürungen transportiert.

»An den Ufern des Berelech-Flusses liegen die Knochen von mindestens 156 Mammuts«

Die größte bekannte Ansammlung dieser Art befindet sich am Berelech-Fluß, einem Nebenfluß der Indigirka. Der Berelech schlängelt sich durch die sanft abfallenden, dauergefrorenen Hügellandschaften, die durch den Fluß und das Tauwetter beständig erodiert werden. Aus diesen Hügeln werden Mammutknochen seit Jahrhunderten freigewaschen und in dem Flußbett abgelagert. Zwischen 1970 und 1980 sammelte man bei Expeditionen zu diesem Fundort insgesamt 8830 Mammutknochen von mindestens 156 Individuen ein.

Ein Mammutstoßzahn vom Grund der Knochenablagerung ergab ein Radiokarbonalter von 12240 Jahren, während Hautstückchen und Bindegewebeteile, die man an einer anderen Stelle fand, auf 13700 Jahre datiert wurden. Diese Ergebnisse vermitteln eine Vorstellung davon, in welcher Zeitspanne sich die Knochen angehäuft haben könnten. Der Berelech-»Friedhof« ist also das Resultat zahlreicher einzelner Unfälle, die über die Jahrhunderte hinweg stattgefunden haben; er enthält die Gesamtsumme all jener Tiere, die in zähflüssigem Schlamm steckengeblieben oder durch dünnes Eis gebrochen und ertrunken sind (siehe S. 145f.).

Tausende von Mammutknochen haben sich am Berelech-»Friedhof« angesammelt. Bei Expeditionen in jüngerer Zeit benutzt man Spritzschläuche, um die Knochen aus dem gefrorenen Boden zu lösen. Diese Arbeit ist äußerst anstrengend, aber nicht minder setzen große Schwärme unersättlicher Moskitos den Forschern zu.

Die »Elefantenfriedhöfe« in Afrika sind das Ergebnis eines vor Ort eingetretenen natürlichen Todes, gewöhnlich in der Umgebung einer ausgetrockneten Wasserquelle. Die sibirischen Mammut-»Friedhöfe« entstehen dagegen durch Ansammlungen von Knochen in Staugewässern von Flüssen oder durch spätere Erosion morastiger Jedoma-Ablagerungen (Mitte).

Ein paläolithischer Fundort, dessen Alter auf rund 10 700 Jahre datiert wurde, ist 120 m weiter flußabwärts entdeckt worden. Er enthielt Steinwerkzeuge sowie einige Trümmerstücke von Stoßzähnen, die eindeutig aus der Knochenansammlung entnommen wurden. Ein 94 cm langes Elfenbeinstück, das spitze Ende eines Stoßzahns, trägt die bemerkenswerte Gravierung eines Mammuts mit extrem langen Beinen (siehe S. 98). Die Bewohner des Fundplatzes könnten in der Lage gewesen sein, frischeres Fleisch von den Mammuts zu entnehmen, und sie benutzten sicherlich Werkzeuge aus Knochen und Stoßzähnen. Aber es ist unwahrscheinlich, daß sie bei der Anhäufung der Mammutreste irgendeine größere Rolle spielten, zumal die größte Knochenansammlung um rund 2000 Jahre älter als dieser Fundplatz zu sein scheint.

Im Sommer 1988 wurde ein andersgearteter Mammutfriedhof am linken Ufer der Seva im Südosten der Provinz Brjansk südlich von Moskau entdeckt, als ein Bulldozer beim Abräumen einer Sandgrube mehrere Knochen zutage förderte. Im folgenden Jahr stieß man auf eine kompakte Knochenschicht mit Knochen von 10–15 Mammuts. Bei der sorgfältigen Ausgrabung des »Seva-Friedhofes« wurden ungefähr 4000 Fragmente von mindestens 35 Individuen geborgen.

Dieses Gebiet war normalerweise eine sumpfige Flußniederung. Ihre reichen Nahrungsressourcen zogen vermutlich die Tiere an, die vielleicht von einer Flut überrascht worden sind. Die Kadaver scheinen während eines Hochwassers hierher transportiert und schnell unter Schwemmablagerungen begraben worden zu sein. Obwohl man hier weit weniger Knochen als am Berelech fand, ist es der größte bislang bekannte natürliche Mammutfriedhof Europas. Die Bedeutung des Fundortes beruht jedoch nicht auf der Anzahl der Tiere, sondern liegt in der Tatsache begründet, daß ein großer Teil des Fundmaterials aus großen, miteinander verbundenen Skeletteilen besteht. Man barg sieben nahezu unversehrte Skelette von allen Altersgruppen, einschließlich dreier Jungtiere. Sie alle können Mitglieder einer einzigen Herde, ja sogar einer einzigen Familie gewesen sein.

Die Mammuts von der Seva scheinen in einem kurzen Zeitabschnitt gestorben und dann sofort vom Flußsand ganz oder teilweise begraben worden zu sein. Ihre Überreste lieferten ein Radiokarbondatum von 13950 Jahren.

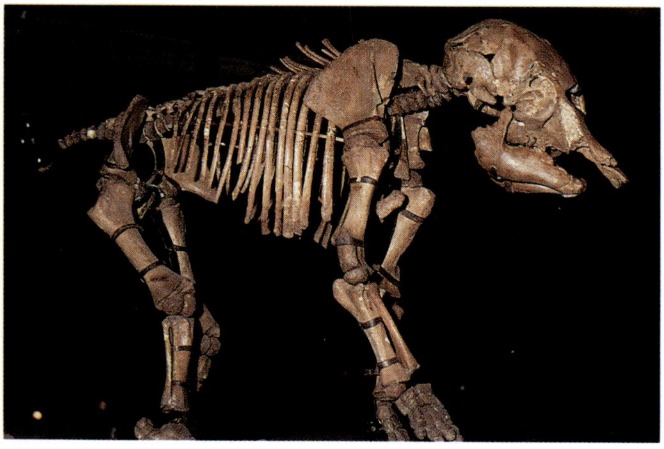

Mehrere Skelette von der Seva waren nahezu vollständig (rechts) und wiesen einen hohen Anteil von Jungtieren auf (45 Prozent der Tiere waren weniger als zehn Jahre alt). In Berelech dagegen fand man die Knochen nicht als Skelette vor, und nur 30 Prozent der Tiere waren jünger als zehn Jahre. Also müssen sich die Knochen auf eine andere Weise angesammelt haben.

NATÜRLICHE MAMMUTFALLEN

Die spektakulärste Ansammlung von Knochen des Nordamerikanischen Mammuts (*M. columbi*) wurden in einem ehemaligen Erdfall (siehe gegenüberliegende Seite) bei Hot Springs, einer kleinen Stadt in Süddakota, mitten im nordamerikanischen Kontinent, gefunden. Bislang hat man rund 50 Mammutexemplare entdeckt, aber ihre Zahl nimmt jedes Jahr zu. Man schätzt, daß mindestens 100 Mammuts ihr Ende in diesem Erdfall gefunden haben.

Den Radiokarbondaten zufolge starben diese Nordamerikanischen Mammuts vor ungefähr 26000 Jahren. Man vermutet, daß die Falle zwischen 300 und 700 Jahren wirksam war, bevor sie sich schließlich mit Sedimenten auffüllte. Die einzelnen Mammuts verteilen sich über die verschiedenen Ablagerungen; sie sind also nicht zur selben Zeit, sondern in gewissen Abständen hier angelangt. Das bedeutet, daß diese etwa 100 Skelette alle auf eine einzige Unglücksursache zurückgehen – im Abstand von ein paar Jahren geriet immer wieder ein Tier in diese Falle. Meist waren es junge erwachsene männliche Tiere, die in ihrem abenteuerfreudigsten Alter vom Schicksal ereilt wurden.

Es gibt noch weitere faszinierende Funde in Hot Springs. Bei einer Ausgrabung im Jahre 1975 stieß man auf den Backenzahn eines Mammuts, der sich von den anderen unterschied: Er sah nämlich eher wie der Zahn eines Mammuts (*M. primigenius*) aus und paßte nicht zu allen anderen Mammutüberresten des Fundortes, die vom Nordamerikanischen Mammut (*M. columbi*) stammten. Dennoch wagten es die Forscher nicht, von diesem dürftigen Befund auf die Anwesenheit von wollhaarigen Mammuts zu schließen – bis dann gegen Ende der Grabungskampagne im Jahre 1987 das Schädelfragment eines solchen Tieres ausgegraben wurde, bei dem die Zähne noch an Ort und Stelle waren.

Dies ist einer der äußerst seltenen Fundplätze, wo beide Arten an derselben Stelle vorgefunden werden, aber dies bedeutet nicht zwangsläufig, daß sie auch zur selben Zeit zusammen vorkamen (siehe S. 31). Beide Exemplare des wollhaarigen Mammuts befanden sich in den oberen Ablagerungen, und dies könnte darauf hindeuten, daß die Mammuts zu einem Zeitpunkt in das Gebiet eindrangen, als die Nordamerikanischen Mammuts bereits weiter südwärts

Der Fundort von Hot Springs ist mittlerweile überdacht worden, da er von außerordentlicher wissenschaftlicher Bedeutung ist. Rund 50 Mammutskelette sind hier bislang ausgegraben worden. Der Erhaltungszustand der Knochen ist hervorragend: Man stößt sogar auf die äußerst zerbrechlichen Zungenbeine, die vor Ort die Zeitläufte überstanden haben, und selbst auf Gallensteine.

Bauunternehmer entdeckten als erste den Fundort bei Hot Springs in Süddakota, als sie im Jahre 1974 das Gelände für einen Hausbau einebnen ließen. Die Ausgrabungsarbeiten an diesem Fundplatz dauern heute noch an.

ausgewichen waren. Radiokarbondatierungen dieser Funde können vielleicht weiteren Aufschluß geben. Dann wird sich erweisen, ob die wollhaarigen Mammuts zeitgleich mit den Nordamerikanischen Mammuts oder erst danach hier lebten.

Ähnliche Fallen gab es überall, wo Mammuts lebten. Bei Condover in Shropshire (England) entdeckte eine Frau, die ihren Hund um eine Kiesgrube spazieren führte, im Jahre 1986 einige große Knochen. Man barg schließlich die Skelette von vier oder fünf Mammuts, die zwischen 12700 und 12300 Jahre alt waren. Damit war der erste Beleg erbracht, daß diese Spezies auch nach dem Rückzug der Eisgletscher in England überlebte.

Die Skelette liegen in einem Toteisloch. Diese geologische Formation entsteht, wenn große Eisblöcke nach dem Rückzug der Gletscher im Boden zurückbleiben. Als die Eismasse schmolz, brachen die darüberliegenden Ablagerungen ein. So entstand ein Krater, der sich nach und nach mit weiteren Sedimenten auffüllte. Das Toteisloch von Condover war in der Mitte 10 m tief, aber gegen Ende der Eiszeit fielen seine Ränder nicht mehr steil ab. Es ist daher am wahrscheinlichsten, daß die Mammuts auf der Suche nach Nahrung oder Wasser zu diesem Toteisloch kamen und an seinem Grund im Morast steckenblieben.

Die 400 Knochenfragmente, die man hier fand, stammen von einem erwachsenen männlichen Tier, das etwa 28 Jahre alt war, und von mindestens drei Jungtieren in einem Alter zwischen drei und sechs Jahren. Sie gehörten wahrscheinlich nicht einer einzigen Familie an, denn junge Elefanten bleiben bei ihrer Mutter, nicht bei ihrem Vater, und ältere Tiere diesen Alters streifen im allgemeinen allein oder in Junggesellengruppen durch die Gegend. Die Todesfälle von Condover ereigneten sich also vermutlich zufällig über mehrere Jahrhunderte hinweg. Die Mammutleichen mußten nach Eintritt des Todes längere Zeit freigelegen haben, da sich in den Knochenhohlräumen entwickelte Fliegenpuparien und Reste von Mistkäfern fanden.

MAMMUTFALLEN

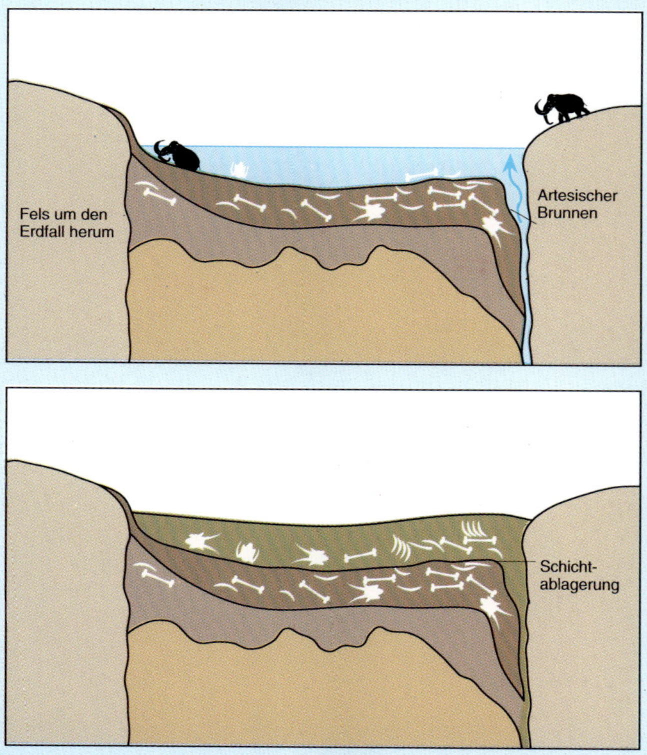

Die Ausgrabungen bei Hot Springs in Süddakota zeigen, daß eine geologische Formation, die man als Erdfall bezeichnet, eine tödliche Falle für die Mammuts darstellte. Hier war es ein etwa 40 m langer Krater mit steilen, glitschigen Seitenwänden. Die Mammuts wurden vielleicht vom warmen Wasser angezogen, oder sie suchten die Umgebung des Tümpels nach Nahrung und Wasser ab, wagten sich ins Becken oder glitten dort hinein. War dies geschehen, so konnten die Tiere nicht entkommen; sie verhungerten oder ertranken. Das Skelett eines Mammuts mit dem Namen Murray (oben) liegt ausgestreckt auf der Seite. Vermutlich brach es so zusammen, als es sich freizukämpfen bemühte. Ein artesischer Brunnen versorgte den Erdfall mit Wasser; die Seitenwände erodierten, bedeckten die Mammutknochen und erhielten sie für die Nachwelt. Toteislöcher, die durch schmelzendes Gletschereis entstanden, stellten für Mammuts eine ähnliche Todesfalle dar.

Ein Nordamerikanisches Mammut trompetet in Todesangst, während es sich vergeblich bemüht, sich aus dem zähflüssigen Asphalt zu befreien, und hungrige Raubtiere es beobachten. So könnte sich dieses Ereignis vor 30000 Jahren in den Pechgruben von Rancho La Brea – heute in der Innenstadt von Los Angeles gelegen – zugetragen haben. Diese natürlichen Fallen eröffnen einen einzigartigen Blick auf das Leben im späten Eiszeitalter (Pleistozän).

Da in La Brea über 30000 Jahre lang Tiere in die Pechfallen geraten sind, haben sich hier 100 Tonnen Fossilien von über 600 Tier- und Pflanzenarten angesammelt. Die Säugetiere sind mit Wölfen, Großkatzen, Bisons, Pferden, Kamelen, Bären und dem auf dem Boden lebenden Riesenfaultier (*Nothrotheriops*, links) vertreten, das von Kopf bis Schwanz 2,4 m lang war.

Knochen von Säugetieren und Vögeln, Rückenschilde von Insekten sowie Holz befinden sich wegen der Imprägnierung durch Asphalt in den Pechgruben von La Brea in einem hervorragenden Erhaltungszustand. Die Knochen liegen in Pechschichten, die mit Deckschichten aus Sand oder Schlamm abwechseln. Sie haben sich regelmäßig über den Pechflächen durch Flußströme oder bei Winterregen abgelagert. Die Überreste von Reihern und Wasserschildkröten belegen, daß sich in der Nähe Wasseransammlungen befunden haben müssen.

Bei den Fossilien von La Brea überwiegen die Reste von Raubtieren. Sie kamen, um die gefangenen Tiere zu fressen, und gerieten dann selbst in die Pechfalle. Eine Säbelzahnkatze (*Smilodon*) tut sich gerade an einem noch freiliegenden Mammutkadaver gütlich, während sich eine zweite von links nähert. Wölfe (*Canis dirus*) scharen sich aufgeregt um diese Szene, während aasfressende Kondore in den Lüften kreisen oder auf einem nahegelegenen Baum abwarten.

Die Pechgruben von La Brea

Mammuts haben sich auch an einer Stelle erhalten, die jetzt im Zentrum von Los Angeles (Kalifornien) liegt. Auf der Höhe des Wilshire Boulevard befinden sich die berühmten Pechgruben von Rancho La Brea (*brea* ist das spanische Wort für Teer oder Pech). Diese Pechgruben sind seit Jahrhunderten bekannt und wurden früher wegen ihres natürlichen Asphalts ausgebeutet. Man gewann Tausende von Tonnen, bis man 1875 erstmals bemerkte, daß das Pech fossile Überreste enthielt.

Seitdem hat man über 100 Tonnen Fossilien – 1,5 Millionen Stücke von Wirbeltieren, 2,5 Millionen Stücke von Wirbellosen – geborgen; oft lagen sie in dichten Ansammlungen durcheinander. Die Vielfalt an Lebewesen erstreckt sich von Insekten und Vögeln bis hin zu Riesenfaultieren, die am Boden lebten; aber man hat insgesamt nur 17 Rüsseltiere – darunter Mastodonten und Nordamerikanische Mammuts – gefunden. Die meisten Rüsseltiere befanden sich in der 1914 ausgegrabenen Grube 9, der tiefsten Ablagerung mit Knochen. Die Fossilien sind meist zwischen 40000 und 10000 Jahre alt. Der einzige Fund von einem Menschen – einer Frau – datiert dagegen in eine Zeit vor 9000 Jahren.

»Mammutüberreste sind im Zentrum von Los Angeles entdeckt worden«

Der Asphalt sickert bei La Brea vor allem im Sommer an die Oberfläche und bildet seichte Lachen, die oftmals unter Blättern und Staub verborgen lagen. Unvorsichtige Tiere konnten deshalb leicht in diese dünnen Flächen aus zähflüssigem Asphalt geraten, der bei warmem Wetter äußerst klebrig war. Die unglücklichen Tiere starben wie Fliegen auf einem Fliegenfänger an Erschöpfung und Hunger, oder sie fielen einem Raubtier zum Opfer, das sich dann oft selbst in der Falle verfing.

Wenn die Tiere verwesten, wurden mehr Aasfresser angelockt, die dasselbe Schicksal ereilte. Fleischfressende Tiere übertreffen die Pflanzenfresser bei weitem: Auf jedes große pflanzenfressende Tier kommen eine Säbelzahnkatze, ein Kojote und vier Wölfe. Da einige Knochen sehr verwittert sind und Fliegenpuparien tragen, müssen manche Kadaver über Wochen oder Monate an der Oberfläche liegengeblieben

In den ersten Jahrzehnten dieses Jahrhunderts fanden größere Ausgrabungen bei den Pechgruben von Rancho La Brea statt. Sie führten die wahre Bedeutung dieses bemerkenswerten Fundplatzes vor Augen. Man stieß dort auf die Überreste zahlreicher Tierarten, die in den letzten 30000 Jahren der Eiszeit lebten.

sein. Im Asphalt lebende Bakterien könnten einen Teil des weichen Gewebes verzehrt haben. Der Asphalt selbst hat vermutlich aufgelöst, was noch übrigblieb, und zugleich die durchsättigten Knochen, die heute dunkelbraun oder schwarz glänzen, imprägniert und dadurch wunderbar erhalten.

Während sich in La Brea kein organisches Gewebe erhalten hat, kann dies unter gewissen Umständen in Gegenden mit Erdwachsvorkommen durchaus der Fall sein. In Starunia (Polen) ist der Boden mit Erdwachsadern durchzogen. Der Fundort ist für seine Nashornkadaver bestens bekannt, aber 1907 stieß man dort in einer Tiefe von 43 m auch auf ein Mammut. Die Verwesung hatte bereits eingesetzt, bevor das Gewebe konserviert wurde. Aber es ist immer noch ein Mammut »mit Fleisch und Blut« – das einzige außerhalb der Dauerfrostgebiete –, weil es auf natürliche Weise »eingelegt« worden ist: in eine petrochemische Flüssigkeit, die mit Salzablagerungen und Erdwachs (Ozokerit) versetzt ist. Das Skelett ist gut erhalten, und die Haut ist immer noch geschmeidig, aber das Haar blieb in den umgebenden Sedimenten haften.

La Brea heute (oben) und vor 80 Jahren (ganz oben) – der Unterschied könnte kaum größer sein. Vor dem prächtigen Museumskomplex illustrieren lebensgroße Nachbildungen von Nordamerikanischen Mammuts eines jener vielen Dramen, die sich an den natürlichen Todesfallen aus Pech zutrugen. Die Überreste verschiedener Tiere, die man an diesem Fundort entdeckte, sind im Museum für Naturgeschichte in Los Angeles ausgestellt.

Ein über 200000 Jahre altes Mammutskelett wurde 1964 bei Aveley an der unteren Themse, östlich von London, ausgegraben. Es lag direkt über dem Skelett eines Waldelefanten mit geraden Stoßzähnen (*Palaeoloxodon antiquus*), der hier lebte, als das Gebiet in einer Warmzeit des Eiszeitalters noch dichter bewaldet war.

Ablagerungen von Flüssen und Seen

Während gefrorene Kadaver und natürliche Fallen die aufsehenerregendsten Quellen für Mammutreste darstellen, werden die gewöhnlichsten und häufigsten Entdeckungen in einem eher alltäglichen Umfeld gemacht: Ablagerungen aus Kies, Sand oder Lehm werden zu industriellen Zwecken abgebaut, zum Erstellen von Fundamenten beim Hausbau abgetragen oder für die Verlegung von Rohrleitungen ausgegraben. Bei den Fossilien, auf die man bei dieser Gelegenheit stößt und die unsere Museen füllen, handelt es sich meist um isolierte Zähne, Teile vom Stoßzahn und um verstreute Beinknochen. Die Beschaffenheit des Sediments gibt dabei einen Hinweis, wie die Umgebung zum Zeitpunkt der Ablagerung einstmals ausgesehen hatte: Kies deutet auf schnell fließende Flüsse hin (die manchmal direkt vom Gletscher stammendes Schmelzwasser enthielten), Sand und Schlamm verweisen auf ruhigere Flußabschnitte, Lehm schließlich auf unbewegte Seen.

»Über das gesamte ehemalige Verbreitungsgebiet der Mammuts sind zahllose isolierte Zähne und Knochen verstreut«

Die Erhaltung vereinzelter Knochen und Zähne in Flußablagerungen ist folgendermaßen zu erklären: In manchen Fällen starb das Tier in der Nähe des Wassers, und sein Leichnam war von Aasfressern wahrscheinlich schon teilweise zernagt und zerlegt worden, als die Reste, vielleicht infolge eines Hochwassers, in den Fluß gespült wurden. In anderen Fällen könnte das Tier bei dem Versuch, einen Fluß zu überqueren, ums Leben gekommen sein; manchmal werden Elefanten in Afrika auch heute Opfer eines solchen Unglücks. Beide Male verfällt der Kadaver – oder Teile davon – weiter, wenn er vor der endgültigen Ablagerung flußabwärts transportiert wird. Ein letztes Zerstörungswerk tut die Verwesung, bevor einzelne Bestandteile abschließend eingebettet werden. In die Seen gelangen vollständige oder teilweise erhaltene Kadaver durch die Flüsse, oder sie werden bei ansteigendem Wasserspiegel vom Seeufer in den See geschwemmt. Im allgemeinen überstehen Backenzähne und Stoßzähne die Zeitläufte am besten, weil ihr Schmelz und Dentin härter und widerstandsfähiger als Knochen sind.

Bei Ausgrabungen in Stanton Harcourt bei Oxford (England) sind bislang mehr als 34 Mammutstoßzähne zutage gefördert worden. Während der Ausgrabungskampagne von 1993 war ein eingegipster Stoßzahn so schwer, daß er von einem Hubschrauber der Königlichen Luftwaffe emporgehoben werden mußte.

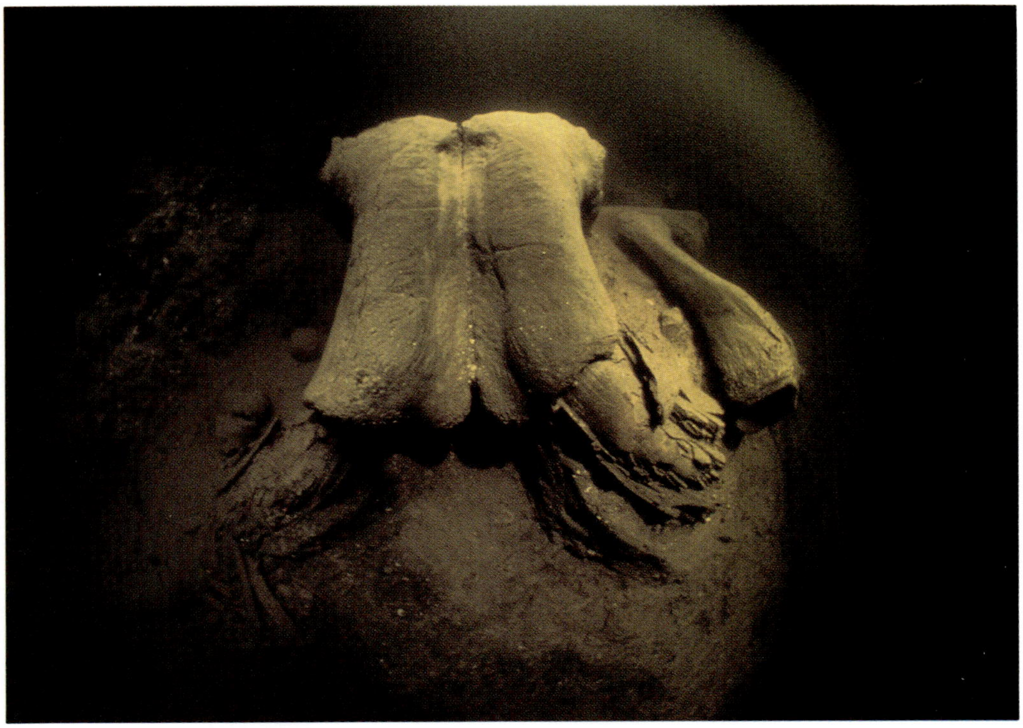

Schädel eines Nordamerikanischen Mammuts, der im Aucilla-Fluß (Florida) in Schlamm eingebettet ist. Das Photo stammt von Sporttauchern aus dem Team von Unterwasser-Archäologen, die den Schädel bargen.

Eine Kiesgrube bei Stanton Harcourt in Oxfordshire (England) hat jüngst einige bedeutende Fundstücke dieser Art hervorgebracht. Diese stillgelegte, 2 ha große Grube soll in eine Müllkippe umgewandelt werden. Vor rund 200000 Jahren aber war dieses Gebiet von Graswiesen bedeckt, durch die die alte Themse floß. Unter den Tierknochen, die sich an einer Flußbiegung offenkundig auf natürliche Weise angesammelt haben, finden sich Überreste von Auerochsen, Wisenten, Fischen, Fröschen sowie mindestens 34 Mammutstoßzähne. Eichel und Haselnüsse weisen darauf hin, daß die Tiere dieser Fundstelle in einer Warmzeit des Eiszeitalters lebten; zu jener Zeit war das Klima wie heute oder sogar noch etwas wärmer. Die Mammuts sind eine frühe Form von *Mammuthus primigenius*, dem wollhaarigen Mammut; sie waren womöglich noch nicht vollständig an die kalten Klimabedingungen angepaßt.

Gelegentlich wird auch ein vollständiges Skelett an einer solchen Stätte gefunden. Exemplare von wieder zusammengesetzten Skeletten stammen aus dem Fluß Aa in Nordfrankreich, aus Steinheim und Ahlen in Deutschland sowie aus Mátra in Ungarn. Ein außergewöhnlich vollständiges Skelett wurde von einem 16jährigen Jungen entdeckt, der bei Siegsdorf in Bayern in einem Wald spazierenging, welcher auf ehemaligen Seeablagerungen gewachsen war. Er fand die erste Rippe bereits 1975, aber das vollständige Skelett war noch zehn Jahre später nicht endgültig ausgegraben, denn bei dieser Arbeit mußten 22000 m^3 Erde und Lehmablagerungen von Planierraupen bewegt werden. Dieses Exemplar ist das größte bislang bekannte Mammut der letzten Eiszeit. Auf den Namen Oskar getauft, ist es nun sorgfältig zusammengefügt

Fünf vollständige Mammutskelette wurden in den sechziger Jahren aus dem Aucilla-Fluß in Florida herausgeholt. Man barg sie Knochen für Knochen aus 12 m Tiefe.

und aufgestellt worden; es mißt 3,4 m in der Höhe, und seine Stoßzähne sind bis zu 2,6 m lang. Mittels der Elektronenspin-Resonanztechnik hat man ein Alter von ungefähr 48000 Jahren ermittelt.

Funden von Mammutskeletten, die ansonsten vollständig sind, fehlt oft das Entscheidende: der Schädel. Dies kann deshalb geschehen, weil sich der Kopf mit Verwesungsgasen füllte, sich vom Kadaver loslöste und weggeschwemmt wurde. (Man kann dies auch heute noch bei Elefantenkadavern in afrikanischen Flüssen und Seen beobachten.) Manchmal überdauern nur die widerstandsfähigsten Teile – Hinterhaupt, Stoßzähne und Zähne – die Zeiten, während sich die porösen Knochen und der Rest des Schädels zersetzen. Dies ist bei mehreren Skeletten der Fall, die wir zuvor erwähnt haben, einschließlich bei jenen von Condover, Steinheim und Siegsdorf, deren aufmontierte Schädel man mit Gips oder Kunstharz rekonstruiert hat.

Höhlen und Kotreste

Mammutüberreste werden in Höhlen aus mehreren Gründen gefunden. Am häufigsten wurden sie von Menschen oder Raubtieren dorthin gebracht. Die in der Friesenhahn-Höhle in Texas angesammelten Reste von einem jungen Mammut stammen beispielsweise von der ausgestorbenen Säbelzahnkatze; in der Kent's Cavern in England war es die Tüpfelhyäne (siehe S. 88). Viele Mammutknochen weisen Spuren von den Zähnen dieser Raubtiere und Aasfresser auf.

Gelegentlich begaben sich die Mammuts auch selbst in die Höhlen, um vor schlechtem Wetter Unterschlupf zu finden, zu gebären oder weil sie nach Wasser oder Salz suchten. Ein schlagender Beleg hierfür ist der in großen Mengen vorkommende Mammutkot in den trockenen Höhlen des amerikanischen Südwestens. Durch die Untersuchung des Kots hat man detaillierten Aufschluß über die Ernährung der Mammuts erhalten (siehe S. 75f.). In einer im Tagebau ausgebeuteten Kohlengrube in der chinesischen Provinz Innere Mongolei hat man 1980 3 kg Mammutkot zusammen mit Knochen von zwei Mammuts entdeckt. Mammuts sind in China keineswegs selten; man hat sie dort an mehr als 150 Stellen gefunden.

Wie man Mammuts angelt

Die vielleicht verblüffendste Quelle für Mammutknochen ist der Meeresgrund der Nordsee. Berichte über die ersten Funde stammen aus dem 19. Jahrhundert, aber während der letzten 50 Jahre hat man eine Fülle fossilisierter Mammutüberreste vom Meeresgrund heraufgeholt. Da während der letzten Eiszeit der Meeresspiegel um 100 m tiefer lag als heute, war das Areal der Nordsee trockenes Land. Folglich starben dort auch Landtiere, die in der bereits beschriebenen Weise in Flüssen und Seen abgelagert wurden.

Die meisten geborgenen Überreste spiegeln die typische Fauna der letzten Eiszeit in Europa wider (also zwischen 110000 und 10000 Jahren vor unserer

Der Schädel eines Mammuts wurde 1994 in einer mit Wasser gefüllten ehemaligen Kiesgrube bei Bergharen (östliche Niederlande) von Tauchern in einer Tiefe von 12 m gefunden. Er war in Flußkies eingebettet, der sich hier während der letzten Eiszeit ablagerte.

Fossilien werden oft in Fischernetzen gefunden, die über den Meeresgrund der Nordsee gezogen worden sind. Der Mammutzahn, der inmitten von Plattfischen und verschiedenerlei Abfällen liegt, war ein solcher Fang.

Von dem Meeresgrund der Nordsee geborgene Knochen sind oft aufgrund der Mineralisierung schwarz. Um sie zu konservieren, braucht man sie zur Entsalzung nur in frisches Wasser zu legen. Der durchschnittliche »Fang« eines sechswöchigen Fischzugs (rechts) besteht aus Knochen vom Rentier und Wisent, aber ebenso vom Mammut.

Zeit): Wisente, Pferde, Wollnashörner, Rentiere und Riesenhirsche; aber häufig auch Rüsseltiere, insbesondere Mammuts. Man hat ebenso die über eine Million Jahre alten Überreste von *M. meridionalis*, ja sogar von einem Mastodonten geborgen. Es handelte sich durchweg um isolierte Knochen, aber alle befanden sich in einem guten Erhaltungszustand.

Eigens für den Fang von Plattfischen (Seezunge, Steinbutt, Flunder) gebaute Netze schleifen über den unebenen Meeresgrund, und vorne angebrachte Querstangen wirbeln die Fische auf, die dann ins Netz fallen. Dasselbe geschieht mit den Fossilien – manchmal zerbrechen sie dabei –, die durch Strömungen auf dem Meeresgrund freigelegt worden sind. Die Knochen kommen aus einer Tiefe von 20–50 m. Ein Fischzug dauert etwa eine Stunde und deckt eine Strecke von 10 km ab.

Ein sechs Wochen dauernder Fischzug kann mehrere hundert Fossilien erbringen. Das Museum für Naturgeschichte in Leiden (Niederlande) heuert seit 43 Jahren jedes Jahr ein Fischerboot speziell für den »Fang« von Fossilien an. Liebhaber von Fossilien bevölkern die Häfen, wenn die Rückkehr der Fischerboote ansteht.

DIE NATURGESCHICHTE DER MAMMUTS

Über das Erscheinungsbild und die Lebensgewohnheiten der Mammuts ist mehr bekannt als bei jedem anderen ausgestorbenen prähistorischen Tier. Nahezu alle Fossilüberlieferungen bei den anderen Tierarten bestehen nur aus Knochen und Zähnen. Bei den Mammuts aber sind – dank der gefrorenen Überreste im hohen Norden und der ausgetrockneten Exemplare in den weiter südlich gelegenen Höhlen – Fleisch, Haare, Mageninhalte und sogar Kotreste erhalten geblieben. Darüber hinaus haben unsere frühen Vorfahren mit ihren Höhlenmalereien und anderen Kunstgegenständen ein Bild der Mammuts hinterlassen, die sie gesehen hatten. Wenn man alle diese Informationsquellen mit den Schlußfolgerungen verknüpft, die wir aus der Beobachtung der heutigen Elefanten ziehen können, dann ist es möglich, zu einer authentischen »Naturgeschichte« der Mammuts zu gelangen. Sie ist in mancherlei Hinsicht vollständiger als unser Wissen über viele andere Tierarten, die heute noch leben.

Prähistorische Künstler haben uns diese naturalistische Mammutzeichnung in der Höhle Rouffignac (Frankreich) hinterlassen. Sie gibt das Haarkleid der Mammuts, den gewölbten Kopf, den Schwanz und sogar die Afterklappe wieder. Aufgrund des gekrümmten Rückens und der kleinen Stoßzähne handelt es sich hier wohl um ein Jungtier.

Das Fressen machte den Hauptteil im Leben eines Mammuts aus. Das hier abgebildete große Nordamerikanische Mammut brauchte rund 225 kg frisches Futter am Tag und war daher fast immer auf Nahrungssuche. Diese Szene könnte sich so vor etwa 15000 Jahren in der Hochebene von Colorado im Südwesten der Vereinigten Staaten abgespielt haben. Dort haben die Ernährungsgewohnheiten der Mammuts in einem gewissen Maße die Vegetation beeinflußt.

Ein Mammut drückt einen kleinen Baum um, so daß es an das obere Blattwerk herankommen kann. Zuvor hatte es die Baumrinde mit seinen Stoßzähnen abgestreift und gefressen. Die Stoßzähne konnten auch dazu eingesetzt werden, um Pflanzen mitsamt den Wurzeln auszugraben.

Ein weibliches Tier zieht ein Büschel Gras aus dem Boden, indem es den Rüssel um die Halme schlingt. Ein Jungtier stibitzt ihm derweil einige Stengel aus dem Maul. Zwei Mammuts trinken aus einem Fluß; sie saugen dabei das Wasser mit ihren Rüsseln ein und spritzen es dann in ihre Mäuler.

Der mit Tausenden von kleinen Muskeln ausgestattete Rüssel konnte Tätigkeiten verrichten, für die großes Feingefühl erforderlich war. Die beiden langen Fortsätze an der Rüsselspitze spielten dabei die Rolle von »Finger und Daumen«: sie pflückten Blumen, Knospen oder Grashalme. Möglicherweise stellen diese Verlängerungen eine Anpassung an die Ernährung mit den kurzen Gräsern der eiszeitlichen Steppen dar; bei den großen Gräsern der Tropen, die die heutigen Elefanten fressen, reicht das Umschlingen mit dem Rüssel im wesentlichen aus.

Alle Mammuts ernährten sich ausschließlich vegetarisch. Die genaue Zusammensetzung ihrer Pflanzennahrung unterschied sich je nach den örtlichen Gegebenheiten – sowohl das Nordamerikanische als auch das wollhaarige Mammut besiedelten weitläufige Gebiete. Gras war jedoch fast immer die Hauptnahrung; sie wurde je nach Angebot durch blühende Kräuter, Sträucher und Teile von Bäumen ergänzt.

Viele andere pflanzenfressende Tierarten teilten sich mit den Mammuts in dasselbe Nahrungsangebot. Hier sieht man eine Gruppe mittlerweile ausgestorbener amerikanischer Kamele auf der anderen Seite des Flusses grasen.

Es war für die Mammuts verhältnismäßig einfach, sich gegen Raubtiere zu verteidigen, denn sie besaßen einen kräftigen Rüssel, todbringende Stoßzähne und einen gewaltigen Körper. Trotzdem mußte eine Mammutgruppe immer wachsam sein, denn im Rudel jagende Raubtiere konnten gelegentlich ein Mammutkalb oder ein kränkliches erwachsenes Tier anfallen.

In dieser Szene – sie spielt in Alaska während der letzten Eiszeit – umkreist ein Rudel Wölfe eine kleine Gruppe von Mammuts. Als relativ kleine Raubtiere konnten Wölfe die Mammuts kaum in ernsthafte Schwierigkeiten bringen, und gegen ein ausgewachsenes Mammut in der Blüte seiner Jahre konnten sie sicher nichts ausrichten. Dieses Rudel versucht jedoch, eine kleine Mammutgruppe abzulenken und zu verwirren, um – höchstwahrscheinlich ohne Erfolg – an das Jungtier heranzukommen, das von seiner Mutter gehalten und geschützt wird.

Große Raubtiere wie Löwen und Hyänen kommen heute nur noch in tropischen Gebieten vor – nicht wegen des Klimas, sondern weil es nur dort große pflanzenfressende Tiere in ausreichender Zahl als Beute gibt. In der Eiszeit lebten wesentlich mehr pflanzenfressende Säugetiere in den nördlichen Kontinenten. Sie wurden von Hyänen und verschiedenen großen Raubkatzen gejagt, die mittlerweile ausgestorben sind, so etwa der Löwe *Panthera leo atrox* (links), und zwei Arten von Säbelzahnkatzen.

Mit einem Körpergewicht von mehreren Tonnen waren die Mammuts äußerst kräftige Tiere; ein gesundes erwachsenes Mammut brauchte nahezu kein anderes Lebewesen zu fürchten. Ein zur Seite oder nach unten geführter Hieb mit den Stoßzähnen konnte einen Angreifer niederstrecken oder töten. Senkte das Mammut den Kopf, konnten die Spitzen der Stoßzähne als Stichwaffen eingesetzt werden. Der Rüssel war wie bei den heutigen Elefanten ein für die Verteidigung sehr wirksames Organ; man konnte damit Raubtiere töten, indem man ihnen den Rücken brach. Schließlich mußte ein Angreifer darauf achten, daß er nicht unter die Beine der Mammuts geriet und zertrampelt wurde.

Diese verblichene Malerei eines Mammuts aus rotem Ocker ist eine von sieben Darstellungen aus der Kapova-Höhle im Südural (Rußland); sie ist ungefähr 14000 Jahre alt. Der charakteristisch gewölbte Kopf des Tieres ist links zu sehen; dahinter folgen der Schulterbuckel und die abfallende Rückenlinie.

Das auffälligste Merkmal der Mammuts war ihr bloßer Umfang. Es waren große Tiere, die größten Tiere in ihrer Umgebung. Anhand ihrer zusammenmontierten und aufgestellten Skelette kann man eine sehr genaue Vorstellung von ihrer Größe erhalten; man muß nur noch ein wenig für das Fleisch hinzuzählen. Alles in allem waren die meisten Mammuts nicht größer als die heutigen Elefanten. Die männlichen erwachsenen Mammuts brachten es im allgemeinen auf eine Schulterhöhe von 2,7–3,4 m. Dies entspricht ziemlich genau den Maßen des heutigen Afrikanischen Elefanten, dem größten Landsäugetier der Welt, bei denen die Bullen gewöhnlich zwischen 3 m und 3,5 m groß werden. Wie bei den Elefanten heute sind die Skelette der weiblichen Mammuts sichtlich kleiner und leichter als die der Bullen. Ein weibliches Mammut war im Durchschnitt vermutlich 2,6–2,9 m groß. Richtet man sich wiederum nach den Elefanten, dann müßte ein männliches Mammut ungefähr 6 Tonnen gewogen haben – rund achtzigmal so schwer wie ein erwachsener Mensch mit 77 kg.

»Das Nordamerikanische Mammut wog soviel wie 130 erwachsene Menschen«

Trotz seiner beträchtlichen Größe war das wollhaarige Mammut *Mammuthus primigenius* kleiner als seine unmittelbaren Vorläufer; der evolutionäre Trend ging hier also nicht zu immer größeren Formen hin. Skelettfunden der ursprünglichen Mammuts *M. meridionalis* zufolge war dieses Tier im allgemeinen etwa 4 m groß; die Wachstumsspitze wurde mit *M. trogontherii* erreicht, bei dem einzelne Tiere mehr als 4,3 m Höhe erreichen konnten. Man weiß nicht, warum *M. primigenius* an Größe abnahm. Beim amerikanischen Zweig tritt dies nicht so klar zutage: *M. columbi* hatte eine Schulterhöhe von 4 m und wog bis zu 10 Tonnen; dies entspricht dem Gewicht von ungefähr 130 erwachsenen Menschen.

Die Kontur des Mammutkörpers war unverkennbar. Wir kennen genügend eiszeitliche Darstellungen, die miteinander übereinstimmen und darauf hindeuten, daß die Gestalt des abgebildeten Tieres authentisch ist und nicht etwa der Einbildungskraft eines einzelnen Künstlers entsprang. Die Darstellungen zeigen einen verhältnismäßig großen Kopf mit einer hohen Wölbung an der Spitze. Der Hals-Nacken-Bereich bildet, obwohl er nur kurz ist, eine klare Unterteilung zwischen Kopf und Rücken. Die Schulter besitzt einen charakteristischen, hohen Höcker, hinter dem der Rücken merklich und immer mehr abfällt. An erhaltenen Skeletten kann man erkennen, daß die abfallende Rückenlinie viel eher auf die zunehmend kürzeren Rückenwirbel als auf die Größenunterschiede zwischen Vorder- und Hinterbeinen zurückzuführen ist.

Von der Geburt bis zum Alter

Wie die Elefanten, aber anders als die meisten Säugetiere wachsen die Mammuts auch im Erwachsenenalter weiter. Sie sind bei der Geburt ungefähr 90 cm groß und 90 kg schwer; nach zehn Jahren hat sich ihre Größe verdoppelt, und ihr Gewicht hat um das 15fache zugenommen. Das Wachstum schreitet dann langsam, aber stetig voran; bei weiblichen Tieren hört das Wachstum erst im Alter von 25 Jahren, bei männlichen Tieren ungefähr bei 40 Jahren auf. Die Lebenserwartung beträgt beim wollhaarigen Mammut etwa 60 Jahre, während das größere Nordamerikanische Mammut vermutlich älter wurde.

Das Mammutkalb Dima zeigt mehrere typische Merkmale des wollhaarigen Mammuts, zum Beispiel den sehr kurzen Schwanz. Aus Röntgenaufnahmen von seinem Skelett geht hervor, daß der gewölbte Schädel und der Schulterbuckel noch nicht ausgebildet sind. Die Längsknochen der Gliedmaßen enden frei; damit ist Platz für weiteres Längenwachstum vorhanden.

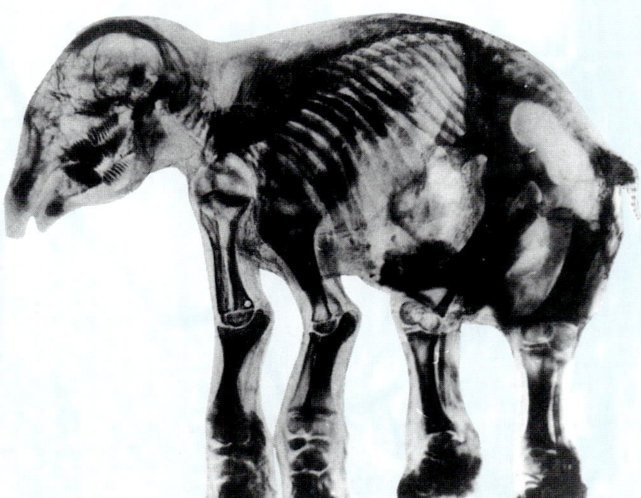

Die Skelette und gefrorenen Kadaver von Jungtieren geben Aufschlüsse über das Wachstum des Mammuts (das Alter der einzelnen Tiere kann aufgrund ihrer Zähne erschlossen werden; siehe S. 78). Am Fundort an der Seva, in der Nähe von Moskau, stieß man auf Skelette von Mammuts, die nur zwei Monate alt waren. Ihre Größe von 60 cm liegt etwas unter dem Durchschnitt. Die meisten Mammuts wiegen bei der Geburt etwa 90 kg.

Das berühmte eingefrorene Mammutkalb Dima (siehe S. 48f.) war zum Zeitpunkt seines Todes zwischen 6 und 12 Monate alt und ungefähr 90 cm groß. An ihm ist zu sehen, daß sich der Schulterbuckel und der abfallende Rücken erst in einem späteren Lebensabschnitt ausbildeten: Bei Jungtieren wölbte sich der Rücken zu einem Bogen wie bei den heutigen erwachsenen Indischen Elefanten. Aus Untersuchungen über die Knochenentwicklung geht hervor, daß die Enden der Längsknochen bis zum Alter von 40 Jahren bei männlichen bzw. 25 Jahren bei weiblichen Tieren nicht mit dem Knochenschaft zusammenwachsen, so daß die Knochenschäfte bis zu diesem Alter weiterwachsen können.

Viele Merkmale des wollhaarigen Mammuts verweisen auf eine bemerkenswerte Anpassung an das arktische Klima. Für seinen amerikanischen Zeitgenossen, das Nordamerikanische Mammut, sowie für die früheren Mammutarten in Eurasien verfügen wir über

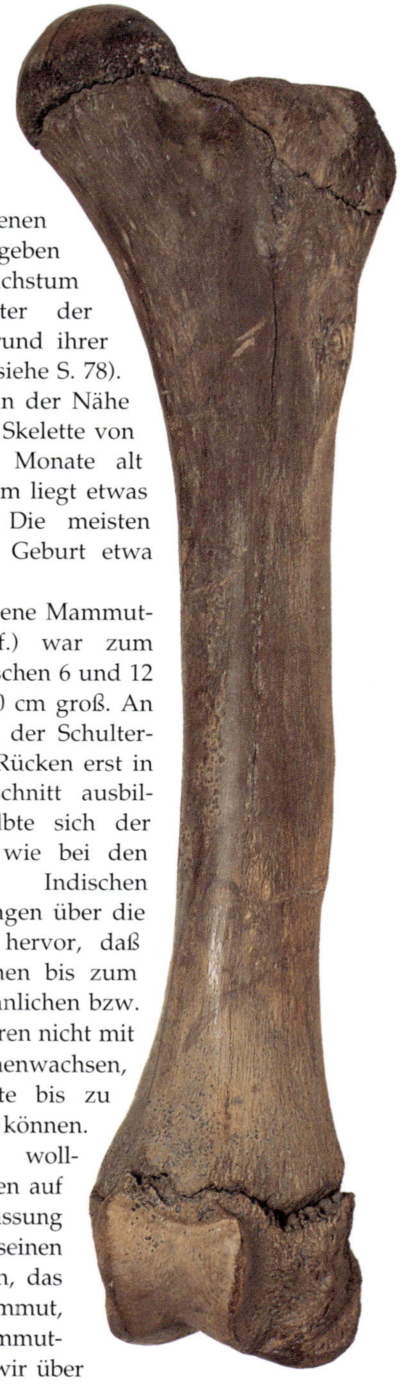

40 Jahre (weiblich)

40 Jahre (männlich)

Das Skelett eines etwa 30 Jahre alten männlichen Mammuts, das 1986 in Condover (England) entdeckt wurde. Sein Oberschenkelknochen (Femur) war 120 cm lang. Der obere Teil des Knochens wird hier in Originalgröße gezeigt (blaue Fläche im Hintergrund). Die beiden Knochenenden sind immer noch vom Knochenschaft getrennt, so daß das Tier noch mehrere Jahre lang hätte weiterwachsen können, wenn es nicht gestorben wäre.

Die kräftigen, drahtigen äußeren Haare eines Mammuts (links in Originalgröße abgebildet) waren bis zu 90 cm lang. Die inneren Haare (unten rechts) waren dagegen sehr viel kürzer und feiner; sie bildeten eine dichte Unterwolle. Die orangene Färbung dieser 12000 Jahre alten Belegstücke aus Sibirien ist vermutlich nicht natürlich, sondern wurde durch die lange Einbettung im Erdreich verursacht.

wesentlich weniger Informationen, denn es haben sich keine weichen Gewebeteile erhalten. Da sie in einem wärmeren Klima lebten, waren diese Adaptationen wahrscheinlich aber weniger deutlich ausgeprägt.

Das Pelzkleid des Mammuts ist von vielen sibirischen Kadavern bekannt. Am häufigsten ist es orange gefärbt, aber es variiert bei verschiedenen Exemplaren von blond bis braun oder nahezu schwarz. Obwohl viele moderne Nachbildungen das Mammut in einem orangenen Fellkleid zeigen, ist diese Farbe in den erhaltenen Haaren wahrscheinlich auf den Umstand zurückzuführen, daß das natürliche Farbpigment während der langen Einbettung größtenteils verlorenging. Vermutlich war Dunkelbraun die am meisten verbreitete Fellfarbe, obwohl es zweifelsohne Unterschiede gab. Auch beim heutigen Moschusochsen, der in gewisser Hinsicht dem Mammut unter allen Tieren der Gegenwart am nächsten steht – er ist ein großer Pflanzenfresser mit struppigem Fell und lebt unter arktischen Bedingungen –, ist das Fell dunkelbraun gefärbt.

Der Pelz des Mammuts bestand aus langen, kräftigen äußeren Schutzhaaren, unter denen sich kürzere und dünnere Haare befanden, die die Unterwolle bildeten. Die Schutzhaare maßen gewöhnlich 0,5 mm im Durchmesser und waren damit sechsmal dicker als durchschnittliches Menschenhaar und zweimal dicker als beim Indischen Elefanten. Zumindest in ihrem überlieferten Zustand sind sie elastisch und durchscheinend, ähnlich wie eine Angelleine. Die Haare der Unterwolle waren viel dünner und kürzer – ungefähr 2,5–8 cm lang –, aber sie standen dichter und bildeten so eine wirksame Isolierschicht.

Alle Körperteile waren mit Fell bedeckt, dessen Haare zwischen wenigen Zentimetern und bis zu 90 cm lang waren. Auf dem Kopf, einschließlich der Ohren und des Rüssels, wuchsen relativ kurze Haare von einigen Zentimetern Länge. Dagegen waren sie unter dem Kinn und dem Hals länger; zu beiden Seiten des Rüssels hingen deutlich ausgeprägte Haarfransen herab, die auch von den eiszeitlichen Künstlern festgehalten worden sind. Im oberen Körperbereich waren die Haare rund 30 cm lang, während sich an den Flanken und auf dem Bauch die längsten Haare befanden: Sie waren bis zu 90 cm lang und bildeten eine Art Saum, wie er heute noch beim Moschusochsen oder dem tibetischen Yak zu beobachten ist.

Der heutige Moschusochse ist das am weitesten im Norden lebende Landsäugetier der Welt; es kommt gegenwärtig nur noch in den arktischen Bereichen Kanadas vor. Sein zottiges Fellkleid besteht aus braunem Haar. Es wird jährlich abgeworfen und gleicht dem Fell des Mammuts.

Der Körper der heutigen Elefanten ist größtenteils mit Haaren bedeckt, insbesondere auf dem Kopf und am Schwanzende. Die Fähigkeit der Elefanten und ihrer Verwandten, ein Pelzkleid auszubilden, tritt an diesem Indischen Elefantenkalb klar zutage. Am deutlichsten war dies beim Wollmammut ausgeprägt, das sich im Unterschied zu den heutigen Arten, die in den Tropen leben, an kältere Lebensbedingungen anpassen mußte.

Das Fell am Vorderbein war bis zu 38 cm lang, und bei mehreren eingefrorenen Kadavern ist zu sehen, daß selbst Haare auf den Füßen wuchsen; sie waren bis zu 15 cm lang und fielen bis zum Ende der Zehen herab. Wahrscheinlich wechselte das Mammut sein Fellkleid zwischen Sommer und Winter und warf im Frühling seinen schwersten Winterpelz ab. Da die meisten eingefrorenen Kadaver von Tieren stammen, die im Herbst gestorben waren – der Boden war dann zwar noch beweglich, aber die fallenden Temperaturen ermöglichten ein schnelles Einfrieren –, tragen die meisten Exemplare höchstwahrscheinlich den Winterpelz.

Was das Fell des Nordamerikanischen Mammuts anbelangt, so verfügt man kaum über Anhaltspunkte. In der Bechan-Höhle in Utah, die wegen der beeindruckenden Ansammlung von Mammutkot berühmt wurde (siehe S. 75 f.), stieß man jedoch auf große Mengen von Haar, auch auf so kräftige Haare wie bei den sibirischen Mammuts. Da die Bechan-Höhle im Südwesten der Vereinigten Staaten liegt, stammt das Haar höchstwahrscheinlich von *M. columbi*; also war diese Spezies nicht nackt, obwohl man nicht weiß, wie dicht das Fell war und wie es sich auf dem Körper verteilte.

Die Haut des Mammuts war zwischen 1,25 und 2,5 cm dick und unterschied sich damit nicht von der Haut der heutigen Elefanten. Beim wollhaarigen Mammut folgte dann eine dicke Fettschicht von 8–10 cm Stärke, wie dies an den Kadavern von Beresowka und den Ljachow-Inseln zu erkennen ist. Dies hat wahrscheinlich zur Wärmespeicherung beigetragen, obwohl bekannt ist, daß Fettschichten hier nicht so wirksam sind wie ein Fellkleid aus Haaren.

Bei dem gefrorenen Kadaver eines Mammuts, das im Jahre 1901 auf den Ljachow-Inseln nördlich von Sibirien entdeckt wurde, hatte sich auch ein vollständiger Fuß erhalten. Obwohl er verdreht und das Wasser völlig entzogen war, sind doch die aus einer hornähnlichen Substanz bestehenden Nägel, die dunkle Fellfarbe und das lange Haarkleid zu erkennen, das bis zu den Zehen niederfiel. Wenn die Haut des Mammuts Talgdrüsen enthielt, dann hätte das Fell seidig geglänzt. Bislang ist es aber noch nicht gelungen, solche Talgdrüsen nachzuweisen.

Zum Fell und der Fettschicht kommen beim wollhaarigen Mammut noch einige Merkmale hinzu, die vermutlich Anpassungen an das kalte Klima darstellten. Am auffälligsten ist die geringe Größe der Ohren und des Schwanzes. Bei den heutigen Elefanten fungieren die großen Ohren als Kühler; sie werden bei Hitze hin und her geschlagen und führen so Wärme ab. Dem Mammut stellte sich das entgegengesetzte Problem. Die geringe Größe von Ohren und Schwanz bewahrten das Tier vor Wärmeverlusten. Noch bedeutender war die Gefahr, daß diese dünnen, exponierten Organe erfroren; ihr kleiner Umfang und der Haarbewuchs waren wohl ein Schutz dagegen.

Die Ohren des Mammuts, die sich bei drei erwachsenen Tieren erhalten haben, gleichen in verblüffender Weise der Form eines menschlichen Ohrs. Sie waren ungefähr 38 cm lang und maßen 18–28 cm in der Breite, waren damit also nur ein Fünfzehntel so groß wie beim Afrikanischen Elefanten. Beim Mammutkalb Dima war das Ohr nicht einmal 13 cm lang.

Bei den heutigen Elefanten dienen die Ohren nicht nur zum Hören und zur Wärmeabfuhr, sondern sie tragen auch dazu bei, Konkurrenten oder Raubtiere einzuschüchtern. Zu diesem Zweck werden die Ohren bei einem Scheinangriff vom Körper abgewinkelt. Bei den kleineren Ohren des Mammuts war diese Drohgebärde wahrscheinlich von geringer Bedeutung.

Nur beim Kadaver von Beresowka und beim Mammutkalb Dima hat sich ein vollständiger Schwanz erhalten. Für Otto Herz, den Führer der Beresowka-Expedition (siehe S. 44f.), stellte die Entdeckung des Schwanzes einen Triumph dar. Der freiliegende Teil war gerade 36 cm lang. Am Skelett des Beresowka-Mammuts ist klar zu erkennen, daß diese geringe Größe auf die Zahl von lediglich 21 Wirbeln zurückzuführen ist, während die Elefanten der Gegenwart zwischen 28 und 33 Schwanzwirbel besitzen. Mehrere eiszeitliche Darstellungen geben dieses Merkmal wieder: Sie zeigen den fleischigen Teil des Schwanzes, der nur über eine kurze Strecke dem Bein entlang verläuft, während bei den heutigen Elefanten der Schwanz bis zum »Knie« herabhängt.

An mehreren Kadavern ist jedoch ebenfalls zu beobachten, daß der fleischige Teil des Schwanzes durch lange, kräftige Haare verlängert wurde. Sie maßen rund 60 cm und waren doppelt so dick wie die gewöhnlichen Schutzhaare. Sie hingen in Büscheln vom Schwanz herab und glichen die Kürze des Schwanzes aus, so daß das Mammut über einen wirksamen Fliegenwedel verfügte. Auch dieses Merkmal ist in der eiszeitlichen Kunst vorzufinden, insbesondere bei der Gravierung von La Madeleine (siehe S. 97) und bei den Zeichnungen von Rouffignac.

Am Schwanzansatz befand sich ein breiter Hautlappen, der die Analöffnung bedeckte. Man sah hierin eine weitere Anpassung an die Kälte, aber dieses Merkmal ist ebenso bei den Elefanten anzutreffen, die in tropischem Klima leben. Die Afterklappe des Mammuts ist von mehreren prähistorischen Künstlern überliefert worden.

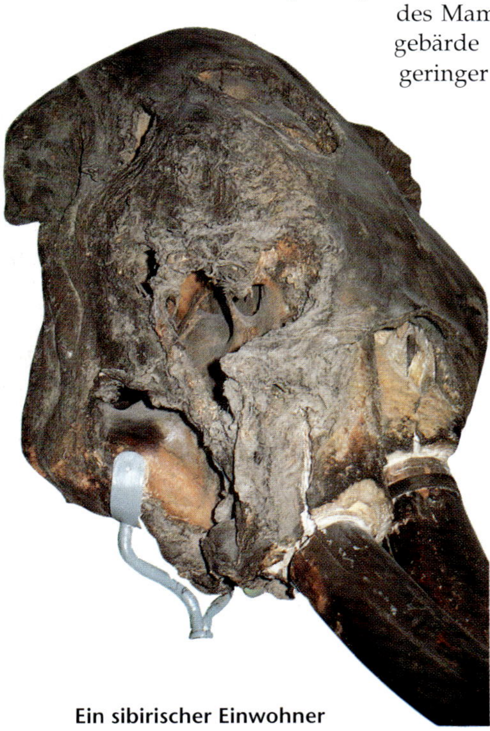

Am Kopf des eingefrorenen Adams-Mammuts (unten links), das 1806 ausgegraben wurde, sind heute noch trockene Fleisch- und Hautpartien erhalten geblieben. Links oben auf dem Bild ist das perfekt konservierte ovale Ohr der linken Kopfhälfte zu erkennen; es ist lediglich 38 cm lang. Die Stoßzähne ragen aus ihren Alveolen unten rechts hervor.

Ein sibirischer Einwohner stellt sich neben einen Teil des 1901 entdeckten Beresowka-Mammuts. Am Ansatz des kurzen Schwanzes befindet sich die Afterklappe (oben im Bild). Der 86 cm lange Penis ist links unten zu erkennen.

BLICK IN DAS INNERE EINES MAMMUTS

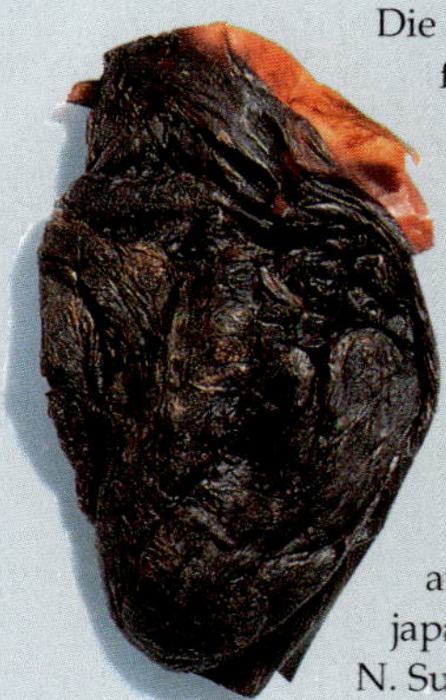

Die Mumifizierung der Kadaver im Dauerfrostboden war so wirkungsvoll, daß sich nicht nur Organe, sondern ebenso Gewebeteile und Zellen außerordentlich gut erhalten haben. Bei den meisten Funden unversehrter Mammuts aus jüngerer Zeit kamen die allerneuesten wissenschaftlichen Untersuchungsmethoden zur Anwendung, die sich nicht zerstörend auf den Gegenstand der Analyse auswirken. So haben beispielsweise japanische Forscher unter der Leitung von N. Suzuki von der Tokioter Jikei-Universität mittels Computertomographie ein dreidimensionales Bild von Maschas Schädel (siehe S. 47) entworfen: Ein Scanner liefert Farbbilder von »Schnitten« quer durch den Körper und erlaubt so einen detaillierten Einblick in das Körperinnere, ohne daß man sezieren müßte. Dimas Herz (oben) befindet sich immer noch in einem ausgezeichneten Zustand, und die japanischen Anatomen haben außerdem sowohl Farbbilder von Querschnitten durch das Organ sowie ein dreidimensionales Bild durch Computertomographie hergestellt. Obwohl die Gewebeteile um einiges geschrumpft und verrunzelt sind, kann die innere Struktur des gesamten Herzens in all ihren wesentlichen Bestandteilen heute noch erkannt werden.

Dimas erhaltener Kadaver bot den Wissenschaftlern ebenso die einmalige Gelegenheit, Einzelheiten wie Blutzellen nach einem mehr als 40000jährigen Begräbnis im Dauerfrostboden zu untersuchen. Unter einem Elektronenmikroskop sind die roten und weißen Blutkörperchen von jenen der heute lebenden Säugetiere nicht zu unterscheiden. Durch mikroskopische Studien konnten ebenso parasitäre Fliegen und Einzeller in Dimas Darm nachgewiesen werden.

In Amerika fanden ähnliche Untersuchungen an Mammuts wie an Mastodonten statt. 1976 veröffentlichten zwei amerikanische Wissenschaftler eine Studie über Gewebe vom Gesicht eines Mammuts aus Alaska, das 21300 Jahre alt war (siehe S. 31). Obwohl die Haut trocken und ledrig war, hatte sich das Haar gut erhalten, und die Augen existierten als kugelartige Gebilde weiter, die mit einer weichen, weißen, käsigen Substanz gefüllt waren.

In jüngerer Zeit ist am Fundort Burning Tree in Ohio das nahezu vollständige Skelett eines Mastodons entdeckt worden. Es ist rund 11500 Jahre alt, und in seinem Magen stieß man sowohl auf Überreste von der letzten Mahlzeit des Tieres als auch auf Bakterien im Mageninhalt. Diese Mikroben standen eindeutig mit der Nahrung in Verbindung, denn man hatte im umliegenden Torf keine solchen Organismen gefunden. Sie mußten also bei der Verdauung der Mastodontennahrung mitgewirkt haben. Unsicher bleibt, ob diese Bakterien von jeher den Magen des Tieres bevölkerten oder von außen eindrangen und sich dann vermehrten.

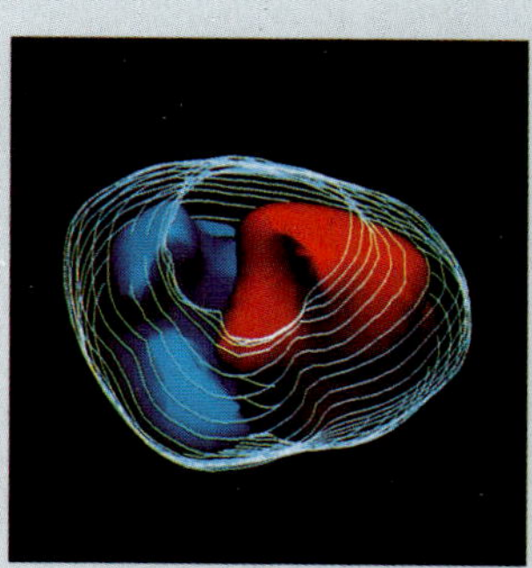

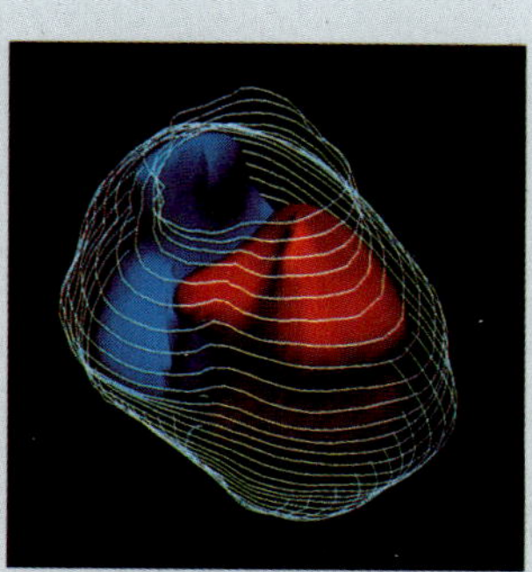

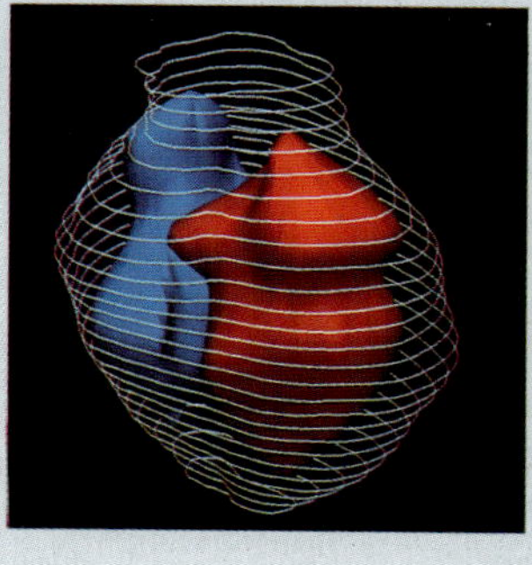

Dimas Herz ist mittels Computertomographie durch 26 Röntgen-Querschnitte rekonstruiert worden. Die weißen Linien geben die äußeren Oberflächen wieder. Im Innern sind der rechte Aurikel und Ventrikel blau, der linke Aurikel und Ventrikel rot dargestellt (vgl. das Herz oben).

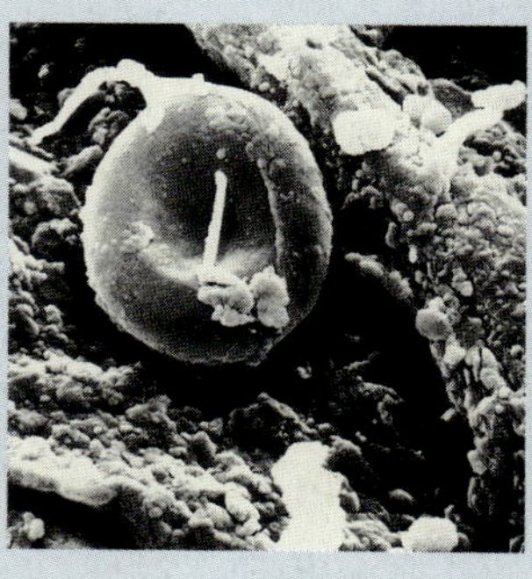

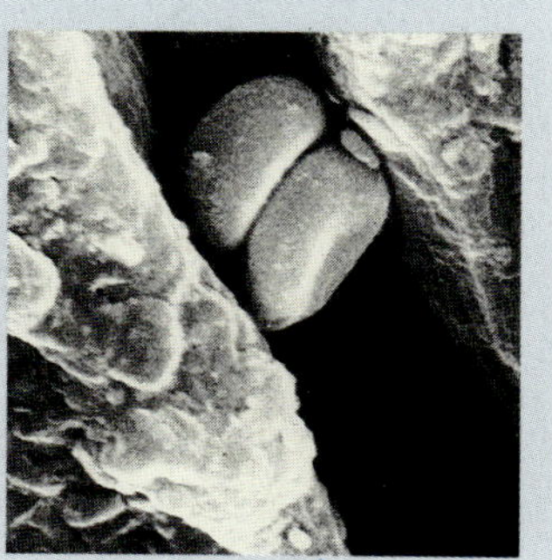

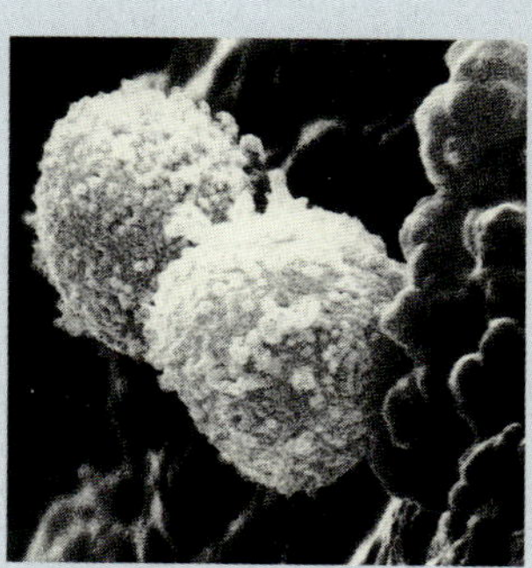

Dimas Blutzellen zeigen in etwa 2000facher Vergrößerung unter dem Elektronenmikroskop zwei weiße Blutkörperchen (links), zwei rote Blutkörperchen in einem Blutgefäß (oben) und ein rotes Blutkörperchen in der typischen Ringform sowie einen Pilzfaden, der in das Blutkörperchen hineinwächst (oben links).

LEBENSRAUM UND ERNÄHRUNG

Das wichtigste Habitat des Mammuts waren während der letzten Eiszeit vor 100000 bis 12000 Jahren die unendlichen Weiten einer Grasvegetation, die einen Großteil von Europa, Nordasien und dem nördlichen Nordamerika bedeckte. Zu diesem Biotop gibt es heute keine genaue Entsprechung. Man bezeichnet es als »Mammutsteppe«, weil sie in einer gewissen Weise der Grassteppe im heutigen Südrußland ähnelt, obwohl die Vegetation damals vielfältiger als in diesem Gebiet war. Entgegen der landläufigen Auffassung lebte das Mammut nicht in einer überwiegenden Eis- und Schneelandschaft. Die kontinentalen Landmassen waren wegen des gesunkenen Meeresspiegels noch größer, und das Wetter war vermutlich durch Hochdrucksysteme bestimmt, so daß es im Binnenland nur wenig Regen oder Schneefall gab.

»Die Mägen mehrerer eingefrorener Mammuts enthalten die Überreste der letzten Mahlzeiten«

Die Pflanzenwelt in der trockenen Graslandschaft der Mammutsteppe war im Unterschied zur heutigen Tundra vielfältiger und zeichnete sich durch ein schnelleres Wachstum aus. Zu den verschiedenen Grasarten kamen auf trockenem Boden gedeihende Seggen hinzu, ferner kleine Sträucher wie der arktische Beifuß und viele krautartige Pflanzen sowie Angehörige aus den Familien der Schmetterlingsblütler (Erbsen), Korbblütler (Gänseblümchen) und Hahnenfußgewächse. Dieser Vegetationstypus versorgte eine große Anzahl von Mammuts, aber ebenso andere grasfressende Tiere wie Wisente, Pferde und Wollnashörner. Die Landschaft war über weite Strecken baumlos, aber verstreut kamen auch Birke, Lärche und andere Bäume gelegentlich vor, insbesondere in den südlicher gelegenen Landesteilen.

Die Einzelheiten über die Vegetation der Mammutsteppe kennen wir von Pflanzenresten, die sich in datierten fossilen Ablagerungen erhalten haben. Es gibt jedoch eine direktere und wesentlich aufregendere Quelle, die uns mit Auskünften über die Ernährung der Mammuts versorgt: Mehrere eingefrorene Kadaver, die man in Sibirien fand, enthielten den Magen und die Eingeweide des Tieres einschließlich der Überreste seiner letzten Mahlzeit. Am spektakulärsten ist in dieser Hinsicht das Schandrin-Mammut, dessen Innereien nicht weniger als 290 kg teilweise verdauter Nahrung bargen, die dicht zusammengepreßtem Heu glich. Das Mammut von Juribei, ein relativ junger, rund 10000 Jahre alter Kadaver, hatte noch grünes Gras in seinem Magen. Als das Beresowka-Mammut entdeckt wurde, steckte sogar Nahrung zwischen seinen Zähnen und lag auf seiner Zunge, wobei die zerquetschten Gräser noch die Spuren von den Backenzähnen des Tieres trugen.

Die detaillierte Untersuchung dieser Überreste lieferte wichtige Aufschlüsse über die Ernährung des Mammuts. Blätter, Samen, Früchte und Pollen können zumindest bis zu den höheren Taxa der Pflanzen (zum Beispiel Familie der Gräser, Ordnung der Hahnenfußgewächse), manchmal aber auch bis zu den einzelnen Arten bestimmt werden.

Diese Analysen haben ergeben, daß sich die Nahrung des Mammuts hauptsächlich aus Gräsern und Seggen zusammensetzte. Zum Beispiel bestand die Nahrung im Magen des Beresowka-Mammuts zum größten Teil aus Gras, das mit einigen Resten verschiedener Kräuter versetzt war. Die Gedärme des Schandrin-Mammuts enthielten zu 90 % Gras, mit einigen Zweigspitzen von Weide, Birke, Lärche und Erle. Die Tiere ergänzten eindeutig ihr Nahrungsangebot gerne mit einigen krautartigen Pflanzen und Sträuchern, gelegentlich sogar – falls vorhanden – mit Baumsprößlingen. Wie bei den heutigen Elefanten war diese Nahrungsvielfalt erforderlich, um die Versorgung mit den verschiedenen, für das Wachstum unentbehrlichen Nährstoffen sicherzustellen. Diese »Beilagen« unterschieden sich im einzelnen wohl beträchtlich je nach der Vegetation vor Ort.

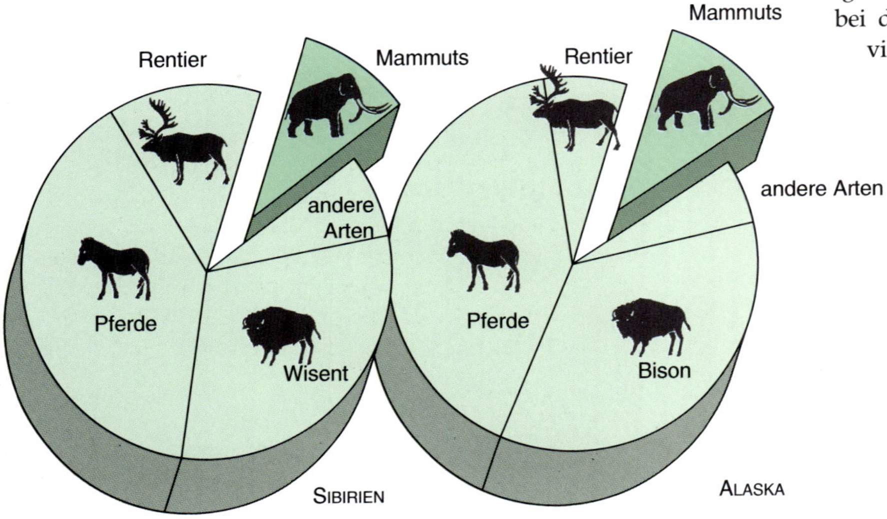

Mammuts zählen zu den drei wichtigsten Tierarten der nördlichen Steppen in der späten Eiszeit. Diese graphischen Schaubilder, die auf der Anzahl von ausgegrabenen Knochen einer jeden Tierart beruhen, zeigen zugleich, daß sich die Zusammensetzung grasfressender Tiere in der »Mammutsteppe« Sibiriens und Alaskas kaum unterschied.

Ein Schnitt durch die Eingeweide des eingefrorenen Schandrin-Mammuts, das 1972 in Sibirien ausgegraben wurde, zeigt, wie sehr das Gedärm des Tieres mit durchgekauter, fasriger Pflanzennahrung vollgepackt war. Die detaillierte Untersuchung der Blätter, Samen und Pollen lieferte zahlreiche Informationen über die Ernährung des Mammuts.

Gras *(Festuca vivipara)*

Arktischer Beifuß *(Artemisia frigida)*

Bärlapp *(Selaginella selaginoides;* Mitte)

Zwergbirke *(Betula nana)*

In der Nahrung des Mammuts herrschte das Gras vor, aber man konnte in den gefrorenen Mägen Hunderte von Pflanzenarten identifizieren. Diese Aufnahmen von heutigen Pflanzen zeigen die gewöhnlichsten Arten aus dem Nahrungsangebot. Auf dem Bild unten links sind neben dem Bärlapp (*Selaginella selaginoides*) Zwergweide (*Salix repens*, im Vordergrund) und Segge (*Carex*, im Hintergrund) zu erkennen.

Das Nordamerikanische Mammut, das die südliche Hälfte Nordamerikas besiedelte, durchstreifte vermutlich während der letzten Eiszeit eine größere Anzahl unterschiedlicher Habitate als das weiter nördlich lebende wollhaarige Mammut. Viele Gebiete waren wahrscheinlich von einer »mosaikartigen« Vegetation aus Gräsern, krautartigen Pflanzen, Sträuchern und Bäumen überzogen. In manchen Gegenden war sie wohl überwiegend prärieähnlich mit Grasbewuchs, wobei sich die Bäume und Sträucher entlang den Flußläufen konzentrierten; anderswo wiederum waren Bäume und Sträucher eher gleichmäßig verteilt und bildeten eine savannen- oder parkähnliche Landschaft. Dann wieder gab es aufgelockerte Nadel- oder Laubwälder mit dichtem Unterholz. Nur richtige Waldflächen wurden von den Mammuts wohl nicht bevorzugt aufgesucht, obwohl selbst dort gelegentlich freiliegende Gebiete mit einem Nahrungsangebot aus Gräsern und Kräutern vorkommen konnten.

Da sich vom Nordamerikanischen Mammut keine Kadaver erhalten haben, kann man auch keine Mageninhalte untersuchen. Zwei Höhlen im südlichen Utah haben jedoch große Mengen von Mammutkot geliefert, die uns einen direkten Einblick in die Ernährungsweise von *Mammuthus columbi* gewähren. Das trockene Klima und die relativ gleichbleibende Temperatur in diesen Höhlen auf der Hochebene von Colorado haben dafür gesorgt, daß die Exkremente über Tausende von Jahren nicht verwesten. In der Bechan-Höhle wurde eine Kotschicht von 41 cm Mächtigkeit und einem Gesamtvolumen von 227 Kubikmetern ausgegraben.

Eine einzigartige Menge von Mammutkot ist in der Bechan-Höhle in Utah entdeckt worden. Unter anderem stieß man dort auch auf den vollständigen Klumpen (oben) mit rund 20 cm Durchmesser und die beiden kleineren Teilstücke neben ihm. Die Zerlegung der Kotballen gewährt einen unmittelbaren Einblick in die Ernährungsweise des Nordamerikanischen Mammuts. Andere Pflanzenreste wie Eichenblätter und Eicheln (unten) geben Aufschlüsse über den Lebensraum des Mammuts.

Die Ablagerung der Bechan-Höhle enthält auch Exkremente verschiedener kleinerer Säugetiere, aber am aufsehenerregendsten sind die großen, kugeligen Klumpen mit rund 20 cm Durchmesser. Sie gleichen den Kotballen der heutigen Elefanten sehr und können daher nur vom Nordamerikanischen Mammut stammen, das als einziges Tier der lokalen eiszeitlichen Fauna hierfür in Frage kommt. Die Kotmenge in der Höhle scheint außerordentlich groß zu sein, aber da ein erwachsener Afrikanischer Elefant alle zwei Stunden durchschnittlich 11 kg Fäzes ausscheidet, also 90–135 kg pro Tag, konnte eine kleine Gruppe von Mammuts das Depot in der Bechan-Höhle ohne weiteres in kürzerer Zeit oder über eine gewisse Zeitspanne herstellen. Der Name »Bechan« leitet sich von einem Wort der Navajo-Indianer ab, das »große Kotstücke« bedeutet.

Der Mammutkot der Bechan-Höhle ist durch die Radiokarbonmethode auf ein Alter von 11700–13500 Jahren datiert worden; 95 % seines Gewichts machen Gräser und Seggen aus. Waldpflanzen kommen ebenfalls vor, und zwar zu 0–25 % je Kotballen. Die »Beilagen« zur Grasnahrung bestanden aus Melde, Beifuß, Wasserbirke und Blaufichte. Obwohl hier wie beim wollhaarigen Mammut Gräser und Seggen überwiegen, spielten Sprößlinge von Bäumen und Sträuchern in der Ernährung des Nordamerikanischen Mammuts vermutlich doch eine größere Rolle.

Gräser, Beifuß, Meerträubchen (*Ephedra*)

Wacholderbusch (*Juniperus communis*)

Die Nahrung des Nordamerikanischen Mammuts bestand wie beim wollhaarigen Mammut vorwiegend aus Gräsern und Seggen, die durch Sträucher ergänzt wurden. Beifuß *(Artemisia)*, Meerträubchen *(Ephedra)* und Wacholderbusch waren unter den häufigsten Sträuchern im Nahrungsangebot.

Die Fähigkeit der Höhlenkünstler, aufs genaueste zu beobachten, wird bei dieser Zeichnung in der Höhle Rouffignac (Frankreich) eindrucksvoll unter Beweis gestellt. Am Ende des Mammutrüssels sind eindeutig zwei Verlängerungen zu erkennen, von denen die äußere länger als die innere ist – wie bei den Rüsseln der eingefrorenen Kadaver (oben rechts). Der Künstler hat ebenso festgehalten, wie der Fuß anschwillt, wenn das Gewicht des Tieres auf ihm lastet. Gleiches gilt für die heutigen Elefanten.

Die Rüsselspitze des Mammutkalbs Dima (unten links) zeigt ganz eindeutig die Verlängerungen von »Finger und Daumen«, die bei der Nahrungsaufnahme zum Einsatz kamen. Dieselben anatomischen Merkmale sind beim Rüssel des erwachsenen Mammuts von der mittleren Kolyma (unten rechts) zu erkennen. Diese Rüsselspitze wurde vom Kadaver abgetrennt, so daß die beiden Atemröhren (Nasenlöcher), die den gesamten Rüssel durchziehen, an der Schnittfläche sichtbar sind.

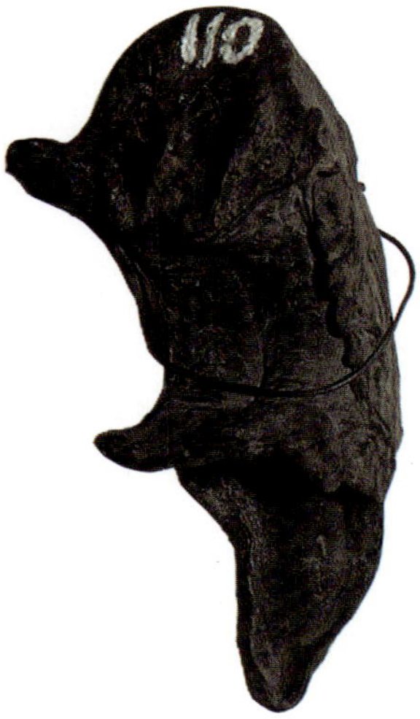

Nahrungsbeschaffung

Wie bei den heutigen Elefanten brauchte ein erwachsenes Mammut von 6 Tonnen Gewicht ungefähr 180 kg frisches Futter am Tag, um seinen massigen Körper mit Energie zu versorgen. Die Nahrungsbeschaffung konnte somit gut 20 Stunden am Tag oder noch mehr beanspruchen. Das größere Nordamerikanische Mammut brauchte sogar noch mehr Nahrung. Die Mammuts waren hervorragend dafür ausgerüstet, Nahrung in solchen Mengen zu besorgen. Dem hochspezialisierten Rüssel und den Zähnen kam dabei besondere Bedeutung zu.

Das wichtigste Instrument zur Nahrungsaufnahme war beim Mammut wie bei den heutigen Elefanten der Rüssel. Da alle vier Beine ausschließlich und beständig der Fortbewegung beziehungsweise als Stützen dienten, war der Rüssel das entscheidende Organ: er wurde wie eine freie Hand gebraucht, um alle möglichen Gegenstände zu bewegen, abzubrechen und zu handhaben. Da er hochempfindlich für Berührungen war, spielte er sowohl bei der Nahrungsbeschaffung als auch in sozialen Interaktionen eine zentrale Rolle.

Der mit kleinen Muskeln ausgestattete Rüssel konnte in jede Richtung bewegt sowie zusammengezogen und ausgestreckt werden. Der Rüssel des Ljachow-Mammuts war in gefrorenem Zustand 2 m lang. Beim 6 Monate alten Dima erreichte der Rüssel eine Länge von etwa 76 cm.

»Mammuts haben wahrscheinlich bis zu 20 Stunden damit verbracht, ihrem massigen Körper Energie zuzuführen«

Der interessanteste Teil des Mammutrüssels war die Spitze. Im Jahre 1924 fand man ein gefrorenes Rüsselende im mittleren Kolyma-Gebiet in Sibirien; es war vollständig und besaß seine zwei langen, fingerähnlichen Ausstülpungen an der Spitze. Die äußere Verlängerung ist etwa 10 cm lang, verhältnismäßig schmal und läuft spitz zu. Der innere Teil ist breiter und rund 5 cm lang. Genau dasselbe trat – natürlich in kleinerem Maßstab – bei der Ausgrabung des Mammutkalbs Dima im Jahr 1977 zutage.

Bei der Nahrungsbeschaffung wurde der Rüssel in zweierlei Weise verwendet: Zum einen konnte der gesamte Rüssel um große Grasbüschel geschlungen werden, die dann herausgezogen oder abgerissen wurden, bevor sie ins Maul gelangten. Bei Bäumen oder Sträuchern konnte der Rüssel dazu eingesetzt werden, um blattreiche Zweige abzubrechen.

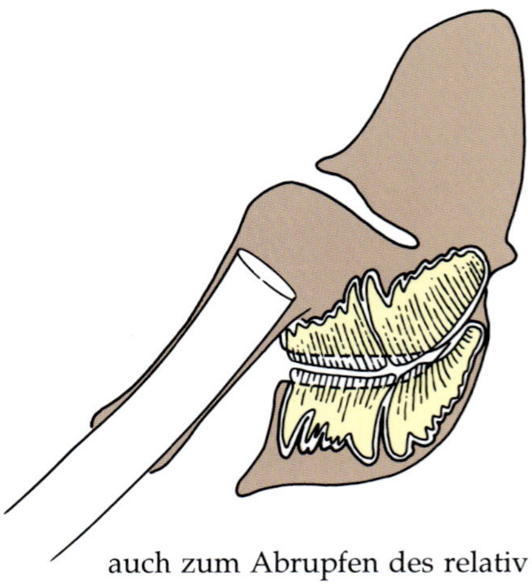

Die gewaltigen Backenzähne vorne im Kiefer – jeweils einer oben und unten auf beiden Seiten – mahlen zusammen und verleihen dem Mammut eine beträchtliche Kaukraft. Hinter ihnen bilden sich bereits die nächsten Zähne aus; sie sind aber zum größten Teil noch im Kieferknochen verborgen.

Zum zweiten konnten die am Rüsselende befindlichen »Finger und Daumen« für anspruchsvollere Verrichtungen zum Einsatz kommen: etwa beim Abpflücken von Blüten oder Knospen, vielleicht aber auch zum Abrupfen des relativ kurzen Grases der Mammutsteppe.

Befand sich die Nahrung erst einmal im Maul der Tiere, setzten ihr die großen Backenzähne des Mammuts zu. Gras ist eine besonders zähe Nahrung, und wenn man die Mengen bedenkt, die das Tier jeden Tag zu verarbeiten hatte, so mußten die Zähne gegen Abnutzung gefeit sein. Dies war um so notwendiger, als das Tier mit der Nahrung zwangsläufig grobkörnigen Sand zu sich nahm.

Jeder Backenzahn (Molar) bestand aus zahlreichen Lamellen von hartem Schmelz, die jeweils durch Dentin und Zement voneinander getrennt waren und zugleich zusammengehalten wurden. Wenn die Zähne aufeinandertrafen, mahlten die scharfen Schmelzlamellen der oberen und unteren Backenzähne aneinander vorbei und zerkleinerten so die Nahrung. Da die Schmelzlamellen quer von einer Seite zur anderen im Kiefer verliefen, konnten sie nur mahlen, wenn das Tier seinen Kiefer vor- und zurückbewegte. Anders verhält es sich beim Hirsch oder Rind: Bei ihnen verlaufen die Schmelzlamellen von hinten nach vorne; die hauptsächliche Kaubewegung erfolgt daher seitlich.

Wie bei den heute lebenden Elefanten verbrauchte das Mammut im Laufe seines Lebens sechs Gebisse. Jedesmal verrichtete nur ein Zahn auf jedem der vier Kiefer (oben und unten, links und rechts) voll seinen Dienst. War dieser Zahn abgenutzt, so wurde er von hinten wie bei einem ständig in Betrieb befindlichen Förderband ersetzt; dieser Vorgang wiederholte sich insgesamt fünfmal. Beim Menschen dagegen wird jeder Zahn nur einmal ausgewechselt (in der Kindheit), und der Austausch erfolgt von unten her.

Im Einklang mit dem Wachstum des Tieres wurden die aufeinanderfolgenden Backenzähne nach und nach größer und besaßen mehr Schmelzlamellen. Der erste Zahn, der schon bei der Geburt durchbrach, war nur 13 mm lang und hielt etwa 18 Monate. Nach sechs Monaten setzte jedoch schon der Durchbruch des zweiten Zahnes dahinter ein. Ihm folgte der dritte Zahn, der ungefähr bis zum Alter von zehn Jahren behalten wurde. So setzte sich der Prozeß rund 30 Jahre fort, bis die Reihe schließlich an den sechsten und letzten Backenzahn kam. Er war der größte in der ganzen Reihe und verrichtete seine Dienste bis zum Tod des Tieres. Diese Zähne waren gewöhnlich über 30 cm lang und wogen 1,8 kg.

Jeder Backenzahn ragte indessen nur 2,5 cm über das Zahnfleisch hinaus; die darunterliegende Krone war bis zu 23 cm tief. Neben der Vorwärtsbewegung wurde der Zahn also auch nach oben gestoßen, um die abgenutzte Kaufläche durch unverbrauchtes Zahnmaterial zu ersetzen. Diese hohen Kronen vergrößerten demnach die Nutzungsdauer eines jeden Zahns. War der letzte Backenzahn schließlich bis auf die Wurzel abgenutzt, konnte das Tier nicht mehr kauen. Bei Tieren fortgeschrittenen Alters ist dies die Todesursache.

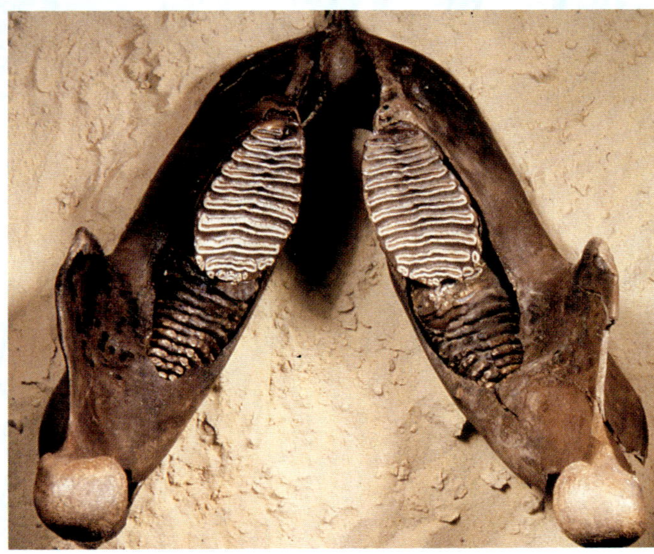

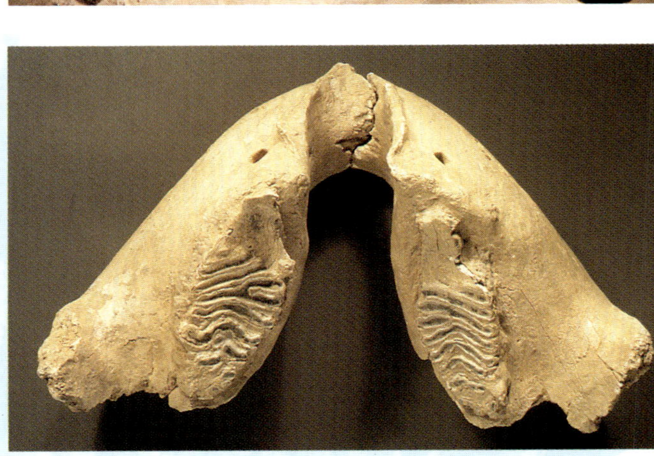

Die Zähne enthüllen das Lebensalter eines Mammuts. Bei dem von oben gesehenen Kiefer eines Mammuts von Condover (oben rechts) ersetzen die sechsten Molare gerade die fünften von hinten; das Tier war demnach zum Zeitpunkt seines Todes rund 30 Jahre alt. Bei dem Mammutkiefer von Polch in Deutschland (rechts) waren die sechsten Mahlzähne schon fast vollständig abgenutzt. Das mindestens 60 Jahre alte Tier starb vermutlich, weil es sich nicht mehr ausreichend ernähren konnte.

Diese oberen Backenzähne eines Mammuts verdeutlichen die beträchtlichen Größenunterschiede bei den Zähnen eines Jungtiers und eines erwachsenen Mammuts. Der erste Molar (unten links), mit dem das Tier geboren wurde, ist nicht größer als ein menschlicher Backenzahn; der dritte in der Reihe (oben links) ist dagegen etwa 15 cm lang. Der gewaltige sechste Backenzahn (rechts) ist in Originalgröße (blaue Fläche im Hintergrund) wiedergegeben.

Kaukraft

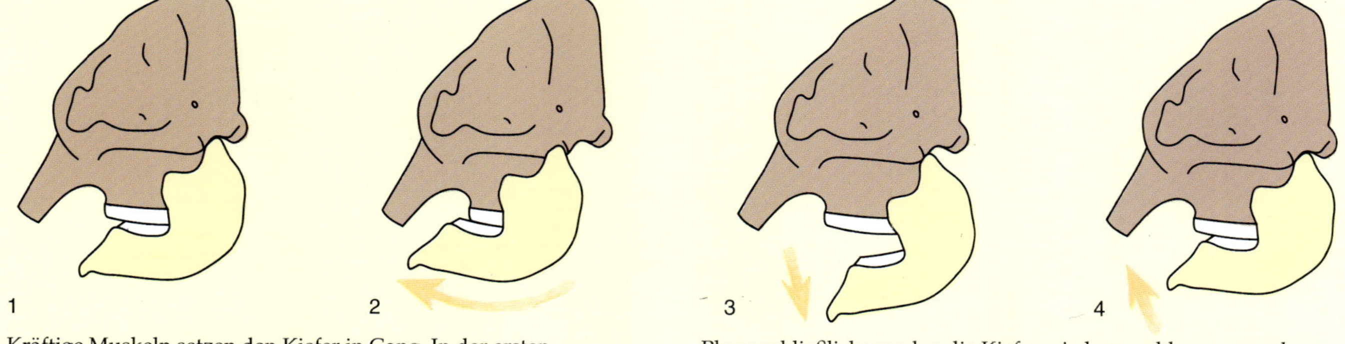

Kräftige Muskeln setzen den Kiefer in Gang. In der ersten Phase wurde das Futter zwischen den Backenzähnen gehalten. In der zweiten glitt der Unterkiefer nach vorn und zermahlte die Nahrung. In der dritten Etappe bewegte sich der Unterkiefer nach unten und wurde zurückgezogen. In der vierten Phase schließlich wurden die Kiefer wieder geschlossen, um den nächsten Kauvorgang einzuleiten. Wenn die unteren Zähne gegen die oberen rieben, die fest im Schädel verankert waren, mahlten die harten Schmelzlamellen gegeneinander und zerkleinerten so die Pflanzennahrung.

Der winzige Milchstoßzahn eines Mammuts (unten, in Originalgröße abgebildet) ging nach etwa einem Jahr verloren. Dieses seltene Exemplar stammt von einem eingefrorenen Mammutkalb, das 1992 in der Nähe des Indigirka-Flusses in Nordostsibirien entdeckt wurde.

Die beeindruckende Größe und die ungewöhnliche Form des Mammutstoßzahns werden bei diesem Skelett eines männlichen Nordamerikanischen Mammuts geradezu dramatisch vor Augen geführt. Es stammt aus den Pechgruben von Rancho La Brea, Kalifornien (siehe S. 56f.).

DIE STOSSZÄHNE DES MAMMUTS

Neben dem wolligen Fell sind die Stoßzähne das augenfälligste Merkmal des Mammuts. Der weltweit größte Stoßzahn eines Mammuts – er stammt von einem Exemplar am Kolyma-Fluß – mißt 4,9 m entlang der Krümmung und wiegt 84 kg. Es wurde von sehr großen Stoßzähnen berichtet, die über 91 kg gewogen haben sollen. Normalerweise sind sie aber zwischen 2,4 m und 2,7 m lang und wiegen rund 45 kg. Diese Zahlen beziehen sich auf männliche Tiere; bei weiblichen Tieren waren die Stoßzähne beträchtlich kleiner, dünner und liefen nicht so spitz zu. Bei ihnen waren die Stoßzähne gewöhnlich ungefähr 1,5–1,8 m lang und wogen lediglich 9–11 kg.

»Der weltweit größte Mammutstoßzahn ist über 4,90 m lang«

Die Stoßzähne des Nordamerikanischen Mammuts waren genauso groß oder noch größer als bei ihren wolligen Verwandten. Berühmte Beispiele sind etwa das Skelett von Jonesboro (Indiana), das sich im Amerikanischen Museum für Naturgeschichte in New York befindet und dessen Stoßzähne 3,5 m messen, oder der Schädel von Franklin County (Nebraska), dessen Stoßzähne mindestens 3,8 m lang sind. Ein Stoßzahn aus Mexiko maß 4,12 m, aber den Weltrekord bei der Länge eines Rüsseltierstoßzahns hält der Schädel eines Nordamerikanischen Mammuts aus Post (Texas) mit mehr als 4,9 m. Er wurde dem Amerikanischen Museum für Naturgeschichte im Jahre 1934 übergeben.

Vor den massiven Stoßzähnen bildeten sich bei den Mammutkälbern winzige Milchstoßzähne aus. Sie waren ein paar Zentimeter lang, brachen im Alter von ungefähr sechs Monaten durch und hielten etwa ein Jahr. Sie wurden dann durch beständige Stoßzähne ersetzt, die lebenslang kontinuierlich weiterwuchsen, obwohl sich die Wachstumsgeschwindigkeit bei erwachsenen Tieren verlangsamte. Der Stoßzahn war bis zu einem Viertel seiner Länge in eine Zahnhülse (Alveole) im Schädel eingebettet, und hier wurde auch das neue Material für den Stoßzahn gebildet (pro Jahr zwischen 2,5 cm und 15 cm).

Dieser Stoßzahn eines erwachsenen weiblichen Mammuts ist rund 1,5 m lang. Aufgrund seiner schlanken Form wiegt er weniger als der Stoßzahn eines männlichen Tieres. Auch die Krümmung ist weniger deutlich ausgeprägt als bei vielen männlichen Mammuts.

Der spektakuläre Schädel eines männlichen Mammuts, einer frühen Form des wollhaarigen Mammuts, wurde vor über hundert Jahren bei Ilford in der Nähe von London ausgegraben. Mammutstoßzähne wuchsen zuerst fast senkrecht vom Schädel nach unten, bevor sie sich nach oben und außen krümmten und dann wieder nach innen verliefen.

Die Form der Mammutstoßzähne unterscheidet sich von jener bei den heutigen Elefanten. Gewöhnlich beschreibt man die Mammutstoßzähne als »gekrümmt« oder »gewunden«. Sie wuchsen spiralförmig oder wie ein Korkenzieher, manchmal dicht beieinander, bisweilen weit geöffnet. Linker und rechter Stoßzahn krümmten sich zunächst in die entgegengesetzten Richtungen und bildeten gelegentlich fast vollständige Kreise, wobei sich die Stoßzahnspitzen in der Mitte überkreuzten.

Wie bei den heute lebenden Elefanten dienten die Mammutstoßzähne zweifelsohne für eine Vielzahl von Tätigkeiten. Von zentraler Bedeutung war die Einschüchterung anderer Individuen oder das Geplänkel bzw. der Kampf mit ihnen. Männliche Tiere kämpften um den Zugang zu den Weibchen, und beide Geschlechter rangelten gelegentlich um bevorzugte Nahrungsgründe. Solche Streitigkeiten bestanden wohl hauptsächlich in einer Art Kraftprobe, in einem Drücken und Schieben. Die markant gekrümmten Stoßzähne eigneten sich wohl nicht dazu, den Rivalen aufzuspießen, wie es bei ernsten Kämpfen zwischen Elefanten heute der Fall ist. Eine Alternative bestand vielleicht darin, die Stoßzähne auf den Rücken des Konkurrenten krachen zu lassen. Auch dies ist bei heute lebenden Elefanten zu beobachten; außerdem legen dies die gebrochenen Schulterblätter nahe (siehe S. 91). Die großen gebogenen Stoßzähne der Mammutbullen könnten auf die weiblichen Mammuts sexuell anziehend und auf Raubtiere abschreckend gewirkt haben.

Stoßzähne wurden ebenso bei der Nahrungssuche eingesetzt. Mammutstoßzähne zeigen sehr häufig Spuren von Abnutzung, manchmal in Form einer ebenen, polierten, bis zu 30 cm langen Fläche. Sie befindet sich gewöhnlich auf der Unterseite der Stoßzähne, dort, wo der Boden berührt wurde. Diese Form der Abnutzung mündete schließlich in die Theorie, die Stoßzähne seien als Schneepflug eingesetzt worden: Durch seitliche Kopfbewegungen habe das Tier den Schnee beiseite geschaufelt und die darunterliegende Vegetation freigelegt. Obwohl dies gelegentlich durchaus der Fall gewesen sein kann, so ist doch daran zu erinnern, daß Schneefall in weiten Teilen des Verbreitungsgebiets von Mammuts kein ernsthaftes Problem darstellte. Außerdem gibt es auch bei den Stoßzahnspitzen der heutigen Elefanten Abnützungs- und Kratzspuren. Sie rühren daher, daß die Elefanten Rinde abstreifen und Pflanzen ausgraben – Tätigkeiten, denen die Mammuts vermutlich ebenfalls nachgegangen sind, zumal wenn Bäume oder Sträucher vorhanden waren. Man hat auch die Vermutung geäußert, eine wichtige Aufgabe der Stoßzähne habe darin bestanden, Eis abzubrechen, um es im Winter – wo es kein offenes, frei zugängliches Wasser gab – zu essen. Wenn dem so war, dann hat dies sicherlich zur Abnutzung der Stoßzähne beigetragen.

Abnutzung und Beschädigung von Stosszähnen

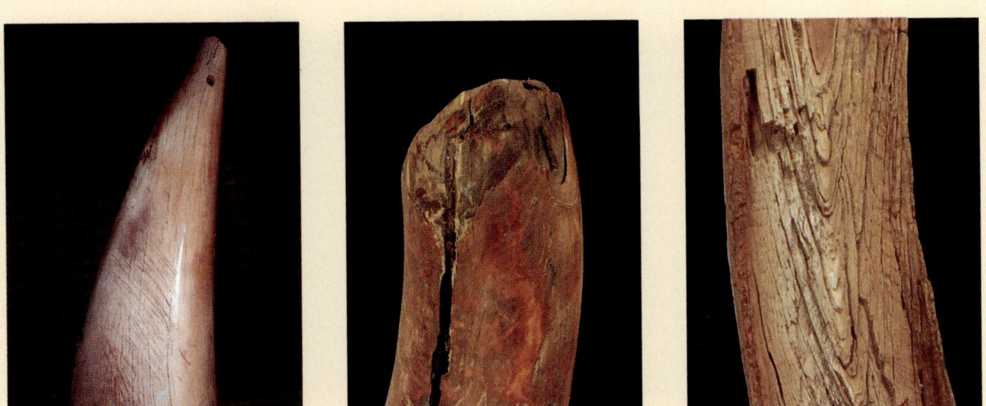

Trotz der harten, strapazierfähigen Beschaffenheit des Elfenbeins zeigen die Stoßzähne oft Spuren von Abnutzung und Belastung. Die unteren Seiten am Ende der Stoßzähne wurden gewöhnlich geglättet, poliert und zerkratzt (links), da sie bei der Nahrungsaufnahme auf dem Boden scheuerten. Die Stoßzahnspitze konnte aber auch abgebrochen sein (Mitte), vielleicht während eines Kampfes. Bei diesem Beispiel ist die zersplitterte Spitze durch nachfolgende Abnutzung glattpoliert worden. Bei einem aufgespaltenen Stoßzahn (rechts) kann man die Struktur des Elfenbeins erkennen. Stoßzähne wuchsen, indem sich Dentinschichten kegelförmig übereinander ablagerten (bei diesem Bild befindet sich die Basis des Stoßzahns oberhalb des Bildausschnitts).

Vor dem Hintergrund einer sibirischen Landschaft während der letzten Eiszeit – vor etwa 15000 Jahren – kämpfen zwei Mammutbullen um den Zugang zu einem weiblichen Tier. Andere Mammuts versammeln sich aufgeregt um die Konkurrenten, während weiter hinten ein drittes männliches Tier die Gunst der Stunde nutzt und das umstrittene weibliche Mammut umwirbt.

Bei einer Tragezeit von 22 Monaten paarten sich die Mammuts vermutlich überwiegend im Sommer, damit die Geburt fast zwei Jahre später im Frühling erfolgen konnte. Hätte der Fortpflanzungsakt andererseits einige Monate früher eingesetzt, dann hätten die Jungtiere aus dem Frühlingswachstum einen Vorteil ziehen können, da sie sich dann gerade auf feste Nahrung umstellten. Nur paarungsbereite weibliche Tiere in der Brunst zogen die männlichen Mammuts an, die ihrerseits während der Paarungszeit ein aggressives Verhalten an den Tag legten.

Scheinkämpfe oder rituelle Kämpfe, wie man sie bei heutigen Elefanten beobachten kann, waren vermutlich auch bei den männlichen Mammuts gang und gäbe. Sie bestanden wohl darin, daß die Köpfe gegeneinandergestoßen, die Stoßzähne aneinandergeschlagen und die Konkurrenten herumgeschoben wurden. Oft genügte es vielleicht schon, wenn ein männliches Tier seine Stoßzähne zur Schau stellte, um damit seine Überlegenheit geltend zu machen. Gelegentlich konnte es jedoch auch ernsthafte Kämpfe geben, insbesondere wenn zwei ebenbürtige Rivalen einem empfängnisbereiten weiblichen Tier nachsetzten. Diese Auseinandersetzungen verliefen gewalttätig und konnten manchmal mit dem Tod eines oder beider Kämpfenden enden.

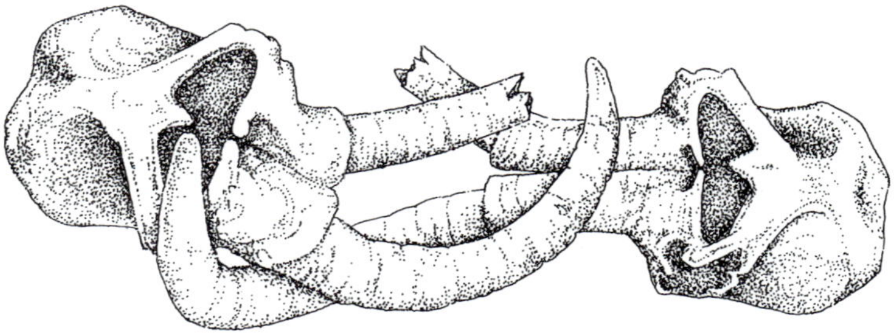

Ein einzigartiger Fossilfund wurde in Nebraska ausgegraben: Zwei Mammuts waren mit ihren ineinanderverhakten Stoßzähnen gestorben. Mammuts konnten ihre gekrümmten Stoßzähne als tödliche Waffen einsetzen, wenn sie sie nach oben stießen, seitlich mit ihnen schlugen oder sie von oben herabkrachen ließen. Ineinander verkeilt, dienten sie als Hebel beim Stoßen und Drücken, wobei gelegentlich auch ein Stoßzahn zu Bruch gehen konnte.

Ein Verband von Mammuts setzte sich gewöhnlich aus bis zu einem Dutzend erwachsener Weibchen und ihren Jungtieren zusammen, die eine enggefügte soziale Einheit bildeten. Diese Szene findet während eines Frühlings im eiszeitlichen Nordsibirien statt: Ein Mammutkalb war durch dünnes Eis gebrochen und wird von seiner Mutter in Sicherheit gebracht.

Die Matriarchin, ein betagtes und erfahrenes weibliches Tier, zugleich Führerin der Gruppe, überwacht links die Szenerie. Die anderen Erwachsenen sind wahrscheinlich ihre Schwestern, Nachkommen oder Nichten. Wenn ein Tier krank wurde oder sich verletzte, standen die anderen hilfreich zur Seite. Wenn ein Muttertier starb, wurde ihr Zögling von einer anderen Mammutkuh adoptiert.

Ein weibliches Mammut säugt ihr Kleines, während sie seinen Rücken mit ihrem Rüssel liebkost. Im Unterschied zu vielen anderen Säugetieren tragen die Mammuts (wie die heutigen Elefanten) die Brustdrüsen am vorderen Körperbereich. Dies ist der einzige Zeitpunkt im Leben eines Mammuts, wo es die Nahrung direkt mit seinem Mund aufnimmt (rechts). Im Alter von einigen Monaten kommt Pflanzennahrung hinzu, und das Jungtier wird mit zwei oder drei Jahren entwöhnt, wenn die Mutter wieder paarungsbereit ist.

Wie andere junge Säugetiere waren auch die Mammutkälber beständig am Spielen. Ein Kleines klettert über den Rücken seiner Mutter, während ein anderes seine ältere Cousine am Schwanz zieht. Wenn die jungen männlichen Tiere im Alter von 10 oder 12 Jahren geschlechtsreif werden, verbringen sie zunehmend weniger Zeit bei der Gruppe und verlassen sie schließlich ganz, wie hier das heranwachsende männliche Mammut im Bildhintergrund.

Eine Zeichnung in der Höhle Rouffignac (Frankreich) scheint nahezulegen, daß Mammuts enge soziale Bindungen eingingen, wie wir es heute von Elefanten»familien« kennen. Hier treffen sich zwei kleine Gruppen, ähnlich wie bei miteinander verwandten Elefanten, die nach einer längeren Trennung bei einem Zusammentreffen ihre Bindungen erneuern.

Lebenszyklus und Verhalten

Alle Elefanten sind hochgradig soziale Tiere, und Mammuts bildeten hier keine Ausnahme. Es mag vielleicht überraschen, daß man das Sozialverhalten von Tieren ermitteln kann, von denen man nur Knochen und Kadaver kennt. Manche Fossilfunde versetzen uns jedoch zusammen mit der eiszeitlichen Kunst sowie mit unseren Kenntnissen von den heutigen Elefanten und den äußeren Lebensbedingungen der Mammuts in die Lage, wenigstens in groben Zügen ihren Lebenszyklus und ihr Verhalten mit einiger Zuverlässigkeit zu umreißen.

»Es gibt etliche Hinweise, daß die Mammuts Verhaltensmuster mit den heutigen Elefanten gemeinsam hatten«

Die Gemeinschaftsordnung der Elefanten ist ein Matriarchat: sie besteht aus Familienverbänden, die von erwachsenen weiblichen Tieren angeführt werden, wobei ein erfahrenes Weibchen, die Matriarchin, dominiert. Ein Familienverband mag zwischen zwei und 20 Individuen umfaßt haben; der Durchschnittswert lag etwa bei zehn Tieren. Die erwachsenen Tiere eines Verbandes sind Verwandte: Mütter und Töchter, Schwestern, Tanten und Nichten. Sie werden von ihren Nachkommen beiderlei Geschlechts begleitet, bis diese etwa zehn Jahre alt sind. In diesem Alter bleiben die weiblichen Jungtiere weiterhin beim Familienverband, während sich die männlichen Heranwachsenden nach und nach entfernen. Erwachsene männliche Mammuts sind Einzelgänger oder tun sich zu kleinen Junggesellengruppen zusammen; mit weiblichen Tieren treten sie hauptsächlich zu Paarungszwecken in Verbindung.

Nicht nur die enge Verwandtschaft zwischen Mammuts und Elefanten legt nahe, daß sie eine ähnliche Sozialstruktur besaßen, sondern es gibt auch einen indirekten Beleg: Bei der Fossilfundstätte von Dent in Colorado scheinen beispielsweise die Überreste von Nordamerikanischen Mammuts ausschließlich aus weiblichen Tieren und Jungtieren zu bestehen. Strittig bleibt, ob sie einen natürlichen Tod starben oder von den prähistorischen Menschen erlegt wurden (siehe S. 126–131); aber in jedem Fall handelt es sich um einen von weiblichen Tieren angeführten Familienverband. Aber auch

Die enge Verwandtschaft zwischen Mammuts und heutigen Elefanten macht es sehr wahrscheinlich, daß sie auch viele Verhaltensweisen gemeinsam hatten. Dieses Bild zeigt zwei männliche Afrikanische Elefanten bei einer Begrüßungszeremonie, bei der sich die Tiere gegenseitig zu erkennen geben und einander taxieren. Da ihre Ohren schlaff herabhängen, liegt keine ernsthafte Aggressivität vor. Manchmal kann sich aus einer solchen Situation allerdings ein Drängel- und Stoßwettbewerb entwickeln.

Zwei Mammuts stehen einander von Angesicht zu Angesicht gegenüber. Diese Zeichnung in der Höhle von Rouffignac (unten) könnte entweder eine Begrüßung oder eine Auseinandersetzung wiedergeben. Die Zeichnung von Laugerie Haute in Frankreich (ganz unten) scheint dagegen einen Kampf zwischen zwei Mammuts darzustellen. Beim rechten Tier ist der Schwanz erhoben, bei den heutigen Elefanten ein Zeichen der Aggression.

das Gegenteil ist bekannt: in Hot Springs in Süddakota stammen beispielsweise die zahlreichen Skelette mit einer Ausnahme von männlichen Tieren. Dieser Fundort war einst ein Erdfall, eine natürliche Falle, in welche die Tiere gerieten. Wie bei den heutigen Elefanten waren die allein umherstreifenden Männchen abenteuerlustiger und gerieten leichter in schwierige Situationen, während die in Gruppen lebenden weiblichen Tiere vorsichtiger waren und in Bedrängnis einander beistanden. Man hat den Fundort von Hot Springs als eine Ansammlung vereinzelter männlicher Tiere interpretiert, die dort über einen langen Zeitraum hinweg zu Tode kamen. Dies setzt voraus, daß die männlichen Mammuts wie ihre heutigen Verwandten allein umherzogen. Darüber hinaus befanden sich die meisten Tiere im beginnenden Erwachsenenalter – einer Zeit, in der die männlichen Mammuts vermutlich am aktivsten und am risikofreudigsten waren.

Bei den Elefanten bilden sich manchmal größere Herden, wenn mehrere Familienverbände zusammenkommen. Bevor die Zahl der Elefanten in den letzten Jahrzehnten so rapide

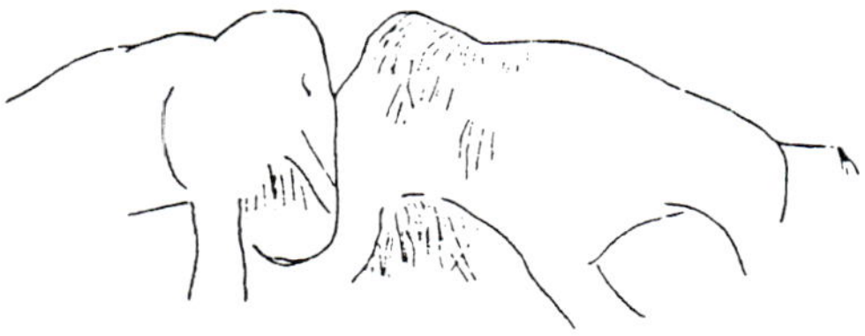

Gefahr von Raubtieren

Die Tüpfelhyäne, die hier am Kadaver eines Afrikanischen Elefanten frißt, lebte während der Eiszeit in Europa. In der Kent's Cavern in Südwestengland wurden in einem ehemaligen Hyänenbau Tausende von Fossilien dieses Tieres ausgegraben. Sie waren mit Knochen junger Mammuts vermischt, von denen viele zerkaut waren.

In der texanischen Friesenhahn-Höhle sammelte die heute ausgestorbene Säbelzahnkatze (*Homotherium*) Knochen von jungen Nordamerikanischen Mammuts an. Weder Hyänen noch Großkatzen konnten Mammuts gejagt haben, die im Vollbesitz ihrer Kräfte waren, aber sie konnten sehr wohl Jungtiere geschlagen haben.

abnahm, hatte es gelegentlich Ansammlungen von bis zu tausend Tieren gegeben, die zusammen zu neuen Nahrungsgründen zogen. Es ist wahrscheinlich, daß die Mammuts manchmal ebenfalls große Herden bildeten; es gibt sogar berechtigte Gründe für die Annahme, daß dies bei ihnen häufiger als bei den heutigen Elefanten vorkam: Zunächst verhält es sich allgemein so, daß große, in offenen Landschaften lebende Tiere eher Herden bilden als verwandte Arten in Wäldern oder Gebieten mit Baumbestand. Beispiele hierfür sind die Antilopenherden in den afrikanischen Ebenen, deren waldbewohnende Verwandte dagegen eine verhältnismäßig einsame Lebensweise führen. Mammuts, insbesondere wollhaarige Mammuts, lebten in größtenteils offenen, baumlosen Habitaten, und so mag es häufig zu Herdenbildungen gekommen sein.

Zum zweiten kann angeführt werden, daß Mammuts sich auf lange saisonale Wanderungen zur Nahrungssuche begeben haben mußten. Im Frühling und Sommer, wenn das Pflanzenwachstum auf seinem Höhepunkt angelangt war, stellte die nördliche Mammutsteppe eine reichhaltige Versorgungsquelle dar. In den Herbst- und Wintermonaten war frisches Futter jedoch Mangelware, und die Mammutherden mußten sich deshalb vermutlich nach Süden begeben.

Es gibt keine direkten Belege für solche Mammutwanderungen, und manche Forscher sind der Ansicht, daß sich die Mammuts eher an einer Stelle aufhielten und sich auf ihre Fettreserven verließen, die sie sich während der Wachstumsperiode zugelegt hatten. Dies würde wiederum mit dem Verhalten des heutigen Moschusochsen übereinstimmen, der während des gesamten Winters im arktischen Norden bleibt.

Der nördliche Lebensbereich des Mammuts hat sich eventuell direkt auf dessen Lebenszyklus ausgewirkt. Wie die anderen Tropentiere paaren sich die heutigen Elefanten zu allen Jahreszeiten. In der afrikanischen Savanne paaren sich viele Tiere jedoch so, daß das Jungtier in der Regenzeit geboren wird, wenn es Nahrung im Überfluß gibt. Die Mammuts lebten während der Eiszeit in den nördlichen Zonen, wo der Unterschied zwischen Sommer und Winter gravierender war als in den heutigen Tropen. Es ist daher sehr wahrscheinlich, daß sie sich zu einem genau umrissenen Zeitpunkt paarten, damit das Jungtier nur zum Beginn des Pflanzenwachstums, im Frühling, zur Welt kam. Ähnliches kann man zum Beispiel beim heutigen Hirsch in Europa oder Nordamerika beobachten: Dort fällt die Geburt in den Frühling, während sich die in den Tropen lebenden Hirsche Südamerikas und Südostasiens das ganze Jahr über paaren. Wie bei den heutigen Elefanten dauerte die Schwangerschaft bei den Mammuts vermutlich 22 Monate; folglich ist davon

Eine »Mondlandschaft« wurde am Fundort von Murray Springs (Arizona) in den sechziger Jahren ausgegraben. Man stieß auf mehrere Skelette von Nordamerikanischen Mammuts im Verbund mit Steinwerkzeugen. Als man in einem Bereich das Sediment abtrug, trat eine Reihe von Vertiefungen zutage, die mit den Fußabdrücken heutiger Elefanten auf weichem Untergrund übereinstimmten. Die Fährten scheinen offenkundig zu einem der Skelette zu führen.

Die Ringe an der Außenseite der Stoßzähne sind die Kanten der im Innern befindlichen Wachstumskegel (siehe S. 81). Sie geben Perioden langsameren und schnelleren Wachstums wieder, je nach Jahreszeit und guten oder schlechten Jahren. Es ist allerdings unwahrscheinlich, daß zwischen den Wachstumsschüben jeweils genau ein Jahr liegt. Unter optimalen Bedingungen konnten Stoßzähne im Jahr 15 cm oder mehr wachsen.

auszugehen, daß die Paarungszeit im Sommer, die Geburt des Jungtieres fast zwei Jahre später im Frühling war.

Die durchschnittliche Lebenserwartung der verschiedenen Mammutarten kann anhand ihrer Größe abgeschätzt werden. Bei den Säugetieren gibt es eine enge Beziehung zwischen der Größe einer Art und der Lebensdauer ihrer Individuen. Die wollhaarigen Mammuts, die rund 6 Tonnen wogen, lebten demnach wahrscheinlich so lange wie die heutigen Elefanten – ungefähr 60 Jahre. Die Nordamerikanischen Mammuts, die häufig ein Gewicht von 10 Tonnen erreichten, lebten vermutlich länger – bis zu 80 Jahre oder mehr. Manche Wissenschaftler haben den Versuch unternommen, das Alter einzelner Mammuts durch die an den Stoßzähnen sichtbaren »Wachstumsringe« zu ermitteln, in dem Glauben, diese entsprächen den Jahresringen der Bäume. Auf dieser Grundlage kamen sie sogar für die wollhaarigen Mammuts auf ein geschätztes Alter von 80 Jahren. Es ist allerdings nicht sicher, daß sich diese Ringe strikt im Jahresabstand erneuerten.

»Wie die Elefanten der Gegenwart könnten die Mammuts bei ihren Toten geblieben sein. Anscheinend haben sie um den Verlust getrauert«

In Murray Springs in Arizona stieß man auf ein außergewöhnliches Beispiel für »steingewordenes Verhalten«. Man legte eine von Sedimenten bedeckte Spur aus Fußabdrücken frei, die nur von einem Elefanten stammen konnten, und der einzige, der dafür in Frage kommt, ist das Nordamerikanische Mammut. Außerdem fand man heraus, daß diese Fußspuren zu einem fossilisierten Skelett derselben Art führten. Zwei Erklärungen bieten sich an: Entweder gehörte die Fährte zu dem erhalten gebliebenen Individuum und gibt so die letzten Aktivitäten seines Lebens wieder; oder sie stammt von einem anderen Tier, das sich dem sterbenden Mammut näherte, um ihm zu helfen, oder seinen Tod betrauerte. Die heutigen Elefanten halten tagelang Wache an der Leiche eines Verwandten; sie »bestatten« ihn sogar unter Blättern oder Erde. Es ist nicht erwiesen, daß sich die Mammuts ganz genauso verhielten, aber ihre nahe Verwandtschaft zu den heutigen Elefanten legt dies doch gebieterisch nahe.

Da die Vorwärtsbewegung der Zähne blockiert war, krümmte sich dieser Backenzahn eines ursprünglichen Mammuts bogenförmig zusammen. Der Backenzahn eines Mammuts (unten rechts) hat ein großes Karzinom an der Wurzel und auf der linken Seite einen Abszeß.

Das Schulterblatt eines Mammuts von Condover (England) hatte zu früheren Lebzeiten des Tieres eine schwere Fraktur erlitten, war aber wieder verheilt. Schulterblätter haben an den mit Pfeilen markierten Stellen normalerweise eine glatte Oberfläche.

Gesundheit und Krankheit

Mammuts waren durchaus nicht gegen Gesundheitsprobleme gefeit, wie aus den verschiedenen, von Krankheiten stammenden Spuren hervorgeht, die sich in Knochen, Zähnen und Stoßzähnen erhalten haben. Eine Sichtung von nahezu 2000 Mammutfossilien ergab, daß ungefähr 4 Prozent Spuren einer Erkrankung trugen. Diese Krankheiten können durch den Vergleich mit veterinärmedizinischen Untersuchungen an den heutigen Tierarten identifiziert werden.

»Die Fossilien zeigen, daß einige Mammuts an schwerem Zahnverfall litten«

Eine der am häufigsten vorkommenden Anomalien bei Mammutfossilien ist die Verformung der Backenzähne, die meist auf Störungen im Verlauf der Zahnneubildung zurückgeht. Wenn die normale Vorwärtsbewegung der Zähne unterbrochen wurde, konnten die von hinten nachrückenden Zähne während ihres Wachstums zu ungewöhnlichen Mißbildungen verformt werden. Mehrere solcher Zähne sind als Fossilien wiedergefunden worden. Die Tatsache, daß viele davon spätere Gebrauchsspuren aufweisen, deutet darauf hin, daß die normale Zahnersetzung wiedereingesetzt und das Tier überlebt hatte – wenigstens für eine Weile.

Einige Zähne zeigen Symptome von Periodontitis (Wurzelhautentzündung) und von akutem Zahnverfall. Wurzelhautentzündungen entstehen durch Bakterienkulturen zwischen Zahn und Zahnfleisch, die einen Teil der mineralischen Zahnoberfläche zerstören. Daraufhin können Löcher in den Zähnen entstehen (Karies), die in fortgeschrittenen Fällen zu weiteren Infektionen und zur Ausbildung eines Abszesses an der Zahnwurzel führen. Eine stichprobenhafte Untersuchung von Mammutzähnen des eiszeitlichen Englands ergab, daß ungefähr 2 Prozent an Wurzelhautentzündungen erkrankt und die Hälfte davon in die Phase akuten Zahnverfalls eingetreten waren. Der relativ niedrige Zuckergehalt der Mammutnahrung (mehr Gras als Früchte oder Beeren) könnte dem Überhandnehmen dieser Krankheiten entgegengewirkt haben.

Gelegentlich können an Zähnen Krebsgeschwüre beobachtet werden, die von abnormen Wucherungen des Zahngewebes herrühren. Man findet diese Wucherungen häufiger als verkrebste Knochen, weil der Krebs dem Knochen so sehr zusetzt, daß seine Erhaltung unwahrscheinlich ist.

Linker und rechter Stoßzahn stimmten selten genau überein. Bei diesem 14000 Jahre alten Schädel eines Mammuts von Bzianka (Polen) windet sich der linke Stoßzahn jedoch sehr ungewöhnlich spiralförmig nach unten. Das untere Ende wurde durch Scheuerbewegungen auf dem Boden abgeflacht und poliert, während der rechte Stoßzahn abgebrochen ist.

Die Stoßzähne waren Körperteile, die in der gesamten Lebenszeit eines Individuums beständig weiterwuchsen, und als solche waren sie den verschiedensten Wachstumsdefekten ausgesetzt. Die beiden Stoßzähne eines Mammuts waren selten genau symmetrisch, und es ist eine Ansichtssache, von welchem Grad der unterschiedlichen Stoßzahnentwicklung an man von einer Abnormität reden will. So hatte zum Beispiel der in Bzianka (Polen) gefundene Mammutschädel einen abgebrochenen rechten Stoßzahn, während sich der linke Stoßzahn auf ungewöhnliche Weise nach unten krümmt.

Die häufigste Knochenerkrankung – man fand sie bei rund 2 Prozent der Mammutknochen vor – ist die Knochengelenkentzündung (Osteoarthritis). Sie wird durch die Abnutzung der Knorpel zwischen den Gelenken verursacht, was zur Folge hat, daß bei den Knochenenden ein anormales Wachstum einsetzt und sie möglicherweise zusammenwachsen. Ein eindrucksvolles Beispiel hierfür bietet das Skelett eines Mammuts von Praz Rodet (Schweiz): Dort sind mehrere Wirbel des hinteren Rückenbereichs vollständig miteinander verschmolzen.

Einige Knochen tragen die Spuren einer bakteriellen Infektion, beispielsweise der Knochenmarksentzündung (Osteomyelitis). In diesem Fall dringen Bakterien in das Knochengewebe ein und verursachen abnormale Wucherungen des Knochens. In fortgeschrittenem Stadium – wenn sich die Infektion über den ganzen Körper verbreitet hat – konnte dies den Tod des Tieres bedeuten.

Schließlich kennen wir Mammuts mit Knochenbrüchen, die aber überlebt haben, weil die Fraktur wieder verheilte. Ein für Frakturen besonders anfälliger Knochen war das Schulterblatt, ein verhältnismäßig dünnes, flaches Gebilde. Bei einem Exemplar aus Sibirien ist der ganze hintere Teil des rechten Schulterblatts abgebrochen und annähernd in natürlicher Lage wieder verheilt. Einen ähnlichen Bruch weist das linke Schulterblatt eines Mammuts aus Condover (England) auf: Dort verläuft die Fraktur entlang dem oberen Knochenrand, wobei beide Teile durch ausgedehntes Knochenwachstum wieder zusammenwuchsen. Im Endergebnis war der verheilte Knochen an jener Stelle, wo die Fraktur verlief, um ein Vielfaches dicker als gewöhnlich. Für solche Brüche kommen zahlreiche Erklärungen in Frage, etwa daß das Tier in ein Loch stürzte oder vom Stoßzahn eines anderen Mammuts verwundet wurde. Der Kadaver des Beresowka-Mammuts (siehe S. 44f.) könnte von einem solchen Unfall zeugen; sein rechtes Schulterblatt könnte zu Bruch gegangen sein, als sich das Tier zu Tode stürzte.

Bei den großen Säugetieren, die heute in der Wildnis leben, hat die Fraktur eines Beinknochens bei einem erwachsenen Tier meist den Tod zur Folge. Es liegt daher nahe, daß die verheilten Knochenbrüche, die man an fossilisierten Mammutknochen beobachten kann, auf Verletzungen von Jungtieren zurückgehen. Sie befanden sich in einem Alter, in dem der lädierte Knochen noch heilen konnte.

Das Sollas-»Ei«

Das abnorme Wachstum von Stoßzähnen wird gelegentlich durch eine Beschädigung des Gewebes verursacht, das in den Alveolen für die Stoßzähne die Substanz für deren Wachstum produziert. Ein berühmtes Beispiel hierfür lieferten die Ausgrabungen in der Paviland-Höhle in Wales (siehe S. 96). Ungefähr um 1820 entdeckte Dean William Buckland unter einer Menge von Mammutelfenbein das Fragment eines Stoßzahnes mit einem ungewöhnlichen Hohlraum. Scharfsinnig schloß er daraus, daß es sich hier um eine Mißbildung handeln müsse – ähnlich wie bei den Elefanten der Gegenwart, deren Wachstumsorgan in der Stoßzahnverankerung am Schädel Schaden erlitten hat. Fast ein Jahrhundert später entdeckte W. Sollas im Zuge neuer Grabungen in der Höhle einen eiförmigen Klumpen aus Elfenbein, der genau in den Hohlraum von Bucklands Exemplar paßte. Dieses Elfenbein-»Ei« war ein Teil jener abnormen Entwicklung des Mammutstoßzahns. Überdies ist es bereits von prähistorischen Menschen entdeckt worden, die ein Loch hineinbohrten und es als Anhänger verwendeten.

Die Mammuts und die menschliche Kultur

Die Mammuts zählen zu jenen ausgestorbenen Tieren, die einst zur selben Zeit wie die Menschen, oft Seite an Seite mit ihnen, lebten. Die naturgetreuen und lebhaften Darstellungen von Mammuts in der Höhlenmalerei sowie die unablässig anwachsende Zahl von Belegen, wie sich die Menschen Knochen und Elfenbein vom Mammut nutzbar machten, sind nicht nur ein Beweis für das Zusammenleben von Mammuts und Menschen: Sie unterstreichen darüber hinaus die bedeutende Rolle, die diese Tiere im alltäglichen Leben unserer Vorfahren gespielt haben.

Aus unzähligen Mammutknochen und -stoßzähnen – die eher aufgelesen als bei der Jagd erbeutet wurden – stellten die Menschen Ambosse, Werkzeuge und sogar hüttenähnliche Behausungen her. Prähistorische Bildhauer erkannten auch die Schönheit des Elfenbeins und fertigten daraus äußerst originelle und kunstvolle Schnitzereien an, die zu den ersten Kunstwerken der Menschheit zählen. Heute noch werden, nach Tausenden von Jahren, Schmuck und Zierat aus fossilem Mammutelfenbein geschaffen.

Eine Reihe bemerkenswerter, aus Mammutelfenbein geschnitzter Statuetten ist bei Avdeevo in Rußland gefunden worden. Sie sind ungefähr 10 cm groß und etwa 22000 Jahre alt.

Künstler arbeiten vor etwa 15000 Jahren im Schein flackernder Flammen, um eine Höhle in Südfrankreich mit Darstellungen zu versehen. Die große Zahl der auf uns gekommenen Malereien deutet darauf hin, daß die Ausschmückung von Höhlen in bestimmten Gebieten eine weitverbreitete Tätigkeit war. Mammuts sind dabei regelmäßig unter den abgebildeten Tieren anzutreffen.

Höhlenmaler benutzten verschiedene in der Natur vorkommende Farbpigmente, um ihre Farben herzustellen. Eisenoxyd (Hämatit oder Ocker) ergab Rot, Mangandioxyd und Holzkohle Schwarz. Aus erhitztem Ocker konnte man verschiedene Farben, von Gelb bis Purpur, gewinnen. Man weiß allerdings nicht, welche Bindemittel benutzt worden sind. Experimente legen nahe, daß das mit Kalzium angereicherte Höhlenwasser am besten dazu geeignet war, um die Farbpigmente auf die feuchten Felsoberflächen aufzutragen. Jüngere Farbanalysen aus mehreren Höhlen weisen jedoch darauf hin, daß man hierfür auch tierische und pflanzliche Fette verwendete.

Im Innern vieler Höhlen war es vollständig dunkel. Um ihre Arbeit bei Licht durchführen zu können, haben die Höhlenmaler vermutlich mit tierischem Fett gefüllte Steinlampen benutzt. In Lascaux, der berühmtesten Bilderhöhle Frankreichs, wurde eine gravierte Lampe aus Sandstein (rechts) gefunden. Holzfeuer und Fackeln könnten ebenso für ausreichendes Licht gesorgt haben.

Die meisten Höhlenwände befanden sich in Reichweite der Künstler, aber in einigen Fällen wurden die höhergelegenen Bildfelder und Höhlendecken mit Hilfe von Leitern oder einem Gerüst bemalt. Eine Galerie in Lascaux weist zu beiden Seiten in einer Höhe von 1,8 m über dem Boden rund 20 in den Felsen getriebene Vertiefungen auf. Sie dienten vermutlich zur Verankerung der Tragbalken für die Plattform.

Die Farbe wurde mit dem Finger oder noch häufiger mit irgendeinem Werkzeug auf den Felsen aufgetragen. Obwohl nichts davon übriggeblieben ist, legen Experimente nahe, daß Pinsel aus Tierhaaren oder aus zerdrückten und zerkauten Pflanzenfasern die besten Resultate erzielten. Auch Tupfer mit angefeuchtetem Farbpulver kamen in einigen Höhlen zur Anwendung. Bei unregelmäßigen Felsoberflächen oder bei der Herstellung von Handabdrücken könnten die Künstler flüssige Farbe mit einem Rohr oder direkt mit dem Mund versprüht haben.

Anfang des 19. Jahrhunderts begannen viele Paläontologen und Geologen nach dem Alter des Menschen zu fragen. Erstmals überlegte man sich, ob es vorstellbar war, daß die Menschen in ferner Vergangenheit Seite an Seite mit heute ausgestorbenen Tieren gelebt hatten. Einige Funde hatten bereits eine solche Koexistenz nahegelegt, aber noch hatte man ihre Bedeutung nicht erkannt. So war beispielsweise John Conyers, ein Apotheker und Antiquitätensammler, um 1690 in einer Kiesgrube bei Grays Inn Lane nahe London auf ein Stück zugespitzten schwarzen Feuerstein gestoßen, das in der Nähe einiger Elefantenknochen lag. Tatsächlich handelte es sich um einen Faustkeil der frühen Altsteinzeit, aber zu jener Zeit war man der Ansicht, er gehöre zur Waffe eines Briten, der damit einen von den Römern im ersten Jahrhundert ins Land gebrachten Elefanten getötet hatte.

»Im frühen 19. Jahrhundert war man allgemein der Überzeugung, daß die Menschen nicht zur selben Zeit wie die ausgestorbenen Tiere gelebt haben konnten«

Im Jahre 1823 veröffentlichte der Geistliche William Buckland, ein anglikanischer Priester und der erste Professor für Mineralogie und Geologie an der Universität von Oxford, Einzelheiten über das Skelett eines Mannes aus der Altsteinzeit. Er hatte es in der Goat's Hole Cave bei Paviland in Wales entdeckt, und es war mit rotem Ocker gefärbt. In der Höhle befanden sich ferner Knochen vom Nashorn und vom Bären, zusammen mit Bruchstücken eines schmalen Armbands aus Elfenbein, Ringen, Stäben, Stücken von einem Stoßzahn (siehe S. 91) und dem Schädel eines »Elefanten«. Mittlerweile ist erwiesen, daß das Elfenbein und der Schädel von einem Mammut stammten. Aber Buckland konnte es nicht glauben, daß Menschen und ausgestorbene Tiere einst zur selben Zeit gelebt haben könnten, und so schlug er vor, daß die »Red Lady von Paviland« – wie man das männliche Skelett irrtümlicherweise bezeichnete – in die anglo-römische Zeit datiere.

Andere Personen, die in Westeuropa Grabungen durchführten, gelangten dagegen zu entgegengesetzten Schlußfolgerungen: Sie hatten zu wiederholten Malen Werkzeuge aus Stein und Knochen gefunden, die in Höhlen oder unter Felsdächern (Abris) in den mit Stalagmiten bedeckten Böden versiegelt waren. Diese Werkzeuge waren von Menschen hergestellt worden und standen eindeutig mit den Überresten ausgestorbener Tiere in Verbindung. Bei manchen Funden in Südfrankreich trugen die Tierknochen sogar Schnittspuren, die nur von Menschen stammen konnten.

Die steigende Zahl von Belegen wurde bald erdrückend, und schließlich erlangte die Arbeit des Amateur-Archäologen Jacques Boucher de Perthes über die Schotter-Terrassen der Somme in Nordfrankreich, in welcher er auf die gemeinsame Geschichte von Menschen und ausgestorbenen Tieren hingewiesen hatte, internationale Anerkennung. 1859 – dem Jahr, in dem Darwins Werk *Über die Entstehung der Arten durch natürliche Zuchtwahl* veröffentlicht wurde – war das beträchtliche Alter des Menschen Allgemeingut; von ein paar starrköpfigen Reaktionären einmal abgesehen.

Im Mai 1864 gelang dem französischen Paläontologen Edouard Lartet ein Fund, der bemerkenswert genug war, um die verbliebenen Skeptiker in der wissenschaftlichen Zunft zu überzeugen. Bei einer Grabung am Abri La Madeleine in der Dordogne stieß er auf die lebensnahe Gravierung eines Mammuts auf einem großen Stück aus Mammutelfenbein. Dies war zwar nicht der erste Kunstgegenstand aus der Eiszeit, den man gefunden hatte, aber es war einer der ersten, dessen tatsächliches Alter durch sorgfältige Ausgrabung sowie durch den Fundkontext erwiesen werden konnte.

Tragbare Mammuts

Im zweiten Teil der letzten Eiszeit, vor 30000–10000 Jahren, stellten die Menschen Kunstwerke in Form von Höhlenmalereien und Skulpturen her. Obwohl in dieser Kunst abstrakte Motive sowie Darstellungen von Pferden und Wisenten eindeutig überwiegen, war das Mammut doch ebenfalls häufig vertreten. Bis heute sind über 400 Abbildungen von Mammuts in den verschiedensten Kunstformen bekannt: Sie reichen von Malereien und Gravierungen an den Höhlenwänden in Spanien, Frankreich und Rußland bis hin zu Ritzungen und dreidimensionalen Schnitzereien aus Knochen,

Ein aus einem Geweihstück graviertes Mammut, das 14000 Jahre alt ist. Es bildete das dekorative Ende einer Speerschleuder, die man bei Bruniquel in Südfrankreich gefunden hatte. Der abgebrochene Schwanz fungierte wohl als Haken, an den der Speer angelegt wurde; dadurch erzielte man beim Werfen eine zusätzliche Hebelwirkung. Die Stoßzähne wurden im Flachrelief dem Geweihschaft entlang graviert. Der Kopf ist dagegen abgeflacht, und der Rüssel fällt zu den Füßen hin ab.

Ein auf Mammutelfenbein graviertes Mammut, das in La Madeleine in Frankreich gefunden wurde. Damit war erwiesen, daß Menschen und Mammuts einst zusammenlebten.

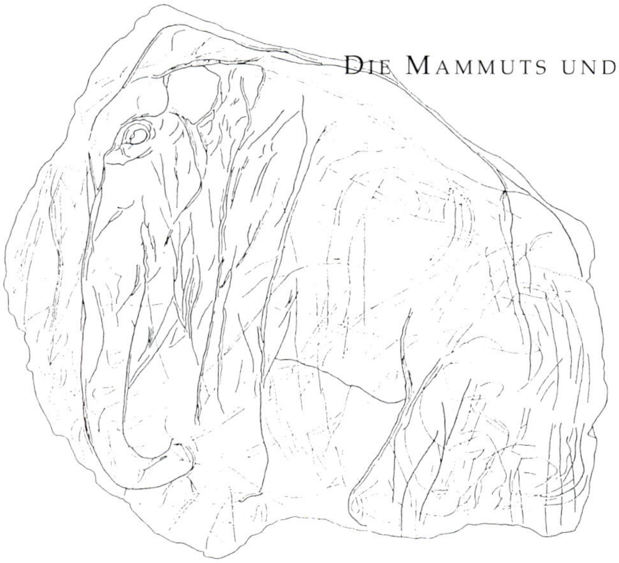

Ein eiszeitlicher Künstler nutzte die Form einer Steinplakette für eine Gravierung aus, die man im Abri La Marche in Frankreich entdeckte.

Stein, Geweih und Elfenbein (transportfähige »Kleinkunst«).

Die Entdeckung von Werken eiszeitlicher Kleinkunst in den sechziger Jahren des 19. Jahrhunderts führte zu einer ungestümen Schatzsuche in den Höhlen und Abris von Europa. Darstellungen ausgestorbener Tiere oder von Lebewesen, die es – wie das Rentier – heute in Südeuropa nicht mehr gibt, waren besonders begehrt. Als Folge dieser Begeisterungswelle wurde eine große Anzahl von Mammutdarstellungen in der Kleinkunst, Gravierungen und Schnitzereien, ausgegraben, und seitdem sind noch etliche weitere Kunstwerke hinzugekommen.

Im Unterschied zu den Bildern auf Höhlenwänden und Felsen kann die Mehrzahl dieser Kleinkunstobjekte zuverlässig in die Eiszeit datiert werden, da sie zusammen mit Werkzeugen und anderen Siedlungsresten aus diesem Zeitabschnitt im selben archäologischen Kontext entdeckt wurden. Auf die bei weitem größte Ansammlung von Werken der Kleinkunst stieß man in den sechziger Jahren dieses Jahrhunderts bei Ausgrabungen an der Freilandstätte bei Gönnersdorf im Rheinland, die in eine Zeit vor 12700–12400 Jahren datieren. Es waren Hunderte kleiner Steinplaketten, von denen viele Gravierungen von Tieren und stilisierten Frauenfiguren trugen. Es gibt mindestens 62 Mammutabbildungen auf insgesamt 47 Plaketten. Ungefähr die Hälfte der Figuren ist vollständig.

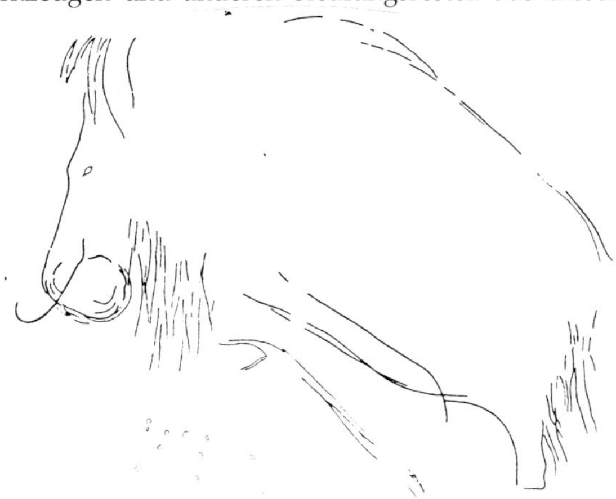

Die Gönnersdorfer Gravierungen haben die Frische eines schnell festgehaltenen Eindrucks, wie Entwürfe im Notizbuch eines Künstlers. Diese 17 cm lange Gravierung gibt vermutlich Beobachtungen aus dem alltäglichen Leben recht genau wieder. Da sich die vor mehr als 12000 Jahren auf den Stein geritzten Bilder kaum vom Steinhintergrund abheben, kann man sie auf Abzeichnungen genauer erkennen.

Die Mammuts von Gönnersdorf haben mit allen anderen eiszeitlichen Mammutdarstellungen gemeinsam, daß sie im Profil abgebildet und recht statisch gehalten sind, obwohl aus den Merkmalen eindeutig hervorgeht, wie die Mammuts ausgesehen haben müssen. Es hat den Anschein, daß sowohl erwachsene Tiere als auch Jungtiere abgebildet worden sind, denn sie unterscheiden sich jeweils in ihrer Rückenlinie: Bei den erwachsenen Tieren fällt sie steil zum Schwanz hin ab, der sich auf der Höhe des Mauls befindet. Die Jungtiere haben dagegen einen gewölbten Rücken, der in der Mitte am höchsten aufragt, während der untere Körperteil so zottig ist, daß der Bauchbereich unsichtbar bleibt.

Bei den erwachsenen Tieren wie bei den Jungtieren weist der Kopf vor den Augen regelmäßig eine kleine Ausbuchtung auf; das Ohr ist klein und meist unter Haaren versteckt, und

Frühe Menschen

Die Altsteinzeit oder das Paläolithikum stellt die früheste und längste Phase der menschlichen Geschichte in der Alten Welt dar. Sie begann mit den ersten als solchen erkennbaren Steinwerkzeugen (vor etwa 2½ Millionen Jahren) und dauerte bis zum Ende der letzten Eiszeit vor ungefähr 10000 Jahren an. Sie untergliedert sich in drei Abschnitte: Das Altpaläolithikum entspricht der Periode der frühen Hominiden (stammesgeschichtliche Vorläufer des heutigen Menschen) bis einschließlich zum *Homo erectus*. Das Mittelpaläolithikum vor 200000 bis 35000 Jahren ist weitgehend die Zeit der Neandertaler. Noch ist strittig, ob die Neandertaler in irgendeiner Weise die Ahnen der modernen Menschen waren oder ob sie in einer evolutionären Sackgasse endeten. Sie verfügten über einige technische Fertigkeiten, und ihre Begräbnisstätten weisen Spuren eines religiösen Glaubens auf.

Der moderne Mensch, *Homo sapiens sapiens*, scheint vor über 100000 Jahren entstanden zu sein und hat sich vor 40000–30000 Jahren in Europa verbreitet. Dort traf er auf die letzten Neandertaler. Die modernen Menschen glichen uns in Wuchs und Erscheinungsbild, und wahrscheinlich verfügten sie über dieselbe Intelligenz. Sie hatten die Eiszeitkunst geschaffen – von den Perlen und skulptierten Statuetten bis hin zu den mehrfarbigen Malereien –, und es ist der Mensch des Jungpaläolithikums, der, von einigen beiläufigen Erwähnungen der Neandertaler abgesehen, im Mittelpunkt dieses Kapitels steht.

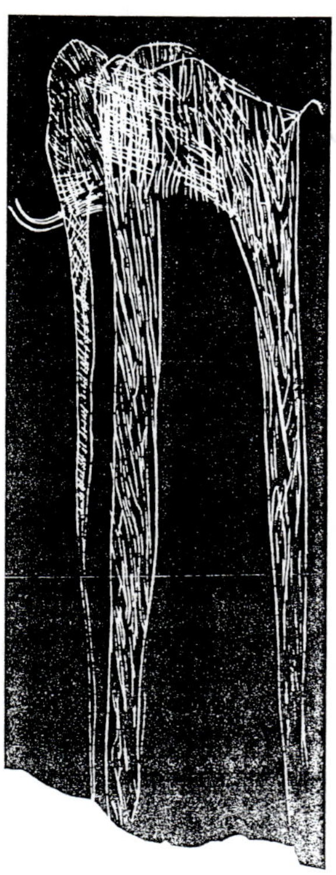

Den einzigen eiszeitlichen Kunstgegenstand, den man nördlich des Polarkreises gefunden hat, ist das Mammut mit überlangen Beinen, das vor etwa 10700 Jahren auf die Spitze eines Mammutstoßzahns von Berelech graviert wurde (Zeichnung links). Die Elfenbeinschnitzerei eines Mammuts von Předmostí in Mähren (oben) ist vermutlich mehr als doppelt so alt. Das ganz oben abgebildete Mammut war das dekorative Widerhakenende einer Speerschleuder von Canecaude (Frankreich). Die Stoßzähne umgeben das Auge, ähnlich wie bei den Hörnern der Moschusochsen.

das Auge ist bohnen- oder walnußförmig und mit gekrümmten Faltenlinien umgeben. Die äußere Rüsselseite wird immer mit einer einzigen fortlaufenden Linie wiedergegeben, während die Behaarung an der Innenseite häufig mit einer kreuzweisen Schraffierung angegeben wird. Stoßzähne fehlen oft völlig (siehe gegenüberliegende Seite).

Die Füße, oftmals mit einem einfachen Halbkreis am Beinende gezeichnet, sind manchmal auch naturgetreuer dargestellt; manche zeigen sogar eine Ausbuchtung unmittelbar oberhalb des Fußes wie bei den heutigen Elefanten. Der kurze, nach unten gebogene Schwanz ist bisweilen durch Haare verdeckt; nicht selten trägt er ein Haarbüschel, das wie ein Pinsel von seinem Ende herabhängt.

»Eiszeitliche Skulpturen und Gravierungen von Mammuts sind äußerst zahlreich«

In der Eiszeitkunst gibt es keinen deutlichen Bezug zwischen den dargestellten und den gejagten oder eßbaren Tieren. Gönnersdorf bildet hier keine Ausnahme: das Mammut ist nach dem Pferd das am häufigsten abgebildete Tier, aber Mammutknochen kommen unter den Tierresten am Fundort kaum vor. In Gönnersdorf wurden die meisten Mammutgravierungen innerhalb einer Behausung, in der Nähe der Feuerstelle, gefunden, mit einer weiteren Funddichte in einigen Metern Entfernung. Darstellungen von Vögeln konzentrierten sich an diesem Fundort genau an jenen Stellen, wo Mammuts fehlten, während Darstellungen von Pferden und Menschen über das gesamte Ausgrabungsgebiet verteilt waren. Da die Mammutgravierungen den Tierresten zufolge von einem Winterlager und die Vogelbilder von einem Sommerlager stammen, könnte es an dieser Fundstätte durchaus eine wichtige Verbindung zwischen den Jahreszeiten und den jeweils abgebildeten Tierarten gegeben haben.

Eine weitere größere Ansammlung von Gegenständen der Kleinkunst mit Mammutdarstellungen – eine Reihe von 14300 Jahre alten Steinplaketten – wurde im französischen Abri La Marche (siehe

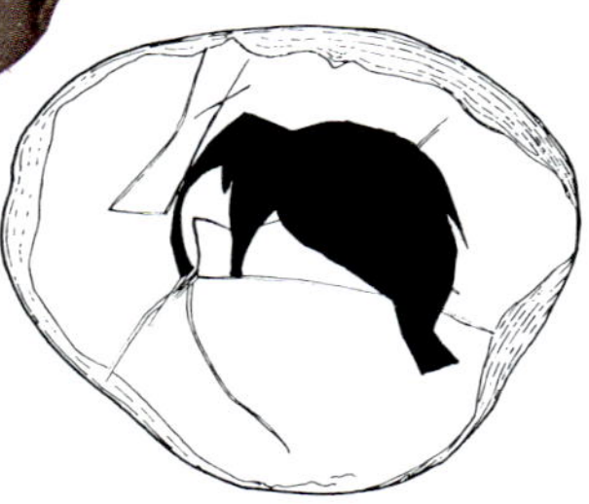

Die feine Gravierung eines zottigen Mammuts kann auf diesem 9 cm langen Elfenbeinfragment entziffert werden. Fundort ist die Obere Klause in Süddeutschland. Das Stück stammt aus dem Ende der Eiszeit, vor ungefähr 12000 Jahren.

S. 97) gefunden. Gravierungen auf Elfenbein, die jenen von La Madeleine ähneln, sind ferner in der Oberen Klause in Süddeutschland sowie in Mal'ta im südlichen Zentralsibirien entdeckt worden.

Der größte Bestand an dreidimensionalen Figuren stammt von den paläolithischen Fundstätten in der russischen Ebene. Unter den bislang aufgefundenen 40 Statuetten befinden sich zehn winzige Skulpturen von Kostenki. Sie sind aus weichem Kalkstein geschnitzt und messen gerade 2,5 auf 1,3 cm. Größere dreidimensionale Mammutskulpturen sind ebenfalls entdeckt worden, darunter eine 10,6 cm lange Figur aus Kalkstein von Avdeevo in Rußland. Elfenbeinfigürchen von Mammuts sind ferner in den Höhlen Vogelherd und Geissenklösterle in Südwestdeutschland gefunden worden; sie sind mindestens 30000 Jahre alt und zählen damit zu den ältesten bekannten figürlichen Darstellungen der Welt.

Höhlenkunst: Mammuts als Schmuckelemente

In den siebziger Jahren des 19. Jahrhunderts wurde erstmals die Ansicht geäußert, daß die Wände der Höhlen und Abris in Europa Darstellungen der Eiszeitkunst tragen. Dennoch dauerte es bis zum Jahre 1902, bis die archäologische Fachwelt diesen Tatbestand endlich anerkannte; dies erfolgte hauptsächlich auf Grund der Entdeckung von Höhlenmalereien in Frankreich. Die Kontroverse löste einen neuerlichen Begeisterungssturm aus, der dazu führte, daß einzelne Personen die Wände bereits bekannter Höhlen nochmals untersuchten und neue Höhlensysteme erkundeten, in der Hoffnung, auf Zeugnisse dieses bislang ungeahnten künstlerischen Erbes zu stoßen. Immer noch findet man mit Darstellungen ausgestaltete Höhlen, durchschnittlich eine im Jahr, hauptsächlich in Südfrankreich und Spanien. Die meisten Figuren werden aufgrund stilistischer Merkmale – die mit den zeitlich bestimmten Exemplaren der Kleinkunst in Bezug gesetzt werden können – in das Paläolithikum datiert. Jüngste Fortschritte in der Pigmentanalyse und der Radiokarbondatierung ermöglichten genauere Bestimmungen; bislang ist damit das paläolithische Alter von Darstellungen in elf Höhlen erwiesen worden.

Die winzige Darstellung eines Mammuts und eines Steinbockkopfes wurde auf einem nur 8 cm langen Kiesel mit glatter Oberfläche angebracht. Das Stück wurde in der Petite Grotte de Bize im französischen Departement Aude entdeckt. Der Fundort datiert in eine Zeit vor rund 17000 Jahren.

Mammuts ohne Stosszähne

Viele Details bei den eiszeitlichen Mammutdarstellungen – wie die kleinen Ohren und haarigen Schwänze bei den Gravierungen von Gönnersdorf (oben) – sind äußerst naturgetreu und stimmen mit Beobachtungen an gefrorenen Mammutkadavern in Sibirien überein. Es ist daher eigenartig, daß die meisten Mammutdarstellungen von Gönnersdorf keine Stoßzähne besitzen, obwohl einige erwachsene Mammuts mit kleinen, kurzen Stoßzähnen ausgestattet sind. Desgleichen findet man bei den wesentlich älteren Mammutstatuetten von Vogelherd und Geissenklösterle keine Stoßzähne; dasselbe gilt für eine Gravierung aus Kostenki in Südrußland sowie für einige Malereien und Zeichnungen an den Höhlenwänden in Frankreich und Spanien.

Man hat daher die Ansicht geäußert, daß einige Mammuts keine Stoßzähne besaßen. Das Fehlen von Stoßzähnen könnte mit einem kleinen Körperumfang in Verbindung stehen, der eventuell mit erschöpften Nahrungsressourcen zusammenhing: Ein in Gönnersdorf gefundener Oberschenkelknochen eines Mammuts war nur 90 cm lang, also hatte das Tier eine Schulterhöhe von weniger als 2,5 m und stand damit am unteren Ende der Skala. Es ist indessen nicht sicher, ob dieser eine Knochen für die gesamte Mammutpopulation von Gönnersdorf repräsentativ ist. Zwei am Fundort entdeckte Elfenbeinstücke hatten eine normale Durchschnittsgröße, demnach hatte es auch Mammuts mit großen Stoßzähnen gegeben. Obwohl nicht auszuschließen ist, daß diese Stoßzähne schon in fossilem Zustand von den Siedlungsbewohnern dorthin gebracht worden sind, weisen zwei mit den Gönnersdorfer Exemplaren annähernd gleich alte Mammutskelette – von Condover und Praz Rodet – Stoßzähne von durchschnittlicher Größe auf. Dies legt die Annahme nahe, daß die Mammuts in der Regel tatsächlich Stoßzähne hatten.

Es ist durchaus denkbar, daß die Gönnersdorfer Gravierungen auf einen Geschlechtsunterschied hinweisen: In einigen Gebieten könnten bei sämtlichen weiblichen Tieren die Stoßzähne gefehlt haben, so wie bei vielen Populationen des heutigen Indischen Elefanten. Da es hierfür aber keinen fossilen Beleg gibt, sehen die meisten Fachleute in den fehlenden Stoßzähnen bei Malereien und Skulpturen eher einen Akt künstlerischer Freiheit. In La Marche sind beispielsweise einige Mammuts mit langen Stoßzähnen abgebildet, manche haben kurze Stoßzähne, andere wiederum gar keine.

In der Grotte du Mammouth – der »Mammuthöhle« – bei Domme in Frankreich wurde ein Mammut im Flachrelief 4 m über dem heutigen Höhlenboden skulptiert. Obwohl die Darstellung 1,2 m hoch ist, wurde man erst 1978 auf sie aufmerksam, als man sie im Schein einer künstlichen Beleuchtung bemerkte.

Die eiszeitliche Wandkunst zeugt von einer beeindruckenden Vielfalt an Techniken, die meisterhaft beherrscht wurden. Am häufigsten wurde graviert. Dabei gingen die Anregungen oft unmittelbar von den natürlichen Wandformationen aus, die mehrmals in die Darstellungen direkt mit einbezogen wurden. In jenen Gebieten Frankreichs, wo der weiche Kalkstein leicht bearbeitet werden konnte, stieß man ebenfalls auf Skulpturen im Flachrelief – immer in solchen Bereichen der Höhlen und Abris, wo das Tageslicht die Konturen der Darstellungen zur Geltung bringen konnte. Das Mammut von Domme in der Dordogne ist ein hervorragendes Beispiel für die Anwendung dieser Technik.

»Eine einzige Höhle in Frankreich enthält beinahe die Hälfte aller eiszeitlichen Mammutdarstellungen der Welt«

Unter den Höhlen, in denen Mammuts abgebildet worden sind, ragen einige ganz besonders heraus. An erster Stelle ist hier die weitläufige Höhle von Rouffignac in der Dordogne mit ihren kilometerlangen, mit Darstellungen versehenen Galerien zu nennen. Sie enthält nahezu die Hälfte der über 400 heute weltweit bekannten Mammutabbildungen – eine einzigartige Anhäufung von Gravierungen und schwarzen Zeichnungen. Einige Darstellungen auf einem niedrigen Bereich der Höhlendecke sind so groß – mehr als 2 m lang –, daß die Künstler das Bildwerk beim Malen unmöglich als Ganzes wahrnehmen konnten.

Weitere bemerkenswerte Figurengruppen sind in Frankreich die 37 Gravierungen von Les Combarelles (viele davon sind ganz schematisch gehalten und beschränken sich auf einen unvollständigen, skizzierten Umriß), die mindestens 37 Malereien und Gravierungen in der vor kurzem entdeckten Grotte Chauvet, die wahrscheinlich über 30000 Jahre alt sind, sowie die Darstellungen von Pech-Merle, Font de Gaume, Bernifal, Jovelle, Chabot und Arcy-sur-Cure. Weitere Beispiele gibt es sowohl in Spanien als auch in Rußland, wo man Malereien in den Höhlen Kapova und Ignatievka im südlichen Ural entdeckte.

Die meisten abgebildeten Mammuts zeigen kaum Anzeichen einer Bewegung, außer kleineren Hinweisen auf ein bestimmtes Verhalten wie etwa ein emporgereckter

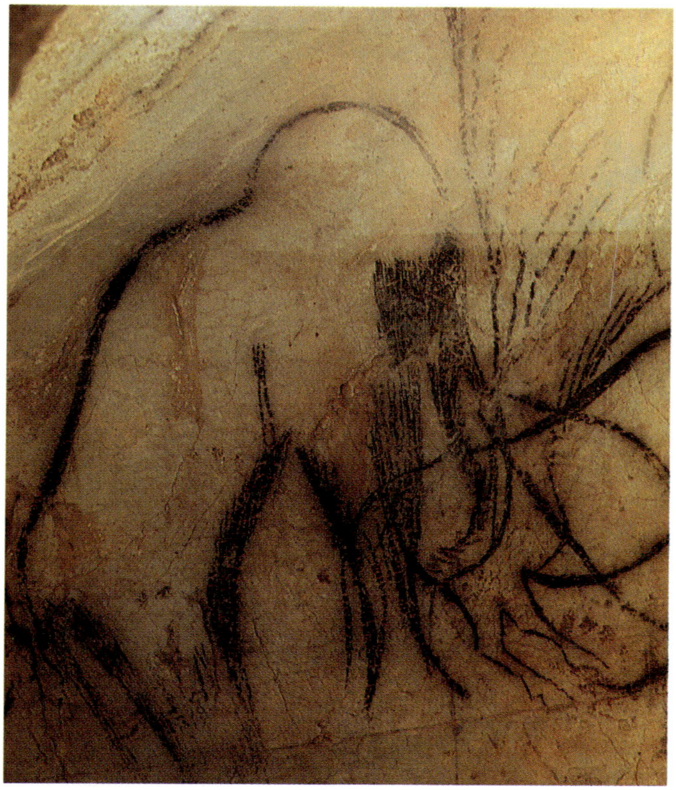

Auf dem Schwarzen Fries von Pech-Merle (Departement Lot, Frankreich) tauchen Mammuts zusammen mit Pferden, Wisenten und anderen Boviden auf. Experimente mit Materialien, die den vor 15000 Jahren angewendeten Substanzen und Werkzeugen ähnelten, haben ergeben, daß der gesamte, aus 25 Tieren bestehende und sich auf einer Länge von 7 m erstreckende Fries von dem Künstler in lediglich einer Stunde fertiggestellt worden sein könnte.

Die aufsehenerregende Gravierung eines Mammuts in der Höhle Rouffignac gibt nicht nur das typische Erscheinungsbild des Tieres geschickt wieder; man verspürt ebenso die Faszination, die es auf den Betrachter ausgeübt hatte. Die Darstellung ist 80 cm hoch und 1,2 m lang. Die aus der Felsoberfläche herausragenden Gesteinsstücke sind Knollen aus Feuerstein.

Dieses äußerst stilisierte Tier wurde mit Fingern gemalt, die man in roten Lehm getaucht hatte. Es ist eine der ungewöhnlichsten Mammutdarstellungen der Eiszeit. Man entdeckte sie 1940 in der französischen Höhle La Baume Latrone. Der 1,2 m lange Körper ist im Profil wiedergegeben, aber die beiden kurzen Stoßzähne sind in Vorderansicht gezeichnet. Während der Rest des Körpers recht unbekümmert ausgeführt wurde, hat man bei der Gestaltung des Mauls und der Rüsselspitze den Details besondere Aufmerksamkeit geschenkt.

Diese Skizze vom Umriß eines Mammuts wurde in die Höhlendecke der Grotte du Cheval bei Arcy-sur-Cure in Frankreich graviert. Die meisten Figuren der Höhlenkunst haben eher bescheidene Ausmaße. Diese 50 cm lange Darstellung entspricht dabei dem Durchschnitt.

Die seltenen Darstellungen von Mammuts oder Mastodonten im Südwesten der Vereinigten Staaten sind durchweg Felsbilder (Petroglyphen), die in die Felsoberfläche gehämmert wurden. Diese Petroglyphe befindet sich am Ufer des Colorado-Flusses bei Moab in Utah.

Dieses Mammut aus der Höhle Bernifal (Dordogne, Frankreich) wurde in Gelb auf das Gewölbe eines hohen natürlichen Felskamins gemalt. Obwohl die Höhle seit langem gut bekannt ist, hat man die Malerei erst in den siebziger Jahren dieses Jahrhunderts entdeckt.

Schwanz oder ein eingerollter Rüssel. Im allgemeinen werden die Mammuts auch nicht in »Szenen« dargestellt, allerdings mit einer bemerkenswerten Ausnahme: In Rouffignac ist eine ganze Gruppe von Mammuts gemalt worden, die in zwei Linien aufgereiht sind und einander gegenüberstehen (siehe S. 86f.). Auch Paare von Mammuts sind manchmal vorzufinden; sie stehen Kopf an Kopf und begrüßen vielleicht einander.

Außerhalb von Westeuropa und dem Ural ist man bislang auf keine Mammutdarstellungen in Höhlen oder Abris gestoßen. Eine kleine Zahl von Figuren, bei denen es sich um Mammuts handeln könnte, ist jedoch bei einer Freilandstätte auf der Hochebene von Colorado im Südwesten der Vereinigten Staaten entdeckt worden. Diese Felsbilder oder Petroglyphen – in den Fels gehämmerte Figuren – könnten die einzigen authentischen, mit den europäischen Mammutdarstellungen gleichzeitigen Abbildungen dieses Tieres in Nordamerika sein. Während alle europäischen Darstellungen das wollhaarige Mammut, *Mammuthus primigenius*, zeigen, muß es sich bei den Felsbildern des Colorado-Plateaus um die amerikanische Spezies, das Nordamerikanische Mammut, oder um einen Mastodonten handeln.

Hütten aus Mammutknochen

Vor ungefähr 15000 Jahren stellten die natürlichen Anhäufungen von Mammutknochen in Osteuropa eine bequeme Versorgungsquelle mit Baumaterialien dar. Schädel und andere große Knochen benutzte man für die Fundamente, während die Dächer wahrscheinlich aus Häuten bestanden, die man an einer Konstruktion aus Holz oder Knochen und Stoßzähnen befestigt hat.

Alle aus Knochen errichteten Hütten, die man bis heute entdeckt hat, sind Variationen ein und desselben architektonischen Themas. Die Anordnung der Hütten wechselt dagegen von Fundort zu Fundort: In manchen Fällen stehen sie nur einige Meter auseinander, während sie anderswo über eine große Fläche verstreut sind.

Viele dieser Siedlungen waren hauptsächlich im Winter bewohnt. Sie waren Schauplätze einer breiten Palette von Tätigkeiten: Kochen, Herstellung von Werkzeugen, Zubereitung von Häuten sowie das Anfertigen von Kunstgegenständen. Es ist schwierig herauszufinden, wie lange ein solcher Platz bewohnt war. Die Tausende von Artefakten an einigen Fundorten legen allerdings nahe, daß sich dort eine große Gruppe für längere Zeit aufgehalten hat.

Verschiedene aus Mammutknochen hergestellte Werkzeuge sind an dem jungpaläolithischen Fundort Avdeevo in Rußland entdeckt worden. Dazu zählen auch schön geformte Spateln (siehe S. 109) und zwei Löffel (links).

Paare von Stoßzähnen konnten als eindrucksvolle Eingänge zu den Hütten gedient haben. Vielleicht hat man sie auch als Stützelemente für das Dach in die Gesamtkonstruktion der Hütte einbezogen. Bei kaltem Wetter waren die Eingänge wahrscheinlich so klein wie möglich, um die Wärme zu speichern, genau wie bei den Iglus der Eskimos.

Unmengen von Mammutkadavern waren erforderlich, um eine so große Anzahl von Knochen zu liefern, wie man sie bei jedem Fundort antrifft. Einige Hütten bestehen aus Knochen von Mammuts, die ganz eindeutig über eine Zeitspanne von mehreren tausend Jahren gestorben waren.

Hütten aus Mammutknochen

Während der letzten Eiszeit lagen Massen von Mammutknochen über die verschiedenen Gebiete Mittel- und Osteuropas verstreut – genug jedenfalls, damit Menschen auf die Idee kommen konnten, daraus ihre Behausungen zu errichten; zumal in Gegenden, wo es keine Höhlen und Abris gab. Insgesamt kennt man heute über 70 Hütten aus Mammutknochen von rund 15 Fundplätzen in der zentralrussischen Ebene, insbesondere in der Ukraine entlang des Dnjeprs und seiner Nebenflüsse. Vereinzelt kommen sie auch im südlichen Polen (Krakau, Spadzista-Straße) und in Mähren (Milovice) in der Tschechischen Republik vor.

Schon vor 40000 Jahren hatten die Neandertaler Mammutknochen für den Bau von Unterständen verwendet. In Molodova, einem Fundort in der Ukraine, stieß man auf einen großen ovalen Gürtel aus Mammutknochen, der 15 Feuerstellen beherbergte. Man geht davon aus, daß es sich hier um eine Konstruktion handelte, bei der die Knochen über ein Holzgerüst gespannte Häute beschwerten. Die spektakulärsten Konstruktionen dieser Bauart wurden jedoch vor 30 000–14 000 Jahren von Menschen errichtet, die uns in jeder Hinsicht gleich waren.

Auf den ersten Blick sehen diese Überreste wie unordentliche Knochenhaufen aus – in der Tat hatten die Archäologen viele Jahre lang nicht erkannt, daß dies Ruinen von Behausungen aus Mammutknochen waren. Die Dorfbewohner von Kostenki in Rußland hatten seit dem Mittelalter große Knochen gefunden (*kost* ist das russische Wort für Knochen); nach einer Legende waren es die Knochen vorsintflutlicher Riesen. Im 18. Jahrhundert bekundete Zar Peter der Große Interesse an den Funden; allerdings ordnete er sie Kriegselefanten aus einem in der Antike durchziehenden griechischen Heer zu.

Ein Jahrhundert später erkannte man, daß Kostenki eine prähistorische Wohnsiedlung war, aber es dauerte bis zu den Ausgrabungen in den zwanziger Jahren dieses Jahrhunderts, daß man die Existenz von Konstruktionen aus Mammutknochen in Erwägung zog: Bis dahin dachte man, die Knochenhaufen seien Abfälle von Mahlzeiten.

Die Hütten waren rund oder oval und maßen an ihrer Basis zwischen 4 und 7 m im Durchmesser; die Fläche des Wohnraums betrug zwischen 8 und 24 m². Bei manchen Fundorten waren die Hütten in Reihen angeordnet, anderswo grob kreisförmig oder in einem Rechteck, je nach den örtlichen Gegebenheiten. Schädel, Kiefer, Schulterblätter und andere große Knochen vom Mammut bildeten die Fundamente; die Stoßzähne mochte man dazu verwendet haben, um ein Gerüst für einen Vorbau oder einen Eingangsbereich zu errichten. Manchmal wurden sie mit einem Röhrenknochen zusammengefügt, in anderen Fällen beließ man sie einfach in ihren Alveolen im Schädel. Das Dach bestand wahrscheinlich aus einem hölzernen Gerüst, auf das man Tierhäute oder Erdreich mit Gras legte; diese wiederum wurden mit weiteren Knochen und Stoßzähnen beschwert. Mitunter lag der Hüttenboden 40 cm tiefer als das umgebende Bodenniveau; auf diese Weise entstanden halb unterirdische Behausungen.

»In der russischen Ebene sind die Überreste von mehr als 70 eiszeitlichen Hütten aus Mammutknochen gefunden worden«

Viele solcher Behausungen enthalten eine Feuerstelle, in der die Bewohner Knochen als Brennstoff verwendeten – ohne Zweifel deshalb, weil es in diesen Gegenden kaum Holz gab. Knochen brennen gut, sofern sie noch Kollagen und Fett enthalten; tatsächlich benutzen auch heute einige Eskimo-Gruppen Knochen als Brennmaterial. In den ersten Minuten entwickelt das Feuer starken Rauch und Gestank, bis das Fett verbrannt ist; danach liefern die Knochen aber ein lange anhaltendes, mit steter Flamme brennendes Feuer, das eine große Hitze abstrahlt. Hierfür geeignete frische Knochen bewahrte man vermutlich in Vorratsgruben auf, die man in den Dauerfrostboden gegraben hatte, oder man entnahm sie einfach den durch die extreme Kälte gut erhaltenen Kadavern.

Der bekannteste Fundort mit aus Knochen erbauten Hütten ist Meshiritsch in der Ukraine: Dort fand man mindestens fünf Behausungen, die 15000 Jahre alt sind. Die Bauweise der Hütte Nr. 1 ist typisch: Insgesamt 25 halbkreisförmig angeordnete Schädel bilden das Fundament für die innere Wand, wobei die Stirnseiten nach innen zeigen und die Alveolen für die Stoßzähne in der Erde vergraben sind. Sie werden durch 20 Becken vom Mammut und 10 Längsknochen ergänzt, die ebenfalls im Boden befestigt wurden. Auf diesem Fundament waren 12 weitere Schädel, 30 Schulterblätter, 20 Oberschenkelknochen, 15 Beckenknochen sowie die Bruchstücke von 7 Wirbelsäulen angebracht. Noch weiter oben befanden sich 35 Stoßzähne, die vermutlich die Dachbedeckung beschwerten.

Die Außenwand wurde mit rund 95 Unterkiefern errichtet, wobei die Kinnspitzen nach unten zeigten und die Kiefer in einem Fischgrätmuster jeweils übereinander gestapelt wurden. Hierfür gibt es mehrere Erklärungsmöglichkeiten: Entweder handelte es sich um eine Stützwand, oder es wurden damit die Häute festgehalten, mit denen die Behausung bedeckt war. Denkbar ist auch, daß es eine Art Wärmeisolierung zwischen den Häuten und dem Schnee war, der gegen die Kieferknochen fegte. Vielleicht war es aber auch einfach nur ein Vorratslager für Rohmaterialien und Brennstoff. Beinknochen vom Mammut wurden senkrecht an den kleinen Eingang gestellt. Im Innern befand sich ein Mammutschädel, der mit Zickzacklinien und Punkten aus rotem Ocker verziert war. Ein sowjetischer Archäologe interpretierte sie als Darstellungen von Flammen und Funken.

Andere Behausungen in Meshiritsch sind Variationen dieses grundlegenden Themas: Die Kiefer werden beispielsweise mit der Kinnspitze nach oben plaziert, oder die Grundmauer besteht aus einer Reihe anderer Knochen. In einige Knochen wurden Löcher gebohrt; vielleicht hielt man sie in einer stabilen Lage, indem man sie mit einem Pflock aus Knochen oder Holz zusammenfügte. Andererseits könnten sie aber auch als Aufhängevorrichtung zum Trocknen der Kleidung, zur Fleischaufbewahrung oder für andere Zwecke des alltäglichen Lebens gedient haben. Oder es waren sogar Gucklöcher, die einen Blick nach draußen durch die Wände oder das Dach erlaubten.

Der Aufwand an Arbeit und Materialien, den diese Konstruktionen erforderten, war unterschiedlich. Die Behausung Nr. 1 in Meshiritsch bestand Rechnungen zufolge aus etwa 385 Knochen, die insgesamt 21000 kg wogen; andere Hütten dieses Fundorts brachten es auf 15000 und 19000 kg Knochenmaterial. An anderen Fundplätzen verbaute man für eine Hütte nicht mehr als 1000 kg Knochen. Nach Schätzungen von Archäologen waren beim Bau von Behausung Nr. 1 zehn Personen für mindestens fünf oder sechs Tage beschäftigt; bei den anderen Hütten vier oder fünf Tage. Die kleineren Hütten an den anderen Fundplätzen mochten vielleicht jeweils einen halben Tag Arbeitszeit erfordert haben. Hinzuzählen muß man in erster Linie noch den Aufwand, den das Einsammeln der Knochen bereitete. Was dies bedeutete, kann man an der Tatsache ermessen, daß ein entfleischter und ausgetrockneter Mammutschädel mit verhältnismäßig kleinen Stoßzähnen mindestens 100 kg und

Die aus Mammutknochen gebaute Hütte Nr. 4 von Meshiritsch (Ukraine) beeindruckt auch noch nach 15000 Jahren, in denen sie außer Gebrauch gewesen war, durch ihre ursprünglichen Ausmaße. Die Konstruktion ist nach innen zusammengefallen und hinterließ im ehemaligen Wohnbereich einen wild durcheinandergewürfelten Haufen aus Knochen. Nachdem man den Fundplatz mit Seilen in Quadrate unterteilt und die Knochen gezählt hatte, waren die Archäologen in der Lage, die Behausung wie ein riesiges Puzzle wieder zusammenzusetzen.

Die nördlichen Völker der Gegenwart, wie etwa die Eskimos und Samojeden, haben in ihren Dörfern immer eine Tanzhütte. Sie ist so groß wie eine Behausung, liegt aber etwas abseits und ist für Gesang und Tanz, Unterhaltung und kultische Feiern vorbehalten, insbesondere für die Herbst- und Winterfeste zu Beginn der Winterjagd. Der ungefähr 20000 Jahre alte Fundort Mezin in der Ukraine enthält eine Hütte aus Mammutknochen, die vermutlich einem ähnlichen Zweck gedient hatte. Obwohl der Innenraum wegen der Dachstützen vermutlich zu eng zum Tanzen war, scheint der Boden keine Haushaltsabfälle aufzuweisen – ein Zeichen, daß hier eventuell kultische Feiern stattgefunden hatten.

Man fand eine Reihe von Mammutknochen, die mit rotem Ocker bemalt waren, zusammen mit einem Hammer aus Rentiergeweih auf dem Hüttenboden. Ursprünglich dachte man, daß es sich hier um Kunstobjekte oder Kultgegenstände handelte. Analysen ergaben jedoch, daß sie an der Oberfläche alle beschädigt waren; außerdem waren sie geglättet, ausgedünnt, poliert oder abgerieben. Die Schlußfolgerung mußte also lauten, daß hier ein Inventar mit einer gemeinsamen Funktion vorlag. Diese Funktion bestand aus gezielten Schlägen sowie dem Reiben und Polieren mit Händen, was aufgrund der längeren Gebrauchsdauer seine Spuren hinterlassen hatte. Der Hammer aus Rentiergeweih war an seinem Griff durch lange Benutzung poliert, während die Arbeitsfläche sehr abgenutzt war und ihre porösen Vertiefungen Spuren rötlichen Ockers aufwiesen, die von den dekorierten Oberflächen der Mammutknochen stammten.

Eine umstrittene Interpretation dieses Befunds lautete, daß man diese Knochen als Musikinstrumente in einer Art Eiszeitorchester benutzt hatte. Die Knochen waren wahrscheinlich Resonanzkörper, auf die man mit Hämmern schlug. Das Mammutschulterblatt (oben), das mit linienförmigen und Zickzackstreifen verziert ist, ist an seinem sich verjüngenden Teil abpoliert: dort hatte man es mutmaßlich mit Daumen und Handfläche gehalten. Während die Linke das Schulterblatt hielt, bearbeitete die rechte Hand es mit einem Hammer. Andere Abnutzungsspuren deuten möglicherweise darauf hin, daß man auf verschiedene Stellen des Knochens schlug, um eine Vielzahl von Tönen zu erzeugen.

Bei einem Oberschenkelknochen hatte man das weiche, poröse Material aus seinem Inneren entfernt, vermutlich um seine Resonanzfähigkeit zu verbessern. Vielleicht hatte man ihn horizontal auf einer Unterlage plaziert und wie bei einem Xylophon auf ihm gespielt. Eine Beckenhälfte und zwei Kieferknochen, die ebenfalls mit parallelen roten Streifen bemalt waren, scheinen in ähnlicher Weise benutzt worden zu sein. Ein Knochenstück von einem Schädel, das mit Punkten aus roter Farbe verziert ist, diente vermutlich als Trommel: Die Zellstruktur der Hirnschale ist ungewöhnlich resonanzfähig, wie Experimente an einem rezenten Elefantenschädel gezeigt haben.

Schließlich befand sich unter diesem Knocheninventar auch ein »Armreif«, der aus fünf sehr elastischen Elfenbeinlamellen angefertigt war. Man hatte sie durchbohrt, so daß man sie miteinander verknüpfen konnte, und alle trugen Ritzungen aus Fischgrätmuster. Auch hier konnte es sich um eine Art Musikinstrument gehandelt haben, das ähnliche Klänge wie Kastagnetten erzeugte.

Die Hütte enthielt des weiteren 2–3 kg roten und gelben Ocker sowie Anhänger, Nadeln und Pfriemen aus Knochen. Einige Archäologen vermuteten, daß diese Gegenstände zur Vorbereitung kultischer Feiern dienten.

Nachdem man die originalen Instrumente von Mezin 1976 in der Eremitage in St. Petersburg restauriert und konserviert hatte, spielte eine Gruppe von Perkussionisten mit Knochenhämmern auf ihnen unter der Leitung von V. I. Kolokolnikov vom Kiewer Staatsorchester. Die Musiker waren tatsächlich in der Lage, verschiedene volltönende Klänge zu erzeugen. Da sie die Musik der heutigen nördlichen Völker kannten, konnten sie eine Vorstellung davon vermitteln, wie die Musik der Eiszeit wohl geklungen haben mochte.

Die Interpretation der Knochen von Mezin als Musikinstrumente hatte dazu geführt, daß man frühere Funde von anderen Fundplätzen, die ähnliche Verzierungen und Gebrauchsspuren trugen, nochmals überprüfte. So könnten mehrere Knochen, die man in Gorodok und Meshiritsch in der Ukraine sowie in Předmostí in Mähren gefunden hatte, ebenfalls Musikinstrumente gewesen sein.

oft wesentlich mehr wog, während die anderen großen Knochen keineswegs leichter waren. Da die Hütten jedoch mit Sicherheit sehr stabil und robust waren und von einem jahreszeitlichen Besuch zum nächsten hielten, waren sie es offenkundig wert, daß man eine beträchtliche Menge an Zeit und Arbeit in sie investierte.

Es liegt auf der Hand, daß in diesen Gebieten eine gewaltige Anzahl von Mammutskeletten zur Verfügung stand. Einige Knochen, die man für die Behausungen verwendet hatte, stammten möglicherweise von Tieren, die die Bewohner getötet oder sogar in Treibjagden erlegt hatten. Wahrscheinlicher ist jedoch, daß man sich das Baumaterial von Kadavern holte, von Mammuts also, die eines natürlichen Todes gestorben oder anderen Tieren zum Opfer gefallen waren. Flüsse und Wasserläufe konnten ebenfalls natürliche Anhäufungen von Knochen geschaffen haben, die im frostigen Klima nicht eingebettet wurden und relativ frisch blieben. (Die Frage, ob Mammuts gejagt oder ihre Überreste einfach eingesammelt wurden, wird ausführlicher in Kapitel 5 diskutiert; siehe S. 126ff.)

»Das Alter der Mammutknochen, die für den Bau einzelner Hütten verwendet wurden, erstreckt sich über eine Zeitspanne von 8000 Jahren«

Der unterschiedliche Erhaltungszustand der Knochen legt nahe, daß einige von Tieren stammten, die schon seit langer Zeit tot waren: Radiokarbondaten haben ergeben, daß die Knochen einer einzigen Konstruktion in Mezin (Ukraine) zwischen 22000 und 14000 Jahre alt waren. Viele Knochen sind von Raubtieren abgenagt worden. Untersuchungen an Kadavern heutiger Elefanten, die sich an exponierten Stellen befanden, zeigen, daß aasfressende Tiere die Knochen in kurzer Zeit in alle Richtungen zerstreuen, wenn sie die Kadaver auseinandergerissen haben.

Der Fundort von Meshiritsch enthält die Überreste von mindestens 149 einzelnen Mammuts; andere Fundstätten in der Ukraine kommen ebenfalls auf jeweils über 100 Exemplare. Einige Knochen wurden nach und nach, im Verlauf der Jahre, angehäuft, aber beim Bau Nr. 1 von Meshiritsch mußten die 25 Schädel für das Fundament eingesammelt worden sein, bevor man mit dem Bau begann. Wenn ein Großteil des Materials von natürlichen Mammut-»Friedhöfen« oder Knochenansammlungen stammte, dann müssen sich diese in der Nähe der Knochenhütten befunden haben.

Die Zahl der Personen, die in solchen Hüttensiedlungen wohnten, kann durch Schätzungen nicht ermittelt werden: Man weiß nämlich nicht, ob alle Konstruktionen Wohnstätten waren und ob sie alle zur gleichen Zeit oder nacheinander gebaut und benutzt worden sind. Archäologen, die in Mezin arbeiteten, äußerten die Vermutung, daß die fünf Hütten eine Siedlung bildeten, in der eine Anzahl von Familien mit insgesamt vielleicht 50 Personen lebte. Heutige Menschengruppen im hohen Norden, die immer noch ähnliche Hütten bauen (wenn auch nicht mehr aus Knochen), leben dort 15 bis 20 Jahre lang, solange die Holzkonstruktionen eben intakt sind; dann errichten sie anderswo eine neue Siedlung. Genauso mochte es sich bei den eiszeitlichen Hütten verhalten haben, obwohl die Benutzungsdauer einer Wohnstätte aus Mammutknochen vermutlich um etliches länger war: Denn Knochen ist im Vergleich zu Holz viel widerstandsfähiger gegen Frost, Feuchtigkeit und Insekten.

Die meisten der aus Mammutknochen errichteten Hüttensiedlungen hatten große Vorratsgruben. Sie waren zwischen 2 und 8 m lang, wurden bis zu 1,5 m tief in den gefrorenen Boden gegraben und dann mit Hunderten von Knochen – von Mammuts und von anderen Tieren – aufgefüllt. Vermutlich dienten sie als Nachschublager für Nahrung, Brennstoff und Baumaterial. Die meisten Siedlungen besaßen ebenso besondere Tätigkeitsbereiche, wo man verschiedene Werkzeuge aus Stein oder Knochen herstellte.

WERKZEUGE AUS MAMMUTKNOCHEN

Mammutknochen dienten zur Herstellung einer Vielzahl von Werkzeugen und sogar von Einrichtungsgegenständen. In Kostenki scheint das Schulterblatt eines erwachsenen Mammuts senkrecht in den Boden gesteckt worden zu sein. Seine Oberfläche, die sich 33–40 cm über dem Boden befand, hätte einer sitzenden Person bis an die Brust gereicht. Seine Dellen und Kerben legen nahe, daß es eine Art Arbeitsunterlage oder Amboß gewesen war. Fußknochen vom

In Avdeevo in Rußland, einem etwa 22000 Jahre alten Fundplatz, entdeckte man eine Anzahl von Spateln aus Mammutknochen. Die Griffe vieler Exemplare sind mit katzenähnlichen Köpfen dekoriert. Der Verwendungszweck dieser Spateln ist unklar.

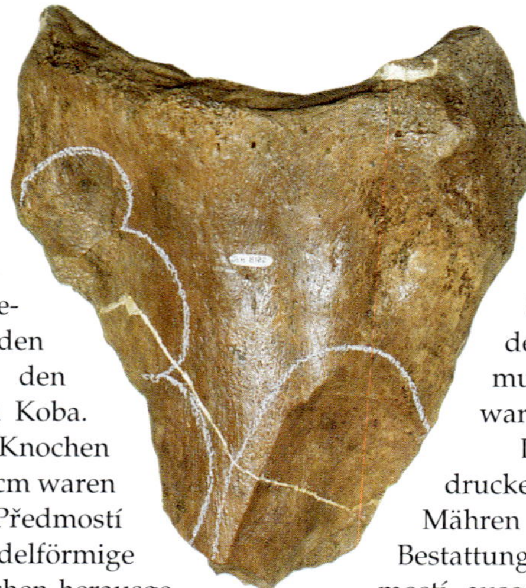

Zwei aus Mammutschulterblättern gefertigte Äxte wurden an einer Stelle in Süddakota entdeckt, wo ehemals Mammuts geschlachtet worden waren. Man hatte die Schulterblätter geschärft, indem man Knochenstücke absplitterte. Die Abschlagsstellen sind auf der Axt links gekennzeichnet worden.

Mammut, die Schlagspuren aufweisen, könnten ebenso als Ambosse gedient haben – sogar bei den Neandertalern, beispielsweise in den Höhlen der Krim wie etwa in Kiik Koba. Diese kompakten, würfelförmigen Knochen mit einem Durchmesser von rund 20 cm waren für diese Zwecke geradezu ideal. In Předmostí und Kostenki fand man paddelförmige Schaufeln, die aus Oberschenkelknochen herausgeschnitten worden waren. Sie sind 26 cm lang und haben ein 6 cm breites Schaufelblatt. Ebenso stieß man dort auf Rippenknochen, die an einem Ende spitz zugehauen waren – möglicherweise waren dies Grabstöcke. Eine in Kostenki entdeckte Rippe scheint als Palette zum Mischen von Farbpigmenten verwendet worden zu sein. Aus Předmostí stammt schließlich auch eine Art Angelhaken aus Mammutknochen, der vermutlich über 25000 Jahre alt ist.

»Äxte, Spateln, Lochstäbe und Schaufeln wurden aus Mammutknochen hergestellt«

An dem Fundort Lange-Ferguson in Süddakota (USA) wurden vor 10670 Jahren ein erwachsenes und ein junges Mammut zerlegt, und zwar mit schweren Hackbeilen, die aus dem flachen Teil eines Mammutschulterblatts angefertigt worden waren. In Murray Springs (Arizona) entdeckte man 1967 ein interessantes Werkzeug: Es war ein 26 cm langer Lochstab, rund 11230 Jahre alt, aus dem Oberschenkelknochen eines Mammuts. Mit diesem Werkzeug hat man vermutlich Schäfte aus Holz oder Knochen geradegerichtet, um Speerschäfte herzustellen. Solche Werkzeuge sind ebenfalls in Mezin und Molodova gefunden worden; ein Exemplar mit viereckiger Form des durchlochten Endes stammt aus den Gräbern von Sungir (siehe S. 112).

Mammutknochen spielten auch bei Begräbnissen eine Rolle; sie bedeckten eine Anzahl jungpaläolithischer Gräber in Europa, zum Beispiel ein Grab in einer tiefen Grube in Kostenki. Schulterblätter sind groß genug, um einen menschlichen Körper zu bedecken; sie schirmten den Leichnam wie ein Sargdeckel von der über ihm aufgehäuften Erde ab. In Mähren scheint dies an der Tagesordnung gewesen zu sein: Man verwendete ein Schulterblatt, um das Grab von Brno II zu bedecken, während in einem Grab von Dolní Věstonice die Bestattete sowohl mit einem Schulterblatt als auch mit dem Teil eines Mammutbeckens zugedeckt war.

Das bei weitem beeindruckendste Beispiel aus Mähren ist die kollektive Bestattung, die 1894 in Předmostí ausgegraben wurde: Acht Erwachsene und zwölf Jugendliche waren dort in einer 4 x 2,5 m großen Grube beerdigt worden, wobei die Leichname mit zahlreichen großen Knochen einschließlich zweier Mammutschulterblätter bedeckt waren. Waren diese großen, flachen Knochen einfach praktische Bedeckungen, oder kommt in ihnen ein Glaube an die beschützenden Kräfte des mächtigen Mammuts zum Ausdruck? Ähnliche Fragen stellen sich angesichts der Funde von Mammutknochen bei einigen russischen Ausgrabungsstätten, wo Schwanzwirbel und einige Fußknochen – immer noch in ihrer anatomischen Anordnung – sorgfältig (oder absichtlich verborgen) in kleinen Gruben neben den Hüttenwänden niedergelegt worden waren.

AUS STOSSZÄHNEN WERDEN KUNSTGEGENSTÄNDE

Man vergegenwärtige sich die entmutigende Aufgabe, der sich ein eiszeitlicher Bildhauer gegenübersah: Er war lediglich mit den allereinfachsten Steinwerkzeugen ausgerüstet und sollte einen gewaltigen Mammutstoßzahn in zierliche Statuetten, Armreife und Perlen verwandeln. Stoßzähne konnten bis zu 3 oder 4 m lang werden und 84 kg wiegen; das Elfenbein selbst war hart und unnachgiebig.

Es gab mehrere Möglichkeiten, einen Stoßzahn zu durchschneiden. Die direkteste Methode bestand ganz einfach darin, ihn mit Steinäxten durchzutrennen. Da es einfacher war, Elfenbein zu meißeln als mit Äxten zu zerlegen, konnte man auch eine kreisförmige Kerbe um den Elfenbeinzylinder meißeln. Wenn nur noch ein schmales Verbindungsstück

Der älteste bislang bekannte Kunstgegenstand vom Mammut ist dieses Stück von einem Backenzahn, den Neandertaler vor 100 000 Jahren bearbeitet hatten. Er wurde poliert, und eine Seite ist mit rotem Ocker bedeckt. Das Stück wurde in Tata bei Budapest gefunden.

übrig war, konnte man den Stoßzahn mit einem kräftigen Hieb zerbrechen, vielleicht indem man ihn einfach gegen einen Felsen schlug. Ein Stoßzahn konnte ebenso in seiner Längsrichtung aufgespalten werden. Die gröbste Methode bestand darin, mit einem zugespitzten Steinwerkzeug unregelmäßige Abschläge vom Stoßzahn abzutrennen. Wollte man regelmäßiger geformte Abschläge erhalten, dann schnitt man Längsrillen mit einem scharfkantigen Werkzeug aus Feuerstein, einem Stichel, bevor man den Abschlag abtrennte.

»Elfenbeinstücke, die zur weiteren Verarbeitung bestimmt waren, mußten mit Steinwerkzeugen aus den massiven, harten Stoßzähnen geschnitten werden«

Schwieriger war es hingegen, lange, dünne Elfenbeinstücke herauszulösen. Man konnte Techniken anwenden, die zuvor bei der Bearbeitung von Geweih erlernt worden waren. Dies wurde während der letzten Eiszeit nahezu durchgängig praktiziert, war aber einfacher als die Arbeitsprozesse, die das Elfenbein erforderte. Es war relativ einfach, auf einem Geweihschaft Längsrillen durch die harte äußere Schicht (die Kompakta) in das spongiose Innere (die Spongiosa) einzuarbeiten und dann den zwischen zwei Rillen stehenden Span zu entnehmen. Aber da das Elfenbein innen nicht weich war, mußte man die entsprechenden Stücke vollständig herausmeißeln. Der Bearbeiter mußte, nachdem er Längsrillen eingeritzt hatte, einen Streifen Elfenbein abtrennen, indem er vermutlich wie die heutigen Eskimos bei der Bearbeitung von Walroßelfenbein einen Meißel aus Knochen verwendete. Ein bemerkenswertes, nicht fertiggestelltes Stück vom russischen Fundort Elisejewitsch zeigt solche vorläufigen, flachen Einkerbungen auf der gesamten Länge des Stoßzahns.

Hatten die eiszeitlichen Künstler das Rohmaterial in Stücke oder Streifen zerlegt, dann gingen sie daran, aus dem Elfenbein eine beeindruckende Vielfalt von Werkzeugen, Statuetten und Schmuckstücken zu formen. Dabei kamen vielerlei Techniken zur Anwendung, unter anderem das Schnitzen, Schneiden und Gravieren.

In Meshiritsch stellte man Hacken – meißelähnliche Werkzeuge – her, indem man größere Stücke vom Stoßzahn an einem Ende abschrägte und eine Art kräftige Spatel schuf, mit der man beispielsweise Vertiefungen in den harten Boden graben konnte. Ebenso schärfte man schmale Elfenbeinspäne und fertigte damit Hieb- und Stichwaffen an. In Elisejewitsch stellte man einen 26 cm langen Dolch aus der Spitze eines Stoßzahns her, die man durch Schnitzen schärfte. Die Griffe solcher Werkzeuge waren oftmals mit eingravierten Fischgrätmustern versehen, um einen sicheren Halt zu gewährleisten.

Die Fundstätten in Mähren enthielten zahlreiche Werkzeuge aus Elfenbein, darunter einen Löffel aus Dolní Věstonice, der mit einem eingravierten geometrischen Motiv verziert war. Beim deutschen Fundort Kniegrotte stieß man auf einen flachen gravierten Gegenstand in Form einer Fußsohle und auf eine gleichfalls verzierte Harpune aus Elfenbein, die mit Widerhaken auf beiden Seiten versehen und in ihrer gesamten Länge mit Gravierungen geschmückt war. In Mezin fand man Elfenbeinnadeln mit Ösen.

Die Menschen der Eiszeit waren ebenso in der Lage, Elfenbein zu biegen beziehungsweise geradezurichten. Ein Kindergrab in Mal'ta in Mittelsibirien barg ein Diadem, das aus einem Reifen aus Elfenbein angefertigt worden war. Die eiszeitlichen, rund 25 000 Jahre alten Kindergräber von Sungir in Rußland enthielten zwei schwere Speere aus geradegebogenem Elfenbein, die 2,4 und 1,6 m lang waren. Es bleibt ein Rätsel, wie man sie herstellte, besonders wenn man bedenkt, wie stark die Mammutstoßzähne von Natur aus gekrümmt sind. Die wahrscheinlichste Lösung lautet, daß sie durch Wasserdampf erhitzt worden sind: Man legte die Stoßzähne vermutlich lange Zeit ins Wasser, bevor man sie über ein Feuer hielt und auf 120 °C oder mehr erhitzte. Dabei hielt man sie weiterhin feucht, um sie am Bersten zu hindern, wenn man ihre Form veränderte. In einem interessanten Experiment, das man vor ungefähr 50 Jahren ausführte, legte der russische Wissenschaftler Michail Gerassimow ein Stück Elfenbein für fünf Tage ins Wasser, wickelte es

Ein verschlungenes und offenkundig abstraktes Muster ist in die Spitze eines etwa 27 000 Jahre alten Stoßzahns eingraviert worden. Man fand ihn an der Freilandstätte Pawlow in Mähren. Einige Archäologen interpretierten die Gravierung als Berglandschaft, als Diagramm oder als Landkarte.

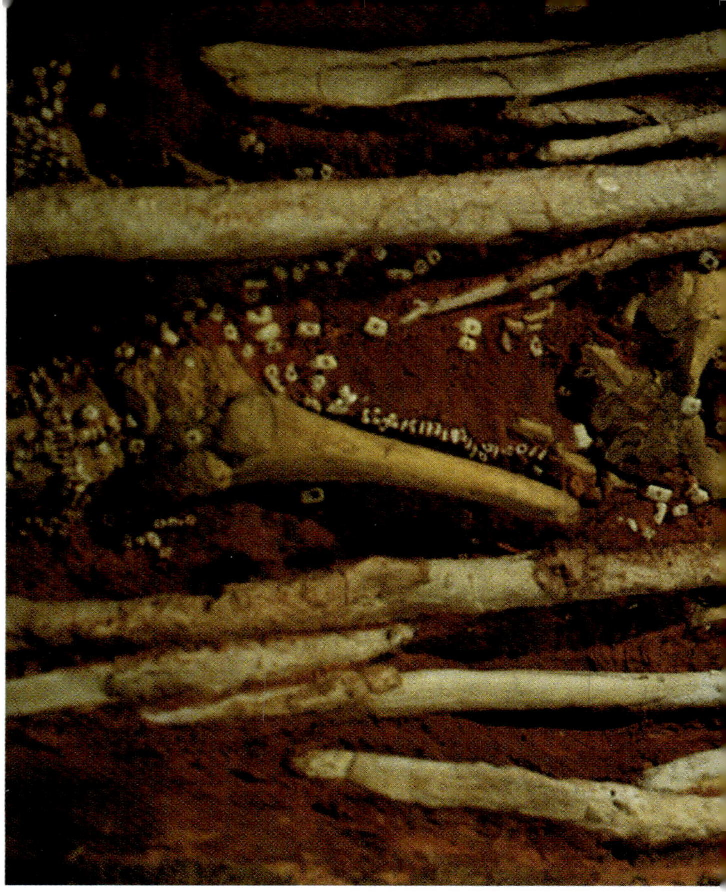

Der Leichnam eines Kindes in einem 25 000 Jahre alten Grab von Sungir in Rußland war von Gegenständen aus geschnitztem Elfenbein umgeben. Darunter befanden sich zahlreiche Perlen, eine Scheibe mit Speichen und ein Speer aus geradegebogenem Elfenbein, der längs neben dem Skelett lag.

dann in eine durchnäßte frische Tierhaut und legte es in die heiße Asche eines Lagerfeuers. Nach 1¾ Stunden war die Haut verkohlt und in Stücke gefallen, das Elfenbein hingegen war extrem heiß. Während des Abkühlens konnte man es leicht mit einem Messer aus Feuerstein schnitzen, und die dünnen Streifen waren elastisch genug, um gebogen werden zu können. Die Eskimos von Sibirien und Alaska haben eine andere Methode entwickelt, um Knochen und Elfenbein zum Schnitzen weich zu machen: Sie legen sie in Urin.

Mit ähnlichen Techniken könnte man den Bumerang hergestellt haben, den man in der polnischen Höhle Oblazowa entdeckte. Er hat eine Spannweite von insgesamt 70 cm, ist bis zu 6 cm breit und 1,5 cm dick. Auf der einen Seite hatte man die äußere, konvexe Krümmung des Stoßzahns beibehalten, die andere hatte man dagegen ganz flach poliert. Auf diese Weise entstand eine elegante, aerodynamische Tragfläche mit dünnen, sich verjüngenden Kanten.

Experimenten mit einer Nachbildung zufolge glich dieser Bumerang den Waffen, die die heutigen australischen Ureinwohner einsetzen, um Beutetiere zu betäuben oder zu töten. Die Waffe war nicht darauf angelegt, daß sie zum Werfer zurückkehrte – bei Exemplaren, wo dies der Fall ist, handelt es sich eher um Spielzeuge als um Waffen. Allein die Existenz dieses einzigartigen Gegenstands aus Elfenbein ist für unsere Kenntnis der eiszeitlichen Jagdmethoden von grundlegender Bedeutung. Denn diese todbringenden Wurfstöcke konnten bis zu 200 m weit geworfen werden, viel weiter, als ein Jäger einen Speer oder einen Stein werfen konnte.

»Die Leichname von Kindern, die man in Sungir begraben hatte, waren jeweils mit rund 3500 Perlen aus Mammutelfenbein geschmückt worden«

Die Grabbeigaben von Sungir bestanden neben den beiden bemerkenswerten Elfenbeinspeeren aus zahlreichen weiteren Elfenbeinartefakten. Insgesamt waren es drei Leichname: ein 60jähriger Mann in einem Grab sowie zwei Kinder im Alter von 8 und 13 Jahren, die Kopf an Kopf in einem anderen Grab beigesetzt worden waren. Um sie herum waren Elfenbeinstäbe, Dolche, lange Pfriemen, kleine Schnitzereien (darunter ein flaches, durchbohrtes Pferd aus Elfenbein) sowie zwei Rondelle (durchlochte Scheiben) aus Elfenbein gelegt worden. Um die Oberarme des Mannes waren elfenbeinerne Armreife angebracht worden, die Löcher hatten, um sie zusammenschnüren zu können (wie beim Armreif von Mezin, siehe S. 115). Jeder Leichnam war mit rund 3500 Perlen aus Mammutelfenbein geschmückt, die in Reihen über die Stirn, den Körper, die Arme und Beine hinab und um die Fußknöchel angeordnet waren. Vermutlich waren diese Perlen auf Sehnen aufgezogen, die man dann an Kleidungsstücken befestigt hatte; letztere sind freilich zerfallen.

Schätzungen zufolge brauchte man etwa 45 Minuten, um eine solche Sungir-Perle anzufertigen, einschließlich dem Herausschneiden aus dem Stoßzahn, der Formgebung und dem Bohren des Loches. Dies bedeutet, daß man für die Perlen eines jeden Leichnams 2625 Stunden Arbeitszeit verwendet hatte. Die standardisierte und einheitliche Form dieser Gegenstände legt nahe, daß sie von einer begrenzten Anzahl von Personen hergestellt worden sind.

In Westeuropa fand man weit mehr Elfenbeinperlen an Siedlungsplätzen als an Begräbnisstätten. Im südfranzösischen Abri Blanchard wurden Serien von runden, korbähnlichen Perlen in unterschiedlichem Bearbeitungszustand ausgegraben; ihr Alter beläuft sich auf etwa 30 000 Jahre. Anhand dieses Fundes kann man eindeutig die Arbeitsabläufe rekonstruieren: Kleine, bis zu 10 cm lange Stäbe aus Elfenbein wurden rundherum eingeschnitten, in Stücke gebrochen und paarweise sortiert. Dann bearbeitete man sie zu

Der älteste Bumerang der Welt wurde vor mindestens 18 000 Jahren aus Mammutelfenbein angefertigt. Man fand ihn 1987 in der Höhle Oblazowa in Polen. Entgegen der landläufigen Auffassung kommen diese tödlichen gekrümmten Wurfstöcke nicht nur in Australien vor. Bumerangs aus Holz entdeckte man auch in prähistorischen Fundstätten in den Niederlanden, in Jütland sowie in ägyptischen Grabanlagen. Dieser Bumerang hier ist jedoch das einzige bekannte Exemplar aus Elfenbein.

einer Hantelform, bevor man sie durchbohrte und für die abschließende Formgebung und Politur zur Seite legte.

Allein wenn man bedenkt, wie grob die meisten steinzeitlichen Werkzeuge waren, dann ist die Herstellung elfenbeinerner Werkzeuge, Waffen und Perlen schon beeindruckend genug. Aber insbesondere die von prähistorischen Schnitzern angefertigten Statuetten und Figürchen – vor allem die »Venus«-Darstellungen – zeigen, daß sie nicht einfach nur bemerkenswerte Kunstgegenstände schufen, sondern über eine geradezu verblüffende Kunstfertigkeit verfügten.

»Viele der bemerkenswerten Schnitzereien der Vorgeschichte wurden aus Mammutelfenbein hergestellt«

Elfenbein kann mit Leichtigkeit entlang der Faserung, aber nicht quer dazu graviert werden. Wenn man die oberflächliche Elfenbeinschicht abkratzte, konnte man einen Entwurf anfertigen, der sich vom Hintergrund abhob – wie bei einer Kamee –, und auf diese Weise formte man Figuren. Völlig dreidimensionale Figürchen wurden ebenfalls schon zu einem frühen Zeitpunkt aus Elfenbein hergestellt: Einige der frühesten bekannten Kunstgegenstände der Eiszeit sind Statuetten aus Elfenbein, die aus einer Reihe von Fundplätzen in Südwestdeutschland stammen. Dazu zählen die Darstellungen von Tieren und Menschen aus Vogelherd sowie die Bruchstücke zweier Mammuts aus dem Geissenklösterle. Die spielerische Grazie des Pferdes vom Vogelherd (nächste Seite unten, 2) das rund 30000 Jahre alt ist, verweist darauf, daß zuvor bereits eine lange Tradition der Elfenbeinschnitzerei bestanden haben muß.

Zu dem reichhaltigen Bestand an Figürchen in Frankreich zählen auch ein zierlicher kleiner Frauenkopf von Brassempouy, die Venus-Statuette von Lespugue, deren Arme auf den großen Brüsten ruhen, eine außergewöhnlich

»Venus«-Figürchen

Mit Ausnahme einiger weniger Darstellungen, bei denen es sich eindeutig um Männer handelt, werden in den meisten eiszeitlichen Schnitzereien, die den Menschen zum Gegenstand haben, Frauen abgebildet. Mehrere dieser äußerst charakteristischen Statuetten sind korpulente Frauen mit gewaltigen Brüsten und einem ausladenden Gesäß. Ein typisches Beispiel hierfür ist das links abgebildete Figürchen von dem russischen Fundort Avdeevo. Es ist 10 cm hoch und stammt aus einer Reihe von Darstellungen, die auf etwa 22000 Jahre datiert wurden. Als man in den sechziger Jahren des 19. Jahrhunderts die ersten Schnitzereien dieser Art fand, bezeichnete man sie als »Vénus impudique«, als schamlose Venus, und dieser anachronistische Name ist allen diesen Figuren verblieben. Nicht alle weisen dagegen solche übertriebenen Proportionen auf: Viele Frauen sind normal wiedergegeben, und zwar in jedem Lebensabschnitt eines Erwachsenen.

Während es in Westeuropa nur eine Handvoll aus Elfenbein geschnitzter Venus-Figürchen gibt – man verwendete hierfür gewöhnlich Stein –, gebrauchte man in Mittel-, insbesondere aber in Osteuropa und Sibirien hauptsächlich Mammutelfenbein. Man fand diese Schnitzereien aus Elfenbein über eine Entfernung von rund 3000 km, von Südwestfrankreich bis Rußland. Dann tut sich eine Lücke von 5000 km auf, bevor die nächsten sibirischen Exemplare erscheinen.

Bei den eiszeitlichen Menschendarstellungen tauchen Einzelheiten wie Augenbrauen, Nasenlöcher, Finger, Näbel und Brustwarzen im allgemeinen kaum auf. Die Arme sind bei den Venus-Figürchen gewöhnlich an den Körper angelegt; sie ruhen entweder auf den Brüsten oder auf dem Bauch. Abgesehen von den Darstellungen aus Sibirien haben nur wenige Statuetten Gesichtszüge. Eine Anzahl östlicher Statuetten – zum Beispiel aus Avdeevo und Kostenki – scheinen Armreife zu tragen; Kleider hingegen können selten eindeutig nachgewiesen werden, obwohl man gelegentlich Gürtel vorfindet.

Während die meisten Exemplare in Westeuropa aus Höhlen und von Abris stammen, findet man sie im Osten in Freilandsiedlungen. Sie scheinen in den Behausungen eine besondere Rolle gespielt zu haben. Vollständige Frauenfigürchen sind oftmals in eigens dafür angefertigten Gruben im Hüttenboden gefunden worden. Eine 1983 in Kostenki entdeckte, rund 23000 Jahre alte Figur stand beispielsweise senkrecht in einer kleinen Vertiefung mit Blick auf das häusliche Geschehen und die Feuerstellen; die Grube war mit einer Mischung aus Erdreich und rotem Ocker aufgefüllt und mit dem Schulterblatt eines Mammuts zugedeckt. Russische Archäologen interpretieren solche Statuetten des öfteren als Mutter- oder Ahnenfiguren, auch als Gebieterinnen des Hauses.

Bei diesem kleinen, 8 cm großen nackten Figürchen aus Mammutelfenbein ist der Blick einer Frau vor 23 000 Jahren festgehalten worden. Man fand es innerhalb einer Wohnstätte in Mal'ta. Sibirische Figürchen zeichnen sich durch die detaillierte Wiedergabe des Haares und der Gesichtszüge aus.

schöne Pferdedarstellung aus Lourdes sowie zwei Rentiere aus Bruniquel. Aus Mähren in der Tschechischen Republik stammen der weithin bekannte Kopf von Dolní Věstonice sowie das Mammut von Předmostí (siehe S. 98). Die zahlreichen russischen und sibirischen Figürchen umfassen auch viele Frauenstatuetten und stilisierte Vögel, von denen mehrere mit kunstreich gearbeiteten geometrischen Mustern verziert sind.

Die Funde von Kostenki und anderen Stätten vermitteln eine Vorstellung davon, wie die russischen Figürchen hergestellt wurden. Sie sind so zahlreich, daß man sie in jedem Bearbeitungszustand antreffen kann – von der Rohform bis zu vollendeten, auf Hochglanz polierten Kunstgegenständen. Um eine Figur anzufertigen, mußte man wahrscheinlich zuerst ein Stück aus dem Stoßzahn herausbrechen, indem man zwei tiefe Kerben in das Elfenbein schnitt. Dann schliff man mit Sandstein den groben Umriß zurecht und schnitzte mit einem Stichel oder einem anderen scharfkantigen Werkzeug die Beine und die weiteren Einzelheiten. Das fertiggestellte Stück ist dann vermutlich mit Lederriemen poliert worden; wenn man jedoch das Figürchen über einen längeren Zeitraum in den Händen drehte und wendete, dann konnten die unvermeidlichen Spuren, die die mühselige und zeitaufwendige Elfenbeinschnitzerei hinterließ, auch so durch Glätten beseitigt werden.

Dieser daumengroße Kopf aus Elfenbein, den man in Dolní Věstonice in Mähren fand, ist ungefähr 24 400 Jahre alt. Die ausgearbeitete Haartracht gab Anlaß zu der Vermutung, daß es sich hier um eine Frau handelt; sicher ist dies hingegen nicht.

Das Mammutelfenbein in der Neuzeit

Man kann die Bedeutung, die das Mammut für die prähistorischen Menschen in einigen Bereichen Mittel- und Osteuropas besaß, schwerlich überschätzen: Tatsächlich scheint die Besiedlung bestimmter Gebiete nahezu vollständig davon abhängig gewesen zu sein, ob dieses Tier dort vorkam oder nicht. Man verwendete seine Knochen als Baumaterial und Brennstoff sowie zur Herstellung von Werkzeugen und sogar von Musikinstrumenten, während man aus den Stoßzähnen elfenbeinerne Werkzeuge, Schmuck, Kunstobjekte und kultische Gegenstände schuf. Selbst nachdem die Mammuts ausgestorben waren, beutete man das Mammutelfenbein weiterhin aus; noch nach Jahrtausenden ist es in Verwendung. Sogar heute trägt es zum Lebensunterhalt für kleine Gemeinschaften von Kunsthandwerkern bei.

Fossiles Elfenbein wird in chinesischen Schriften aus dem 4. Jahrhundert vor unserer Zeitrechnung erwähnt, und es wurde vermutlich bereits zur selben Zeit nach China eingeführt. Man kennt Berichte aus dem 10. Jahrhundert über Ausfuhren von Elfenbein aus Rußland nach Zentralasien und Europa. Der Thron des Mongolenkhans Kuyuk (1206– 1248), eines Enkels von Dschingis Khan, soll angeblich aus

1

2

3

Ein ungefähr 25 000 Jahre altes Grab in Brno (Mähren) barg eine einzigartige Puppe aus Elfenbein. Kopf, Arme und Beine waren wie bei einer Marionette einst eindeutig am Körper befestigt. Die Puppe ist 13 cm groß.

Mammutelfenbein angefertigt worden sein.

Das erste nach Westeuropa verbrachte fossile Elfenbein war, soweit wir wissen, ein von Samojeden in Sibirien gekaufter und im Jahre 1611 nach London transportierter Stoßzahn. Nachdem Sibirien von Rußland 1582 erobert worden war, wurde das Elfenbein zu einem ganz gewöhnlichen Gebrauchsgegenstand, und die Zaren versuchten in den Besitz des Handelsmonopols mit Elfenbein zu kommen. Seit der Mitte des 18. Jahrhunderts expandierte die sibirische Elfenbeinindustrie beträchtlich, wie aus den Statistiken eindrucksvoll hervorgeht. So kehrte beispielsweise ein einziger Sammler von den Neusibirischen Inseln im Jahre 1821 mit 8165 kg Elfenbein – dies entspricht den Stoßzähnen von 50 Tieren – zurück. In der ersten Hälfte des 19. Jahrhunderts wurden in Jakutsk Jahr für Jahr 16330 kg Elfenbein verkauft, wozu man noch kleinere, in anderen Städten verkaufte Mengen hinzuzählen muß. Einige Verfasser erwähnen große, mit Elfenbein beladene Boote auf der Lena, und man hat geschätzt, daß während der ersten 250 Jahre nach der russischen Eroberung die Stoßzähne von mindestens 46750 Tieren ausgegraben worden sein müssen und daß man in späteren Jahren jeweils die Stoßzähne von 250 Tieren im Durchschnitt benötigte, um den Bedarf zu decken. Im 19. Jahrhundert war das Mammutelfenbein eine bedeutende Rohstoffquelle für Billardbälle, Klaviertasten und zahlreiche Schmuckgegenstände wie Kästchen, Kämme und Figürchen.

Sibirien wurde einst als unerschöpfliches Vorratslager für dieses »weiße Gold« angesehen; aber diese Ressourcen sind nicht zu erneuern und müssen daher geschützt werden. Die Einheimischen behaupten jedoch, daß die Vorräte für die industrielle Verwertung ausreichen – in manchen Schätzungen ist davon die Rede, daß immer noch 10 Millionen Mammuts im Dauerfrostboden Sibiriens begraben liegen.

MAMMUTS ALS LETZTE RETTUNG?

In den letzten Jahren ist das Mammutelfenbein aufgrund des Verbots, mit Elefantenelfenbein zu handeln, wieder in den Vordergrund gerückt. Wenn es weltweit tatsächlich so viel Mammutelfenbein gibt, könnte es dann nicht dazu dienen, die heutigen Verwandten des Mammuts vor der Ausrottung zu bewahren? Seine Bedeutung für viele Elfenbeinschnitzer der Gegenwart ist ja unbestritten.

»Ungefähr 10 Millionen Mammutkadaver könnten im Dauerfrostboden Sibiriens begraben liegen«

So hat sich die im hessischen Odenwald gelegene Kleinstadt Erbach beispielsweise seit 1783 auf die Elfenbeinschnitzerei spezialisiert. In jenem Jahr führte der »Elfenbeingraf« Franz I. dieses Kunsthandwerk in die Gemeinde ein. Er eröffnete außerdem für die Knochenschnitzer und Holzdrechsler dieser Region eine Werkstatt in seinem Palast, die eigens diesem Zweck gewidmet war und das wirtschaftliche Los dieser Handwerker verbessern helfen sollte. Seitdem ist Erbach das Zentrum für Elfenbeinschnitzerei in Deutschland; seine geschnitzten Schmuckstücke, Armreife, Kästchen und Siegel haben internationales Renommee.

Auf der Grundlage der Lausanner Konferenz untersagen die Gesetze der einzelnen Länder seit Juni 1989 den Kauf von Stoßzähnen heute lebender Elefanten. Damit ist der Lebensunterhalt dieser Kunsthandwerker gefährdet: Die verbliebenen 30 Schnitzer von Erbach – einst waren es 1500 gewesen – benötigten immer noch 1½ Tonnen Elefantenelfenbein pro Jahr, also zwischen 200 und 300 Stoßzähne. Sie konnten nicht wie der Klavierhersteller Steinway in Hamburg einfach von Elfenbein zu Plastik überwechseln. Da rief der

4

Viele aus Mammutelfenbein geschnitzte prähistorische Gegenstände zeugen von großer Kunstfertigkeit und einem bemerkenswert entwickelten Gespür für Formgebung. In den breiten, rund 15 000 Jahre alten Armreif von Mezin (1) ist ein Fischgrätmuster eingetragen, während man das Elfenbeinplättchen aus Mal'ta (Sibirien) mit spiralförmig angeordneten Punkten, die vielleicht eine Art Kalender darstellen könnten, verziert hat. Das Elfenbeinpferd aus dem Vogelherd (2) ist weniger als 5 cm lang; es ist etwa 30 000 Jahre alt und zählt damit zu den ältesten Skulpturen der Welt. Der winzige Anhänger von Dolní Věstonice (4) ist ungefähr 22 400 Jahre alt und nur 2,5 cm hoch. Das hier gezeigte Exemplar ist eines von acht Gegenständen, die stilisierte Brüste oder Hoden darstellen könnten.

Die Entdeckung eines Mammutstoßzahns in den Flüssen und tauenden Dauerfrostböden Sibiriens kann sich für den Finder bezahlt machen. Ein einziger Stoßzahn bringt heute bis zu 1000 US-Dollar und mehr ein.

Bürgermeister der Stadt die Vorräte an Mammutelfenbein in Sibirien in Erinnerung: Die Mammuts waren ausgestorben, folglich handelte es sich hier um keine bedrohte Tierart. Die erste Lieferung aus Jakutien mit mehr als einer Tonne Elfenbein traf 1990 auf einem Lastwagen ein.

»Das Mammutelfenbein hat den Lebensunterhalt der traditionellen Elfenbeinschnitzer sichergestellt«

Mittlerweile verzeichnet Jakutien einen beträchtlichen Ausstoß an Schnitzereien aus Mammutelfenbein, sowohl für den Touristenmarkt vor Ort als auch für den Export. Ein ähnlicher Gewerbezweig hat sich in Alaska entwickelt.

Mammut- und Elefantenelfenbein sind leicht unterschiedlich gefärbt. Das Mammutelfenbein ist gewöhnlich nicht strahlend weiß, sondern cremefarben oder braun mit einer etwas gröberen Gewebestruktur. Einige japanische Elfenbeinkunstschnitzer, die 1988 106 Tonnen Stoßzähne vom Afrikanischen Elefanten für Klaviertasten und für den persönlichen Gebrauch bestimmte Siegel importierten, äußerten sich enttäuscht über das Mammutelfenbein: Es sei von dürftiger Qualität und bekomme leicht Risse. Andererseits sind über die Jahrhunderte hinweg in Rußland auserlesene und kunstvolle Schnitzereien aus Mammutstoßzahn hergestellt worden, die einen Vergleich mit Gegenständen aus Elefantenelfenbein nicht zu scheuen brauchen. Die Umstellung auf das Mammutelfenbein hat sich in Erbach bislang als Erfolg erwiesen. Das Interesse an diesen Gegenständen ist gestiegen und hat die Verkaufszahlen in die Höhe getrieben. Mit der weltweit zunehmenden Nachfrage nach Mammutelfenbein ist allerdings auch der Preis gestiegen, und so werden die Kadaver zwangsläufig allein um ihrer Stoßzähne willen geplündert, während man den Rest einfach sich selbst überläßt. So sind die wertvollen Hinterlassenschaften von einem ausgestorbenen Tier, die die Wissenschaftler mit unschätzbaren Informationen versorgen könnten, in noch größerem Maße als je zuvor verloren.

Die Ersetzung von Elefantenelfenbein durch Mammutelfenbein birgt noch ein weiteres Problem. Im Jahre 1990 wurden in den amerikanischen Importhäfen Tausende von Gegenständen aus Elfenbein beschlagnahmt. Wie sich herausstellte, bestanden rund 95 Prozent davon aus Mammutelfenbein. Es ist verhältnismäßig einfach, Elfenbein von Knochen oder Walroßstoßzähnen zu unterscheiden, da es allein eine kreuzweise schraffierte Maserung besitzt. Es kann jedoch Schwierigkeiten bereiten, helles Mammutelfenbein vom Elfenbein heutiger Elefanten zu unterscheiden, zumal wenn es sich um Schnitzereien handelt. Eine genaue

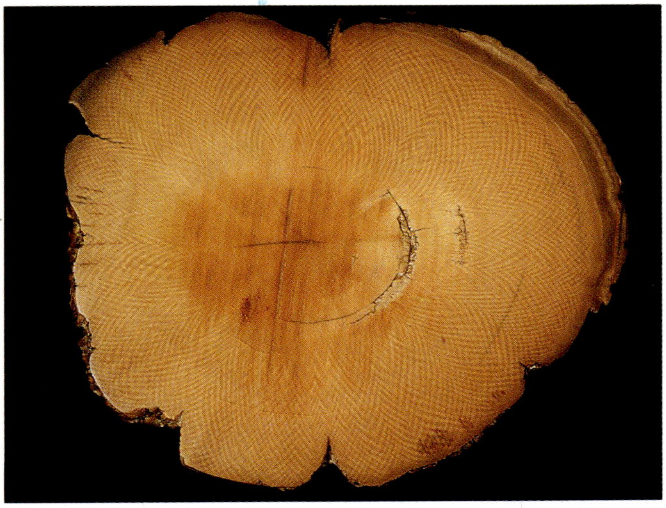

Der Querschnitt durch einen Mammutstoßzahn enthüllt die charakteristische Kreuzschraffur des Elfenbeins. Im Unterschied zum Elfenbein heutiger Elefanten ist das Mammutelfenbein oft honigfarben, obwohl hellweiße Stoßzähne ebenfalls vorkommen.

Eine ununterbrochene Tradition des Mammutelfenbeinschnitzens verbindet die Vorgeschichte mit der Neuzeit. Diese Schatulle aus dem 19. Jahrhundert ist ein typischer Bestandteil aus der breiten Palette von Elfenbeinprodukten in Jakutien. Dort hat dieses Kunsthandwerk bis zum heutigen Tag überlebt.

Analyse (zum Beispiel eine mikroskopische Untersuchung und die Radiokarbondatierung) ist teuer und zeitaufwendig; aber ansonsten könnten ganze Schiffsladungen aus angeblichem Mammutelfenbein – das tatsächlich von gewilderten Elefanten stammt – ungeprüft durchs Netz schlüpfen. Man kann von den Zollbeamten nicht erwarten, daß sie die Gegenstände identifizieren können; nur ein Fachmann ist in der Lage, Mammut- und Elefantenelfenbein auseinanderzuhalten. So könnte das Mammut – weit entfernt davon, seinen modernen Verwandten zu retten – unbeabsichtigt dazu beitragen, daß die Elefanten auch weiterhin gewildert werden, da der Handel mit Elfenbein fortbesteht und der Schmuggel von Elefantenelfenbein damit maskiert werden könnte.

Moderne Gegenstände aus Mammutelfenbein

Die Kunst, Mammutelfenbein zu schnitzen, kann in Rußland auf eine lange Tradition zurückblicken – sowohl Peter der Große als auch Katharina die Große betrieben es zum Zeitvertreib. Gegenwärtig nimmt sie in Rußland einen neuen Aufschwung: Figürchen und Schmuck aus Elfenbein sind beliebte Souvenire für Touristen.

WARUM STARBEN DIE MAMMUTS AUS?

Vor 25000 Jahren lebten die Mammuts in einem riesigen Gebiet, das Europa, Asien und Nordamerika umfaßte und sich über Millionen von Quadratkilometern erstreckte. Vor 10000 Jahren dagegen waren sie vollständig von der Erdoberfläche verschwunden, mit Ausnahme einer kleinen Gruppe, die einige tausend Jahre später auf einer entlegenen sibirischen Insel ausstarb. Was waren die Ursachen für das Ableben der einst weitverbreiteten Mammuts? Man hat verschiedene Erklärungen vorgebracht, unter anderem die offenkundige Einflußnahme seitens der Menschen und die entscheidenden Veränderungen der Umweltbedingungen. Nur wenn man die Befunde analysiert und sorgsam gegeneinander abwägt, kann man eine überzeugende Erklärung dafür finden, warum die Mammuts nach vier Millionen Jahren der Evolution schließlich ausstarben.

Dieses prächtige, zottige Mammut ist Bestandteil des Schwarzen Frieses mit mehreren Mammuts in der südfranzösischen Höhle Pech-Merle. Innerhalb weniger Jahrtausende ist dieser vertraute Bewohner der eiszeitlichen Welt für immer verschwunden.

 Der Anteil des Klimas am Aussterben der Mammuts

In dieser Szene – sie spielt in Deutschland vor 12000 Jahren – klammern sich die letzten Mammuts an die verbliebenen Grasgebiete. Als das Klima wärmer und feuchter wurde, verringerten die sich ausbreitenden Birkenwälder nach und nach die Lebensräume der Mammuts und verursachten damit, der Klima-Theorie zufolge, deren Ausrottung.

Die heutigen Afrikanischen Elefanten tragen zur Erhaltung ihrer Savannengebiete bei, indem sie Bäume zerstören und so die Ausbreitung von Wald verhindern. Unter günstigen Umständen hätten die Mammuts ihre Steppen und Parklandschaften in ähnlicher Weise vor Veränderungen bewahren können. Aber sie waren nicht in der Lage, die unerbittlich fortschreitende Ausdehnung des Waldes aufzuhalten, die durch die klimatische Erwärmung am Ende der letzten Eiszeit verursacht wurde.

vor 13000 Jahren

vor 11000 Jahren

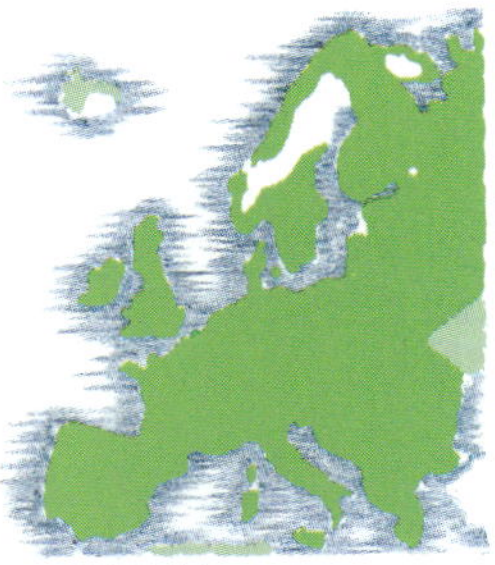

vor 9000 Jahren

Als sich das Eis zurückzog (weiß), verbreiteten sich Wälder (dunkelgrün) von Osten und Süden her über Europa und traten an die Stelle der Mammutsteppe (hellgrün). Obwohl es vor 12000 Jahren noch Steppenhabitate gab, waren sie verstreut und verschlechterten sich ständig. Sie reichten daher vermutlich nicht aus, um überlebensfähige Mammutpopulationen zu versorgen.

Es gibt einige Hinweise, daß die Mammuts kleiner wurden, als sich die Ernährungssituation verschlechterte. Dies gilt beispielsweise für die Funde von Berelech in Ostsibirien und die Mammutpopulation an der Seva im europäischen Teil Rußlands, die jeweils weniger als 14000 Jahre alt sind und maximal 2,4 m groß waren. Dieses Phänomen ist allerdings nicht überall zu beobachten: Die jüngeren Skelette von Condover in England und Praz Rodet in der Schweiz haben eine normale Größe.

 Der Anteil der Jagd am Aussterben der Mammuts
Südliches Nordamerika vor ungefähr 11 000 Jahren: Ein Mammut ist in eine Grubenfalle geraten. Die in historischer Zeit erfolgten Elefantenjagden in Afrika und Indien haben gezeigt, daß Grubenfallen ein sehr wirksames Mittel sind, um ein großes Tier bewegungsunfähig zu machen. Allerdings verfügen wir nur über wenige archäologische Zeugnisse, die belegen, daß die Menschen der Vorzeit Mammuts jagten.

Grubenfallen könnten auf Wanderpfaden von Mammuts angelegt und unter Zweigen und Strauchwerk versteckt worden sein. Wenn die Ränder nachgiebig und rutschig waren und die Grubenwände zum Boden hin aufeinander zuliefen, wurden die Beine des Tieres zusammengepreßt, und es war hilflos den Waffen der Jäger preisgegeben.

Sogenannte Clovis-Spitzen, fein gearbeitete Speerspitzen aus Stein, wurden auf langen Holzschäften mit Pech und Sehnen befestigt. Es waren sehr wirksame Waffen, die sogar noch bei einer Wurfweite von 20 m durch dicke Haut dringen konnten. Moderne Nachbildungen von Clovis-Spitzen, die auf 2 m langen Holzschäften montiert waren, konnten, wie Experimente an bereits tödlich verwundeten Elefanten in Afrika gezeigt haben, tief in den Rücken und den Brustkorb der Tiere eindringen. Solange die Spitzen nicht auf eine Rippe trafen, blieben sie unbeschädigt und konnten wiederverwendet werden.

Die russische Höhle Ignatievka im Südural enthält mehrere Mammutdarstellungen. Unter einem gemalten Mammut (rechts) ist ein eigenartiges Motiv zu erkennen, das als ein auf das Tier gerichtetes Geschoß interpretiert werden könnte; ungefähr 60 cm darunter befindet sich ein zweites solches Zeichen. Das Mammut selbst ist ungefähr 23 cm lang.

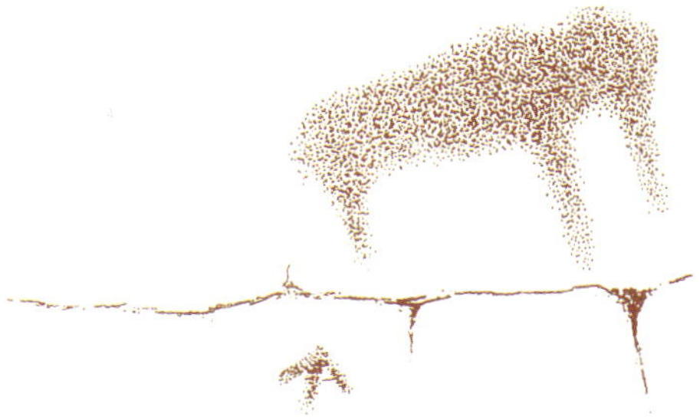

Eine Felszeichnung in der Ndedema-Schlucht in Südafrika (links) zeigt einen Zulu-Jäger, der einem Elefanten gerade die Beinsehnen durchtrennen will. Da er eine Eisenaxt in der Hand hält, kann das Bild nicht älter als 2000 Jahre sein. In Afrika und Asien wurden Elefanten ursprünglich nicht in größerer Zahl bejagt. Dies änderte sich erst im 19. Jahrhundert, als sich der Elfenbeinhandel verbreitete.

Mit dem Mammut starben zwei Tierarten ungefähr zur selben Zeit aus: das wollhaarige Mammut *Mammuthus primigenius*, das in der nördlichen Hemisphäre verbreitet war, und das Nordamerikanische Mammut *M. columbi*. Das Verlöschen der Mammuts war Teil eines umfassenden Prozesses, in dessen Verlauf viele große Säugetiere verschwanden. Er setzte vor ungefähr 40000 Jahren ein und erreichte vor 12000–10000 Jahren seinen Höhepunkt. Eine schlüssige Erklärung dieses Phänomens muß alle verschwundenen Tierarten, nicht nur die Mammuts, mit einbeziehen.

»Zahlreiche andere große Säugetiere starben ungefähr zur selben Zeit wie die Mammuts aus«

Das Aussterben großer Säugetiere in der späten Eiszeit war das jüngste in einer Reihe von Massensterben, die der Fossilüberlieferung zufolge im Laufe der Erdgeschichte immer wieder stattgefunden haben. Das bekannteste Beispiel ist das Verschwinden der Dinosaurier, Seereptilien und anderer Lebewesen vor etwa 65 Millionen Jahren. Man hat viele Theorien bemüht – von einem Meteoriteneinschlag bis zu extremen Dürrezeiten –, um das Aussterben der Dinosaurier zu erklären. Diese heiß umstrittenen Theorien beziehen sich auf Ereignisse in sehr entfernter Zeit. Das Verschwinden der Mammuts und anderer Lebewesen der Eiszeit hat sich dagegen in größerer zeitlicher Nähe zu uns zugetragen. Wir verfügen daher über mehr detaillierte Informationen und haben bessere Chancen, all jene Faktoren zu bestimmen, die dem jüngsten Massensterben zugrunde lagen.

Wenn man die Ursache für das Verschwinden der Mammuts verstehen will, so ist es unerläßlich, zuallererst so genau wie möglich herauszufinden, wann es stattgefunden hat und was zu dieser Zeit in der Welt geschehen ist. Die wichtigste Technik, um das Aussterben zeitlich einzuordnen, ist die Radiokarbondatierung. Sie gibt – innerhalb einer gewissen Fehlerquote – an, zu welcher Zeit ein ganz bestimmtes Tier gelebt hat. Radiokarbondaten von den jüngsten Mammutfossilien rund um die Welt haben ergeben, daß die Mammuts nicht überall genau zur selben Zeit ausstarben. In Eurasien sind die am weitesten südlich lebenden Populationen, zum Beispiel in China, bereits vor etwa 20000 Jahren ausgestorben. In Europa und vermutlich auch im größten Teil des sibirischen Verbreitungsgebiets sind die

DAS WELTWEITE AUSSTERBEN GROSSER SÄUGETIERE

Vor 40000–10000 Jahren starben viele größere Säugetiere auf der ganzen Welt aus. Nordamerika verlor rund 40 Tierarten oder 70 % des gesamten Bestands an großen Säugetieren. Neben den Mammuts zählen hierzu verschiedene Arten von auf dem Boden lebenden Faultieren, Kamelen, Hirschen und Raubkatzen. In Südamerika verschwanden 80 % der großen Säugetiere, einschließlich der Pferde, Gürteltiere und Riesennagetiere. In Australien starben über 40 Arten – 90 % des Gesamtbestands – aus, so unter anderem die Riesenkänguruhs, Riesenwombats und jene Beuteltiere, die Nashörnern und großen Katzen glichen. In Europa und Nordasien gab es nicht so viele große Säugetiere, aber neben dem Mammut starben doch das Wollnashorn, der Höhlenbär und der Riesenhirsch aus.

Unter den Tierarten, die in dieser Zeit verschwanden, befanden sich fast ausschließlich Säugetiere mit einem Körpergewicht von 40 kg und mehr; je größer die Tierart war, um so gefährdeter war sie. So starben in Eurasien und Nordamerika alle Tierarten mit einem Gewicht von einer Tonne und mehr aus. Bei den Tieren mittlerer Größe – Hirschen, Antilopen und dergleichen – starben einige Arten aus, während andere überlebten. Die kleinsten Arten – Mäuse, Spitzmäuse usw. – überlebten fast alle.

Mammuts vor 12000 Jahren verschwunden, obwohl hier und da noch einzelne Gruppen bis zu tausend Jahre lang überlebten.

Unter den jüngsten Überresten in Europa befinden sich die Skelette von Condover in England und Praz Rodet in der Schweiz, die jeweils etwa 12000 Jahre alt sind. Der Mammut-»Friedhof« von Berelech in Ostsibirien wurde dagegen ungefähr zur selben Zeit mit neuem Knochenmaterial beliefert, also setzte in diesem Gebiet das Aussterben während dieses Zeitraums ein. Die letzten Mammutpopulationen des Kontinents lebten in den nördlichsten Bereichen Sibiriens, wo sie bis vor 10000 Jahren überlebten. Folglich scheint in Eurasien das Verbreitungsgebiet im Laufe der Zeit in nördliche Richtung geschrumpft zu sein, bevor es schließlich endgültig verschwand.

In Nordamerika deuten die jüngsten Daten vom wollhaarigen Mammut darauf hin, daß es bis vor etwa 11000 Jahren lebte. Daten für *M. columbi* legen dagegen nahe, daß sein Habitat bereits vor 12000 Jahren schrumpfte, es sich aber in einigen Gebieten länger behaupten konnte: Vor 10600 Jahren kam es noch in Dent (Colorado) und in Big Bone Lick (Kentucky) vor.

Man hat verschiedene Theorien vorgebracht, um das Verschwinden der Mammuts und anderer Säugetiere gegen Ende der Eiszeit zu begründen. Die einzigen beiden Erklärungsmodelle, die gegenwärtig ernsthaft miteinander konkurrieren können, sind zum einen die Veränderungen in Klima und Vegetation und andererseits die Einflußnahme der Menschen. Aus der zeitlichen Einordnung des Mammutsterbens ergibt sich, daß die Ursachen hierfür unmittelbar vor und während des Zeitraums vor 12000–10000 Jahren gesucht werden müssen. Nun haben sich aber genau zu dieser Zeit zwei grundlegende, weltweite Umwälzungen zugetragen: Als erstes fanden dramatische Veränderungen in Klima und Vegetation statt, als sich die letzte Eiszeit ihrem Ende zuneigte. Zum zweiten nahmen die Menschen rapide an Zahl zu und entwickelten verschiedene neue Technologien, unter anderem auch auf dem Gebiet der Jagd. Der Umstand, daß diese beiden möglichen Ursachen zeitlich zusammenfielen, macht den Sachverhalt noch komplizierter und das Aussterben noch geheimnisvoller. Andererseits jedoch wird das Problem dadurch um so faszinierender und birgt vielleicht sogar den Schlüssel zu seiner Lösung in sich.

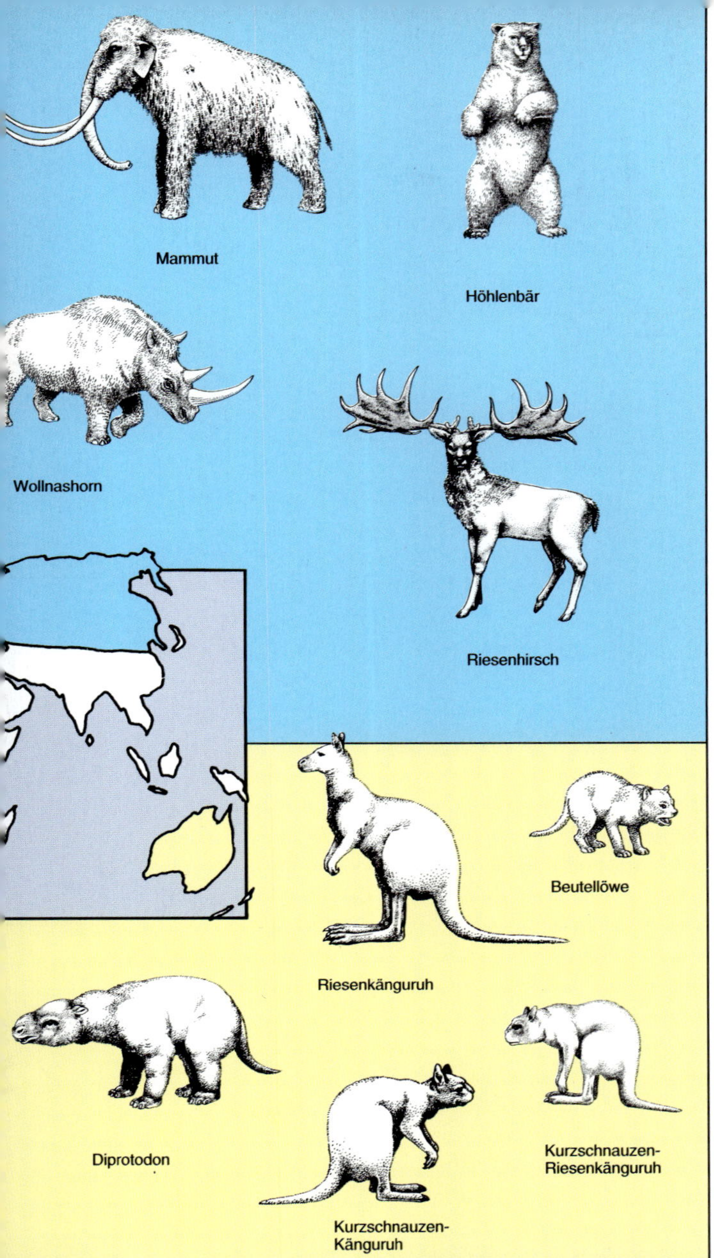

Für dieses Ungleichgewicht gibt es im wesentlichen zwei Gründe: Zunächst einmal tendieren größere Säugetiere zu kleineren Populationen und sind deshalb eher vom Aussterben bedroht. Nehmen wir einmal an, ein beliebiges Gebiet habe 10 Mammuts und 10000 Mäuse mit Nahrung versorgt. Gingen die Populationen beider Arten um 90 % zurück, so bliebe nur ein Mammut, aber 1000 Mäuse übrig. Die Mammuts würden aussterben, während die Mäuse überlebten.

Zum zweiten haben größere Säugetiere eine wesentlich geringere Fortpflanzungsrate und können sich daher nur schwer erholen, wenn ihre Zahl dezimiert worden ist. Ein einziges Mäusepaar kann in wenigen Jahren mehrere Generationen mit Tausenden von Individuen hervorbringen. Mammuts dagegen pflanzten sich erst fort, wenn sie ein Alter von rund 15 Jahren erreicht hatten; bei einer Tragezeit von fast zwei Jahren gab es nur ein einziges Kalb pro Wurf, und das Weibchen war erst nach drei bis vier Jahren wieder in der Lage, zu gebären. Ihre Fortpflanzungsrate war daher niedrig, und so konnte eine Reihe örtlich begrenzten Aussterbens – sei es wegen der Bejagung oder wegen klimatischer Veränderungen – letzten Endes zum allgemeinen Erlöschen einer Art führen.

DIE JAGDTHEORIE

Die Auffassung, daß menschliche Jäger für das Verschwinden der Mammuts und der übrigen Großtiere verantwortlich waren, wird als »Overkill-Theorie« bezeichnet. Sie bezieht sich auf das relativ rasche Aussterben in Nordamerika innerhalb eines Zeitraums von rund 500 Jahren (vor 11 500– 11 000 Jahren), als die »Clovis-Jäger« in Erscheinung traten. Man nimmt an, daß sie den Kontinent über die Beringstraße betreten haben und dann nach Süden vorgedrungen sind. Der Name dieser Großwildjäger mit ihren charakteristischen Speerspitzen aus bearbeitetem und auf einem Schaft eingesetztem Stein stammt vom Fundort Clovis in New Mexiko.

Wenn man entscheiden will, ob die Bejagung ursächlich für das Verschwinden der Mammuts verantwortlich war, so muß man zunächst zwei Fragen beantworten: Jagten die Menschen tatsächlich Mammuts? Und wenn dies der Fall war: In welchem Maß hat dies zum Aussterben der Mammuts beigetragen?

Es gibt in den Vereinigten Staaten gerade ein Dutzend Fundplätze, wo man durch Bearbeitung mit einem Schlaginstrument hergestellte Speerspitzen aus Stein vom Clovis-Typus zusammen mit Überresten von Mammuts entdeckt hat. Aber nur einer von ihnen scheint direkte Belege zu enthalten, daß Mammuts tatsächlich gejagt wurden: In Naco, einem von mehreren bedeutenden Fundorten am Ufer des San Pedro-Flusses im südlichen Arizona, stieß man auf nicht weniger als acht Clovis-Spitzen, die mit einem einzigen erwachsenen Mammut vergesellschaftet waren. Praktisch alle Spitzen befanden sich an Körperbereichen, die lebensgefährliche Ziele abgaben: eine Spitze lag an der Schädelbasis, eine weitere in der Nähe des Schulterblattes und fünf zwischen den Rippen und Rückenwirbeln.

An anderen Plätzen findet man mehr oder weniger ausgeprägte Verbindungen zwischen Mammutknochen und Clovis-Spitzen vor; sie sind für den Nachweis von Mammutjagden von eher untergeordneter Bedeutung. In Clovis selbst stieß man auf die Überreste von mindestens 15 Mammuts sowie auf Reste von Pferden, Bisons und anderen Tieren. Speerspitzen aus Stein wurden zusammen mit den Überresten von mehr als sechs Mammuts entdeckt. Die Skelette waren nahezu vollstän-

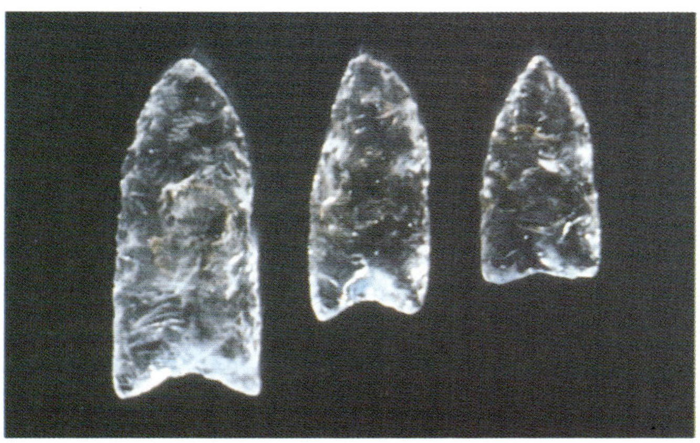

Die sogenannte Clovis-Spitze – der Name stammt von einem Fundort in New Mexiko (USA) – war eine gefährliche Waffe. Sie bestand aus einem glasartigen spröden Gestein (Silex), dessen Spitze und Kanten durch Überarbeitung (Retuschierung) mit einem Schlaginstrument rasiermesserscharf waren und an einem bis zu 2 m langen hölzernen Schaft befestigt waren. Diese Spitzen aus homogenem, edelsteinähnlichem Quarz (links) entdeckte man zusammen mit Mammutknochen am Fundort Lehner Ranch in Arizona.

Die Ausgrabung bei Dent (Colorado) im Jahre 1932 erbrachte den ersten eindeutigen Beleg, daß in Nordamerika Geschoßspitzen und Mammutüberreste gemeinsam vorkamen.

dig, und die Knochen befanden sich noch immer in anatomischer Anordnung; also wurden die Tiere nur zum Teil zerlegt. Bei der 16 km von Naco entfernten Lehner Ranch fand man 13 Clovis-Spitzen, zusammen mit Holzkohle von zwei Feuerstellen und den Überresten von 13 Kälbern oder Jungtieren von *M. columbi*, die alle etwa 11200 Jahre alt waren.

Man kennt noch eine Reihe weiterer solcher Fundplätze, zum Beispiel Lange-Ferguson in Süddakota, Colby in Wyoming, Escapule in Arizona und Miami in Texas. Der Fundort Dent in Colorado enthielt die Überreste von elf weiblichen Jungtieren und jungen erwachsenen Tieren sowie einem Mammutbullen, zusammen mit drei Clovis-Spitzen und einer Anzahl von Steinbrocken, die eindeutig von Menschen dorthin gebracht worden sind. Die geringe Menge von Steinspitzen an Fundorten wie diesem könnte darauf hindeuten, daß die meisten dieser wertvollen und wiederverwendbaren Artefakte von den Jägern einfach eingesammelt und mitgenommen wurden. Es könnte aber auch mit der Art und Weise zusammenhängen, wie man die Tiere tötete: Einige Archäologen sind der Ansicht, daß die Mammutherde von Dent über eine Klippe in den Abgrund getrieben wurde. Wenn dem so war, dann hätten sich einige Tiere zu Tode gestürzt, während man den anderen mit Speeren und Steinen den Gnadenstoß gab.

»Man hat Speerspitzen zwischen Mammutknochen gefunden«

Es wurde auch vorgeschlagen, daß an Fundorten wie Dent vielleicht eine Gruppe weiblicher Tiere mit ihren Jungtieren getötet worden ist. Es ist allerdings fraglich, worin die Vorteile solcher Massentötungen bestanden haben sollen. Die Ansammlung von Knochen an solchen Fundplätzen könnte vielmehr auf eine Serie von Todesfällen zurückgehen, die sich über ein Jahrzehnt oder mehr erstreckte, wobei die Tiere teilweise eines natürlichen Todes gestorben, teilweise bei der Jagd erlegt worden sein konnten. Selbst wenn man die Tiere jagte, deutet vieles eher darauf hin, daß man hier verendenden oder schwer erschöpften Tieren den Gnadenstoß versetzt hat.

Eine weitere Ursache für die Ansammlung von Mammutknochen könnte darin bestehen, daß die Tiere gruppenweise aufgrund von nachteiligen äußeren Faktoren gestorben sind. Im heutigen Afrika können sich nach Trockenzeiten Elefantenknochen um Wasserstellen ansammeln. Aus dem Umstand, daß dort die besonders gefährdeten Jungtiere überwiegen, könnten sich Archäologen leicht zu dem Fehlschluß verleiten lassen, hier sei ein ganzer Familienverband abgeschlachtet worden. Die Menschen konnten solche Kadaver immer noch verwertet und dabei ihre Steinwerkzeuge zurückgelassen haben, ohne daß sie diese Tiere gejagt und damit zu deren Untergang beigetragen hätten.

In einigen Fällen könnte die Verbindung von Artefakten und Skeletten zufällig zustande gekommen sein und eine größere Zeitspanne dazwischenliegen. Artefakte können sich neben Tierknochen anhäufen, weil sie das Wasser dorthin transportiert und abgelagert hatte oder weil sie von Menschen an einer Wasserstelle oder unter einem schattigen Baum zurückgelassen worden waren, lange Zeit bevor oder nachdem sich die Knochen dort angesammelt haben. So enthält beispielsweise eine Knochenschicht von Lamb Spring in Colorado die Überreste von mehr als 40 Mammuts und vielen anderen Tieren, zusammen mit einem zerschlagenen Gesteinsbrokken und einem Werkzeug aus Quarz. Gehen diese Hinterlassenschaften auf menschliche Beutezüge oder auf natürliche Todesursachen zurück, vielleicht auch auf beides? Die verschiedenen Verwitterungsphasen der Knochen, die

Bei Naco (Arizona) fand man Clovis-Spitzen, die zwischen Mammutknochen eingekeilt waren. Dies ist einer der wenigen ganz eindeutigen Belege für die Jagd auf Mammuts.

hier anzutreffen sind, die Nagespuren an einigen Knochen sowie die Tatsache, daß die Knochen leicht durch andere Tiere zertrampelt und zerbrochen worden sein können, sprachen manchen Fachleuten zufolge dafür, daß diese Knochenansammlung auf überwiegend oder vollständig natürlichem Wege zustande gekommen ist.

Obwohl man also nicht ausschließen kann, daß in Amerika regelmäßige Jagdzüge auf Mammuts stattfanden, sind die eindeutigen Belege dafür selten. Noch unsicherer ist, ob in Eurasien die Jagd möglicherweise zum Untergang der Mammuts und anderer großer Säugetiere beigetragen hat.

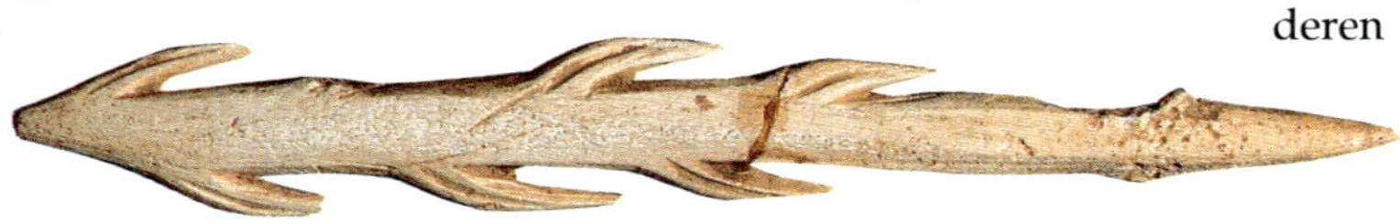

Ein klarer Beleg für die prähistorische Jagd auf Elefanten liegt beim 125000 Jahre alten Fundort Lehringen in Deutschland vor: Dort fand man die Bruchstücke eines mehr als 2 m langen Holzspeers zwischen den Rippen eines Elefanten mit geraden Stoßzähnen (*Palaeoloxodon antiquus*). Der Mensch war demnach schon früh in der Lage, ein Rüsseltier zu erlegen oder ihm den Gnadenstoß zu versetzen. Andere Fundorte bieten dagegen nur Belege für das Verarbeiten von Kadavern, obwohl man sie als »Tötungsstätten« bezeichnet hat. Bei Tomsk in Westsibirien fand man die zerbrochenen und zersplitterten Knochen eines jungen Mammuts nahe an einer Feuerstelle, zusammen mit Hunderten von Klingen und Abschlägen aus Stein.

Im polnischen Krakau stieß man in der Spadzista-Straße auf die ungefähr 21 000 Jahre alten Überreste von mindestens 60 Mammuts. 19 Zungenbeine, die alle mit Schnittspuren versehen waren, künden vermutlich davon, daß sich die Bewohner dieses Platzes an gerösteten Mammutzungen gütlich getan hatten.

Aus Mammutknochen errichtete Hütten (siehe S. 106ff.) veranlaßten viele Archäologen zu der Vermutung, daß Mammutfleisch die Hauptnahrung der Hüttenbewohner gewesen sei. Jedes Tier, dessen Knochen so Verwendung gefunden hatten, sei von diesen gejagt und erlegt worden. Die erste größere Ansammlung von Knochenvorräten wurde bei Předmostí in Mähren gefunden; sie war zwar schon seit dem 16. Jahrhundert bekannt, wurde aber erst gegen Ende des 19. Jahrhunderts ausgegraben. Man stieß auf die Überreste von 1000 Mammuts jeden Alters, mit einem großen Anteil von 10–12 Jahre alten Tieren. Diese besonders gefährdeten Jungtiere, die sich gerade aus dem schützenden Herdenverband weggewagt hatten, könnten für die Jäger bevorzugte Ziele gewesen sein, aber ebenso für Raubtiere wie Hyänen, deren Beute die Menschen weiterverwertet haben könnten.

Da viele beim Hüttenbau verwendete oder angehäufte Knochen in Mittel- und Osteuropa angenagt sind, ein unterschiedliches Alter haben und verschiedene Verwitterungszustände innerhalb derselben Konstruktion aufweisen, ist die Schlußfolgerung zwingend, daß man sie von nahegelegenen natürlichen Anhäufungen einsammelte und als Baumaterialien, Rohstoff für Werkzeuge und als Brennmaterial verwendete. Dies wiederum legt nahe, daß die Mammuts als Nahrungsquelle nicht so bedeutend waren, wie man aufgrund ihrer zahlreichen und ins Auge fallenden Überreste an diesen Stätten denken könnte. Hauptnahrungsgrundlage waren dort gewöhnlich Pferd oder Rentier, aber dies schloß nicht aus, daß man gelegentlich auch einen Mammut jagte und erlegte.

Ob nun die Mammuts getötet oder nur ihre Kadaver weiterverwertet wurden – es bereitete jedenfalls offenkundig nicht sonderlich Mühe, sie zu zerlegen. Ein Experiment, das dazu dienen sollte, Fundstücke aus der Olduvai-Schlucht in Tansania zu untersuchen – dort hatte man eine Reihe einfacher Werkzeuge zusammen mit alten Elefantenskeletten entdeckt –, hatte ergeben, daß man mit Abschlägen aus Lavagestein und Feuerstein die Haut eines Elefanten mit Leichtigkeit aufschlitzen konnte. Die Efe-

Verschiedene kunstvoll aus Geweih geschnitzte und mit Widerhaken versehene »Harpunen« zeigen, wie ausgefeilt die Jagdtechnologie gegen Ende der letzten Eiszeit in Europa war. Ursprünglich dienten sie vermutlich vorwiegend dem Fischfang, aber es gibt Hinweise, daß man sie auch zum Erlegen größerer Beutetiere wie zum Beispiel von Elchen verwendete.

LA COTTE: MAMMUTJAGD AUF DER INSEL JERSEY

Wenigstens ein mutmaßlicher Nachweis für eine Mammutjagd, die vor mehr als 128000 Jahren stattfand, kann man in einer Schlucht bei La Cotte de St. Brelade auf der im Ärmelkanal gelegenen Insel Jersey begutachten. Dort fand man die Knochen von ungefähr 20 Mammuts (erwachsene Tiere und Jungtiere) und von fünf Nashörnern. Man hatte sie offenkundig ganz absichtlich in zwei Haufen angeordnet, wobei manche Knochen senkrecht im Boden steckten und einige Schulterblätter ordentlich aufeinandergestapelt waren. Sämtliche Mammutschädel (im Schaubild dunkelblau; die Stoßzähne sind weiß) waren hinten und an der Spitze aufgeschlagen, vielleicht um an das Gehirn heranzukommen.

Da sich die Schlucht am Ende einer Landzunge befindet, gelangten die Ausgräber zu der Überzeugung, daß die Tiere hier hindurchgeschleust und über eine Klippe in den gähnenden Abgrund gejagt wurden, wo einige sich über 30 m tief zu Tode stürzten. Da die Schädel vorhanden sind, spricht einiges dafür, daß die Tiere – falls sie gejagt wurden – in dieser natürlichen Falle verendeten, denn es wäre sinnlos gewesen, die schweren Schädel, die einen geringen Nährwert haben, hierher zu transportieren. Man hat jedoch auch vorgeschlagen, daß die Mammuts zufällig abgestürzt und ihre Kadaver dann von Menschen zerlegt worden seien.

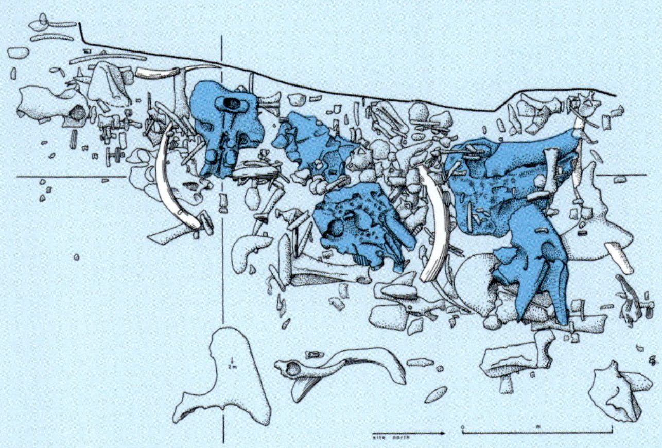

Pygmäen in Zaire, die gelegentlich Elefanten erlegen, können die Kadaver zerlegen, ohne die Knochen zu zerhacken, zu zerschneiden oder andere Spuren an ihnen zu hinterlassen. Mit anderen Worten: Das Vorhandensein von Schnittspuren an prähistorischen Knochen mag zwar darauf hinweisen, daß man die Tiere zerlegt hatte; fehlen sie aber – und das ist bei den meisten Fossilien der Fall –, dann ist nicht ausgeschlossen, daß der Kadaver von Menschen weiterverwertet worden ist.

Obwohl man also in einigen Fällen Geschoßspitzen in engem Fundzusammenhang mit Mammutüberresten entdeckt hatte, können die Archäologen nur Mutmaßungen darüber anstellen, ob diese Tiere gejagt wurden oder nicht. Wie so oft in der Vorgeschichte ist es wahrscheinlich, daß jedes dieser Szenarien ein Stück Wahrheit enthält und daß die unterschiedlichsten Umstände – wie viele Menschen es gab, über welche Waffen sie verfügten, wie viele Mammuts in einem Territorium lebten, wie groß der Fleischbedarf war und ob die Jagdunternehmungen erfolgreich waren – im Laufe der Jahrtausende alle möglichen Ergebnisse zeitigen konnten.

Eines steht allerdings zweifelsfrei fest: Es gibt – selbst in Amerika – keinen überzeugenden Nachweis, daß man die Tiere in einem solchen Ausmaß erlegt hätte, daß die Art zum Aussterben verurteilt war.

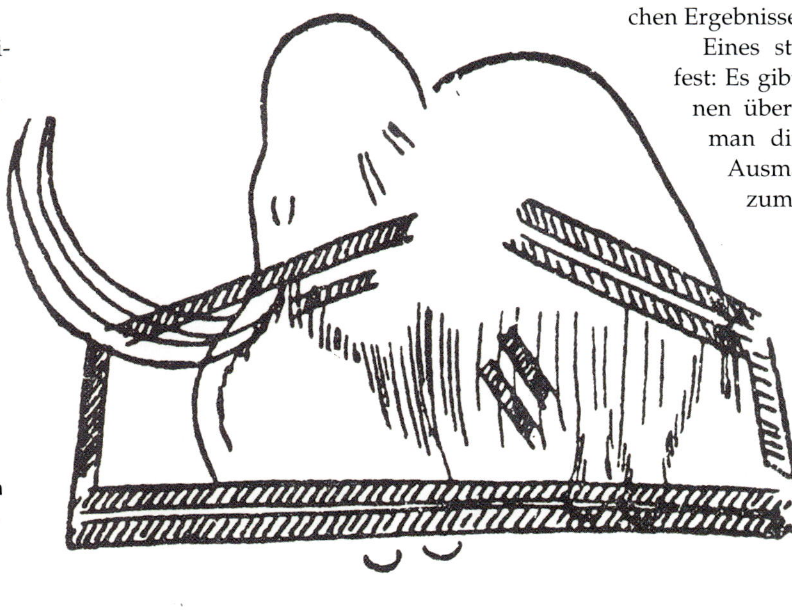

Font de Gaume ist eine von mehreren Höhlen in Frankreich, die Mammutdarstellungen in Verbindung mit »tectiformen«, hüttenähnlichen Zeichen enthalten. Manche Forscher sehen hierin auch Schwerkraftfallen beziehungsweise Fallgruben.

Die späteiszeitlichen Steinwerkzeuge in Eurasien weisen eine beträchtliche Formenvielfalt auf. Einige waren kaum mehr als einfache Abschläge, die man vermutlich als Mehrzweckklingen oder Schaber handhabte.

Um die Overkill-Theorie dennoch aufrechterhalten zu können, entwickelte man die Hypothese eines »Blitzkriegs«: Man habe die Mammuts so schnell und flächendeckend zur Strecke gebracht, daß kaum Belege übriggeblieben seien. Diese Idee ist zwar raffiniert, aber sie ist so schwierig wie die andere Theorie zu beweisen. Es ist jedenfalls nicht einleuchtend, daß die Jäger der Steinzeit nicht nur die Mammuts, sondern ebenso Dutzende anderer großer Tierarten ausgerottet hätten – und dies alles auf drei Kontinenten, über mehrere Millionen Quadratkilometer hinweg und in weniger als 2000 Jahren. In Sibirien, einem weitläufigen und bedeutenden Verbreitungsgebiet des Mammuts, gibt es beispielsweise noch vor 10000 Jahren Hinweise auf eine nur äußerst dünne Besiedlung durch den Menschen.

Es stellen sich auch Fragen zum zeitlichen Ablauf dieses »Overkills«. In Australien zum Beispiel ereignete sich das Massensterben von Tieren gegen Ende der Eiszeit, aber die Menschen waren auf diesem Kontinent mindestens 40000 Jahre früher, wahrscheinlich sogar zu einem noch wesentlich früheren Zeitpunkt angekommen. Europa war seit Hunderttausenden von Jahren bewohnt, bevor die Mammuts ausstarben. Auch in Amerika wird immer deutlicher, daß die Clovis-Leute nicht die »ersten Amerikaner« waren; es verdichten sich insbesondere aus Südamerika die Hinweise, daß es frühere Einwanderungswellen gegeben hatte.

Die Overkill-Theorie könnte plausibel sein, wenn die Clovis-Menschen in Nordamerika und ihre Zeitgenossen auf den anderen Kontinenten die ersten gewesen wären, die Mammuts und anderes Großwild in beträchtlichem Umfang gejagt hätten. Tatsächlich wird zunehmend klar, daß sich ihre Ernährungsgrundlage nicht nur auf die großen pflanzenfressenden Tiere beschränkte. Sowohl in Amerika wie auch in Eurasien verlegten sich die Menschen auf die Bejagung

Mögliche Jagdmethoden

Hinweise, wie die Menschen der Eiszeit Mammuts gejagt haben könnten, kann man den Jagdmethoden der Völker entnehmen, die in der jüngeren Vergangenheit Elefanten nachstellten. Vermutlich bestand die am häufigsten angewendete Praxis darin, einzelne Tiere zu erlegen, da zur Deckung des Nahrungsbedarfs nicht mehrere Mammuts auf einmal erforderlich waren. Ein weiblicher Elefant wiegt rund 3000 kg und liefert 1800 kg Fleisch.

Es gibt mehrere Möglichkeiten, einen einzelnen Elefanten zu töten. Auf der Stelle konnte man ihn nur erlegen, wenn man ihm eine Gehirnverletzung beibrachte, aber das war für steinzeitliche Jäger wohl schwierig. Ein gestoßener oder geworfener Speer kann kaum bis zum Herzen vordringen, aber die Lungen geben ein gutes Ziel ab, denn selbst wenn man sie verfehlt, werden die Eingeweide verletzt. Solche Wunden können tödlich sein, insbesondere wenn man vergiftete Pfeile einsetzt; aber der Tod kann Stunden oder Tage später eintreten. Zu den Jagdmethoden mit geringem Risiko, die die Jäger Afrikas und Asiens bevorzugt anwandten, um diese gewaltigen, kraftvollen, behenden, intelligenten und gefährlichen Tiere zu erlegen, zählen getarnte Fallgruben, das Werfen schwerer Speere auf einen vorbeigehenden Elefanten von einem Baum herab sowie das Auslegen von Schlingen, in denen sich das Tier mit dem Fuß oder Rüssel verfängt. Der Jäger kann sich dem Elefanten dann nähern und ihm die Beinsehnen durchschneiden oder den Bauch aufschlitzen. Die Pygmäen in Kamerun bestreichen sich mit Elefantenkot, um ihre Körperausdünstungen zu überdecken, und schleichen sich mit dem Wind an ihre Beute heran. Wenn sie nahe genug sind, stoßen sie mit einem vergifteten Speer zu oder trennen eine Fußsehne durch.

Theoretisch ist es auch von Vorteil, ganze Herden zu jagen, weil ein einzelnes verletztes Tier ansonsten immer vom Rest der Herde geschützt wird. Falls man je Jagd auf Mammutherden gemacht hatte, so bestand die wirkungsvollste Methode zweifelsohne darin, gemeinsam, also mit vielen Personen, auf die Pirsch zu gehen und die Tiere vielleicht mit Feuer und Lärm in Gruben oder in einen Abgrund zu treiben. Auf dieselbe Weise jagten die Indianer Nordamerikas Bisonherden. Legte man um die Elefanten ein Präriefeuer, so konnte man sie bei einem Fluchtversuch mit Speeren attackieren. Es ist hingegen unwahrscheinlich, daß Jäger Elefanten

Eine Vorratsgrube in der aus Knochen erbauten Hüttensiedlung in Kostenki (Rußland). Sie enthält eine Menge Mammutknochen, die vermutlich von natürlichen Anhäufungen eingesammelt wurden und als Rohmaterialien und Brennstoff dienten.

mittelgroßer Tiere – wie Hirsch und Wisent –, die neben Kleinwild und pflanzlicher Nahrung ihren wichtigsten Lebensunterhalt darstellten. Es gibt auch keinen eindeutigen Hinweis auf einen technischen Fortschritt, der die Jagd auf Mammuts unversehens wahrscheinlicher oder leichter durchführbar gemacht hätte.

Außerdem sind seit der Eiszeit viele pflanzenfressende Tiere von weitaus zahlreicheren Menschen bejagt worden, ohne daß sie ausgestorben wären. So jagten die Ureinwohner Amerikas zum Beispiel seit Jahrtausenden Bisons, Antilopen, Hirsche und Wildschafe, ohne daß diese verschwunden wären. Es gibt in der archäologischen Überlieferung kaum Belege – von menschlichen Besuchen auf Inseln einmal abgesehen –, daß Menschen ihre Beutetiere ausrotteten. Wenn die Nahrungsressource knapp wird, wechseln die Jäger gewöhnlich zu einem anderen Tier, und die erste Tierart erholt sich. Die menschlichen Jäger leben im allgemeinen in einer Symbiose mit ihren Beutetieren, wie jeder andere Beutegreifer auch.

Wenn aber die Jagd für das Verschwinden der Mammuts nicht verantwortlich zu machen ist, kann man es dann dem Klima anlasten?

DER ANTEIL DES KLIMAS AM AUSSTERBEN DER MAMMUTS

Den Theorien zufolge, die das Klima für das Massenaussterben verantwortlich machen, führten dramatische Veränderungen in Klima und Vegetation weltweit zum Verschwinden der Mammuts und anderer großer Säugetiere. Während der letzten größeren Kaltphase vor 25000–15000 Jahren drangen die Gletscher bis in die mittleren Breiten Europas und Nordamerikas vor. Das Eis verdrängte die Mammuts aus einem großen Gebiet, und selbst in unvergletscherten Bereichen mochten die strengen Umweltbedingungen ihre Zahl reduziert haben. Allerdings starben die Mammuts und die anderen Tierarten zu dieser Zeit nicht aus. Das Steppenhabitat des Mammuts blieb in den südlicheren Teilen Eurasiens erhalten, während die Nordamerikanischen Mammuts südlich der Eisdecke, die Nordamerika überzogen hatte, geeignete Vegetation vorfanden. Die Mammuts überlebten die Vergletscherung – um einer Klimaverschlechterung in späterer Zeit zu erliegen.

Vor etwa 15000 Jahren begann sich das Klima weltweit zu erwärmen, und die Eisdecken schmolzen. Radiokarbondaten zufolge erreichte die Wärmephase vor rund 13000 Jahren einen Höhepunkt. Dann fielen die Temperaturen wieder und leiteten eine neue kalte und trockene Klimaphase ein, die von 11000 bis 10000 Jahren vor heute anhielt. Mit diesem Abschnitt endet zugleich die letzte Eiszeit. Nun setzte eine neue Phase mit anhaltendem verhältnismäßig mildem Klima ein. Nach neueren Forschungen ereigneten sich diese Klimaveränderungen in sehr kurzer Zeit: Vor etwa 13000 Jahren schnellte die Temperatur weltweit binnen 10 oder 20 Jahren um 6°C in die Höhe. Das war ein weit größerer Sprung als bei dem gegenwärtigen Temperaturanstieg aufgrund des Treibhauseffekts.

Diese Serien nachhaltiger klimatischer Umschwünge ereigneten sich zu einer Zeit, in der die Zahl der Mammuts auf der ganzen Welt abnahm, sie vielleicht sogar vollständig verschwanden: vor 12000–10000 Jahren. Allerdings sind die Anhänger der Klima-Theorie im allgemeinen nicht der Ansicht, daß das Wetter unmittelbar das Aussterben der Tiere verursacht habe. Mammuts, die ja an ein Leben in der Kälte

Zwei recht unterschiedliche Bilder geben historische Elefantenjagden in Afrika wieder. Die Abbildung oben ist eine Felsmalerei aus Südafrika; links ist eine Illustration aus dem Buch des britischen Entdeckers David Livingstone zu sehen, in dem er über seine Reisen in Afrika während der Mitte des 19. Jahrhunderts berichtet.

in sumpfiges Gelände trieben, um sie dort zu stellen. Gesunde oder erwachsene Tiere blieben nicht so leicht im Morast stecken, und es hätte sehr viel Schwierigkeiten bereitet, das Tier zu zerlegen und genießbares Fleisch aus dem Schlamm herauszuholen.

angepaßt waren, konnten durchaus mildere Phasen überstehen: Sie haben sich in früheren Warmphasen des Eiszeitalters vor und während der letzten Eiszeit beharrlich behauptet. Auch das Nordamerikanische Mammut, dessen Verbreitungsgebiet sich im Süden bis nach Mexiko erstreckte, war keineswegs auf Kälte angewiesen und konnte mit der Hitze durchaus zurechtkommen. Die klimatischen Einbrüche hatten vielmehr weltweite Veränderungen in der Vegetation zur Folge, und diese wiederum verursachten den Untergang vieler pflanzenfressender Säugetiere wie dem Mammut, das auf eine ganz besondere Pflanzennahrung spezialisiert war. Fleischfressende Säugetiere starben ebenfalls aus, weil ihre Beutetiere verschwunden waren.

»Klimatische Umschwünge hatten nachhaltige Veränderungen in der Vegetation zur Folge«

Fossile Pflanzenreste machen es sehr wahrscheinlich, daß die Veränderungen in der Vegetation gegen Ende der letzten Eiszeit sehr gravierend waren. Im gesamten Norden von Eurasien und Nordamerika wurde die sich über gewaltige Weiten erstreckende steppenähnliche Vegetation, die für das Mammut und viele andere Tierarten die Lebensgrundlage dargestellt hatte, nach und nach verdrängt. Dies geschah, weil das kalte und trockene, ihnen günstige Klima nun wärmerem und feuchterem Wetter gewichen war. Durch die Erwärmung schmolzen die Gletscher, und der Meeresspiegel stieg an. Die Kontinente wurden kleiner, und in ihrem Inneren nahmen die Niederschläge zu. Das gemäßigtere und feuchtere Klima begünstigte das Vordringen der Wälder. Im hohen Norden hatte die Eisschmelze zur Folge, daß sich die Böden mit Wasser vollsaugten. Zusammen mit vermehrtem Schneefall und zunehmender Bewölkung bedeutete dies ein eingeschränktes Pflanzenwachstum, wie es die Tundren kennzeichnet.

So wurde die Mammutsteppe im Norden durch eine sumpfige Tundra, im Süden durch Nadelwald ersetzt, wie es noch heute der Fall ist. Die heutige Tundra mit ihrem langsamen Pflanzenwachstum und ihrer Armut an Nährstoffen bietet nur einer ganz beschränkten Anzahl spezialisierter Säugetiere Platz, die sich, wie Rentier und Moschusochse, von Flechten und Moosen ernähren. In den Wäldern dagegen leben Tiere wie der Elch, der Sprossen und Blätter frißt. Keines dieser Habitate war für Mammuts und andere Tiere geeignet, deren Hauptnahrung aus Gras und anderen krautartigen Pflanzen bestand.

Südlich der Tundra bilden weitläufige Nadelwälder die Taiga, die hier in der Nähe von Wladiwostok in herbstlichen Farben erstrahlt. Solche Wälder, die die Mammutsteppe allmählich im Süden ersetzten, waren als Habitate für Mammuts ungeeignet.

Die baumlose Tundra auf den Aléuten vor der Küste von Alaska repräsentiert den Landschaftstypus, der im Norden an die Stelle der Mammutsteppe getreten ist. Folgt man der Klima-Theorie, so bedeutete die Umwandlung der Mammutsteppe mit ihrer reichhaltigeren und vielfältigeren Vegetation für das Mammut und andere große pflanzenfressende Tiere das endgültige Aus.

In Nordamerika ging das Nordamerikanische Mammut ebenfalls seiner natürlichen Lebensräume südlich der Eisdecken verlustig. Die »Park-Vegetation« der Eiszeit – ein reichhaltiges Mosaik aus Gräsern, Kräutern, Sträuchern und Bäumen, das in dieser Mischung die Lebensgrundlage von *M. columbi* bildete – war weitgehend verschwunden. An ihre Stelle waren vielerorts dichte Wälder getreten. Baumbestandene Ebenen hatten sich zu Graslandschaften, der Südwesten in eine Halbwüste verwandelt. Spezialisierte Tiere wie der knospenfressende Hirsch in den Wäldern oder der grasende Bison in der Prärie traten in den Vordergrund.

Die reduzierte Pflanzenvielfalt der nacheiszeitlichen Landschaften hat zum Untergang der Mammuts sowie anderer Tierarten maßgeblich beigetragen. In der reichhaltigen Mosaikvegetation der Eiszeit lebten zahlreiche Pflanzenfresser Seite an Seite, wobei sich jede Tierart auf eine besondere Kombination pflanzlicher Nahrungsbestandteile spezialisiert hatte. Jedes Jahr bot jeder Tierart einen länger anhaltenden, der Nahrungssuche günstigen Zeitraum; einige Pflanzen wuchsen früher, andere später. So entstand ein kompliziertes und daher anfälliges Gleichgewicht zwischen Tieren und Pflanzen, ähnlich wie heute in der afrikanischen Savanne. In den Wäldern, Tundren und Graslandschaften der Nacheiszeit war die Pflanzenvielfalt dagegen geringer und die Wachstumsphasen kürzer. Entsprechend schwanden Artenreichtum und Populationsdichte bei den großen Säugetieren.

Wie auch immer die Veränderungen im einzelnen beschaffen waren: Es kann kaum Zweifel daran bestehen, daß die Lebensräume des Mammuts nach und nach durch neue Vegetationsgürtel ersetzt wurden. In Eurasien scheint dieser Prozeß im Süden begonnen zu haben; dies würde erklären, warum das Verbreitungsgebiet des Mammuts allmählich nach Norden hin zusammenschrumpfte und die letzten Enklaven schließlich im äußersten Norden Sibiriens zugrunde gingen. In einigen Gebieten könnten Mammutpopulationen durch diese Veränderungen bereits zu einem früheren Zeitpunkt beeinträchtigt worden sein. In Europa sind Mammutfunde in der Zeit nach 15000 Jahren vor heute bei weitem seltener als in den Zeiten zuvor; dies mag daran liegen, daß sich ihre Populationen von den Auswirkungen der Kaltzeit vor 25000– 15000 Jahren nie mehr richtig erholt haben. Die nachfolgenden Veränderungen in der Vegetation taten vermutlich ein übriges.

Ein Problem birgt die Klima-Theorie allerdings: Die Mammuts und anderen großen Säugetiere starben ausschließlich gegen Ende der letzten Eiszeit aus, aber schon zuvor hatte es während des Eiszeitalters (Pleistozän) mindestens 22 größere und mehrere tausend kleinere klimatische Umschwünge gegeben, ohne daß diese zu einem ähnlichen Massensterben geführt hätten. Wir wissen, daß die Mammuts frühere Warmzeiten mit wärmerem Klima überstanden haben; warum dann also nicht die gegenwärtige Warmzeit? Dies ist ein gewichtiger Einwand gegen die Klima-Theorie, aber man hat schon Gegenargumente ins Feld geführt.

Einige Wissenschaftler sind der Ansicht, daß die Vegetation der vorherigen Warmzeiten nicht in Wälder und Tundren unterteilt war, obwohl es damals so warm war wie heute. Es sei statt dessen eine Mosaikvegetation mit einer großen Pflanzenvielfalt geblieben – genau jenes Habitat, das die Mammuts und anderen pflanzenfressenden Tiere zu ihrem Überleben brauchten. Andere Forscher, die Blütenstaub (Pollen) von Ablagerungen dieser früheren Warmzeiten untersucht haben, glauben dagegen, daß es seinerzeit wie heute sehr wohl getrennte Wald- und Tundrenbereiche gegeben habe.

Es könnte ebenso sein, daß sich die letzten Mammutpopulationen im Verlauf ihrer Evolution ausschließlich auf die Lebensbedingungen der Kaltsteppe spezialisiert hatten und deshalb in der Nacheiszeit nicht überlebten, während die Mammuts zuvor das gemäßigte Klima der Warmzeit durchaus ertragen konnten. Dies mag zwar für das Mammut zutreffen, kann doch aber wohl kaum die Ursache für das weltweite Aussterben all dieser Tierarten zur selben Zeit gewesen sein.

Ein weiterer Einwand gegen die Klima-Theorie besagt, daß für Mammuts günstige Lebensräume in der Nacheiszeit durchaus erhalten geblieben waren. Wenn dies jedoch der Fall war, warum haben sie dann nicht überlebt? Was die heutige Tundra anbelangt, so liegt auf der Hand, daß sie der eiszeitlichen Mammutsteppe, die zwar in denselben Gebieten anzutreffen war, nicht im geringsten gleicht. Ihre Vegetation wächst langsamer und enthält weniger Nährstoffe; die

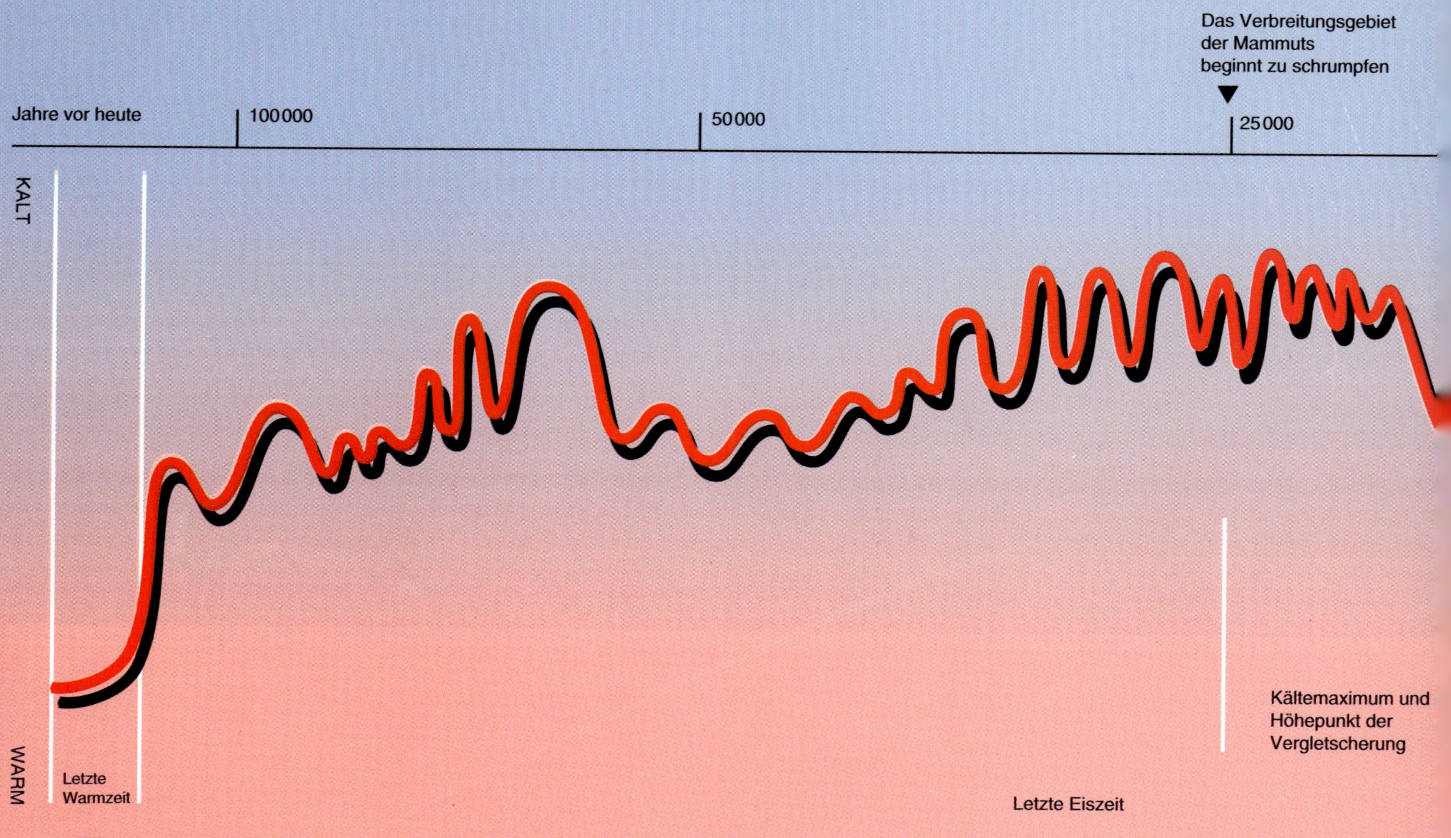

Nahrungssaison war hier wesentlich kürzer. Sie konnte daher für das Mammut kein adäquater Ersatz sein.

»Warum starben die Mammuts ausschließlich gegen Ende der letzten Eiszeit aus?«

Eher in Frage kommen hier die ergiebigen Graslandschaften, die die neue Ära überstanden – die amerikanischen Prärien und die russischen Steppen. Auf den ersten Blick könnten sie den Mammuts die erforderlichen Lebensgrundlagen geboten haben. Einige Forscher haben jedoch dagegen eingewendet, daß die heutigen Graslandschaften zu eintönig sind und nur einige Grasarten darin vorherrschen. Der Stoffwechsel der Mammuts benötigte dagegen eine gemischte Nahrung; das Gras mußte durch andere Pflanzen ergänzt werden. In dieser Hinsicht waren es nicht die geeigneten Habitate, und die Mammuts wären gegenüber spezialisierten Grasfressern wie dem Bison oder Wisent ins Hintertreffen geraten. Schließlich scheint es aber doch einige Stellen auch heute noch zu geben, wo die Mosaikvegetation auf natürliche Weise überlebt hat. Waren diese Flächen einfach zu klein, um Mammutpopulationen Überlebensmöglichkeiten zu gewähren?

Daß Klimaveränderungen allein ausreichen, um ein Massensterben verschiedener Lebewesen zu verursachen, geht zur Genüge aus der fossilen Überlieferung hervor. So starben beispielsweise die Dinosaurier aus, lange bevor die Menschen in Erscheinung traten. Der entscheidende Punkt bei der Klima-Theorie ist der Nachweis, daß sich die Veränderungen am Ende der letzten Eiszeit von den vorherigen Zyklen unterschieden und so das Aussterben der Säugetiere im ausgehenden Pleistozän verursachten. Aber während man die letzte Übergangszeit im Detail kennt, ist unser Wissen über die früheren Warmzeiten wesentlich lückenhafter. Die Wissenschaftler müssen noch genauer darlegen, wie sich die Vegetation damals und in den Zeiten zuvor veränderte, wenn sie die Klima-Theorie als Erklärung für das Aussterben der Mammuts hieb- und stichfest machen wollen.

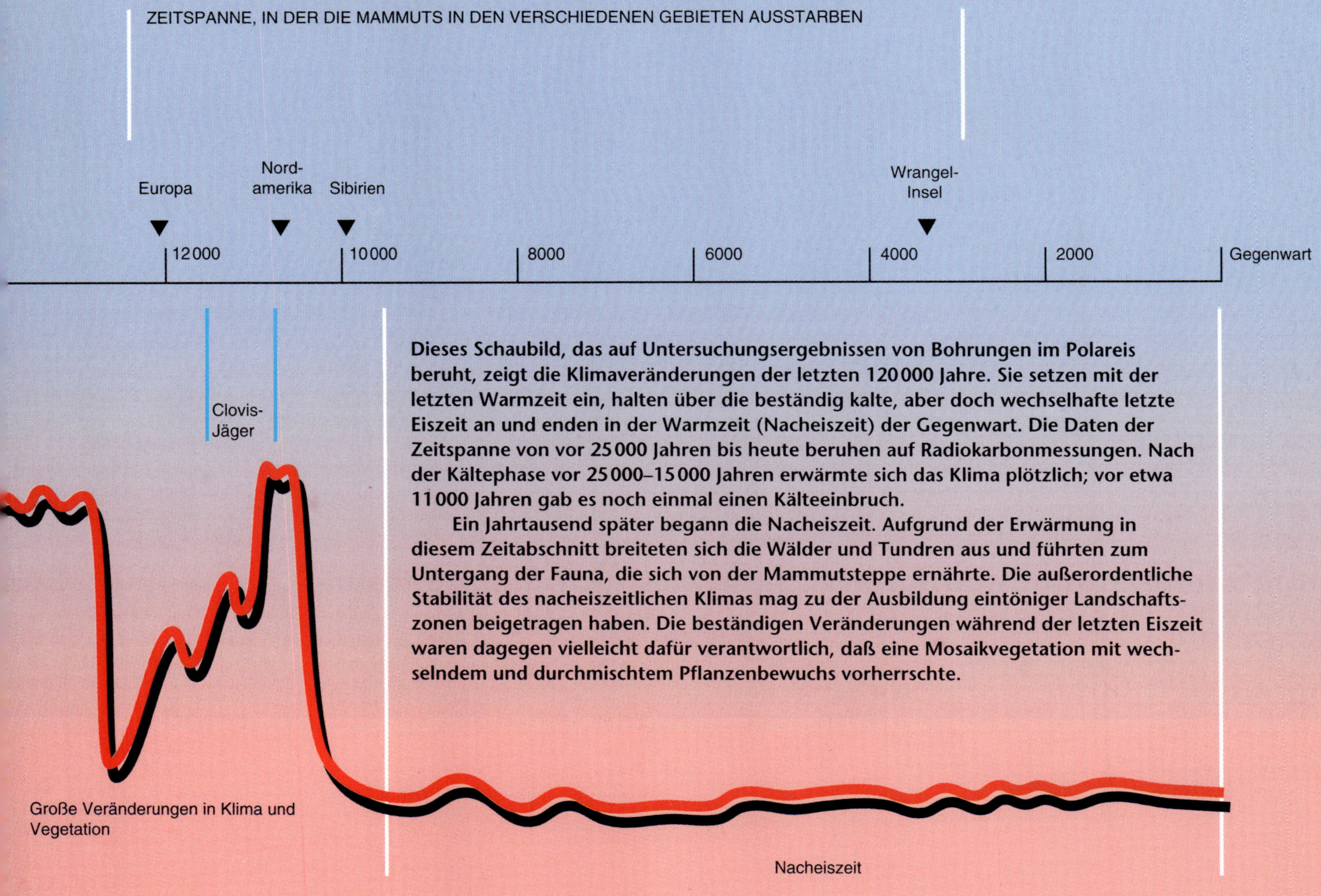

Dieses Schaubild, das auf Untersuchungsergebnissen von Bohrungen im Polareis beruht, zeigt die Klimaveränderungen der letzten 120000 Jahre. Sie setzen mit der letzten Warmzeit ein, halten über die beständig kalte, aber doch wechselhafte letzte Eiszeit an und enden in der Warmzeit (Nacheiszeit) der Gegenwart. Die Daten der Zeitspanne von vor 25000 Jahren bis heute beruhen auf Radiokarbonmessungen. Nach der Kältephase vor 25000–15000 Jahren erwärmte sich das Klima plötzlich; vor etwa 11000 Jahren gab es noch einmal einen Kälteeinbruch.

Ein Jahrtausend später begann die Nacheiszeit. Aufgrund der Erwärmung in diesem Zeitabschnitt breiteten sich die Wälder und Tundren aus und führten zum Untergang der Fauna, die sich von der Mammutsteppe ernährte. Die außerordentliche Stabilität des nacheiszeitlichen Klimas mag zu der Ausbildung eintöniger Landschaftszonen beigetragen haben. Die beständigen Veränderungen während der letzten Eiszeit waren dagegen vielleicht dafür verantwortlich, daß eine Mosaikvegetation mit wechselndem und durchmischtem Pflanzenbewuchs vorherrschte.

Was (oder wer) brachte die Mammuts um?

Die Frage ist nicht so einfach, wie es den Anschein hat, und die Antworten sind komplex. Es sind zwei verschiedene Mammutarten betroffen, die zu unterschiedlichen Zeiten und in verschiedenen Gebieten ausstarben; dabei wechselten die Beeinträchtigungen durch die Umwelt und durch den Menschen von Ort zu Ort in dem riesigen Verbreitungsgebiet. Vermutlich wirkten mehrere Faktoren zusammen, damit der Stammbaum der Mammuts weltweit vollständig erlosch.

Krankheiten scheiden aus, denn man kennt keine Bakterien oder Viren, die eine solche Vielfalt an Säugetierarten hätten ausrotten können. Auch gibt es keine Hinweise, daß zu jener Zeit ein Kometen- oder Meteoriteneinschlag globale Verheerungen angerichtet hätte.

Obwohl als sicher gelten kann, daß die Menschen Mammuts jagten, gibt es doch keine Belege dafür, daß sie dies regelmäßig taten. Überzeugend sind die Argumente, daß Veränderungen in Klima und Vegetation die Mammutpopulationen unter Druck setzten und in immer kleinere Habitate, sogenannte Refugien, verdrängte. Die Vorstellung, daß es nirgendwo einen Platz gegeben hatte, wo die ausgestorbenen Tierarten hätten überleben können, läßt jedoch einen heimlichen Zweifel zurück, ob sie tatsächlich ausschließlich wegen »natürlicher Ursachen« ausgestorben sind.

Mehrere Forscher haben vorgeschlagen, daß Klimaveränderungen und menschliche Einwirkungen zusammen das Aussterben der Mammuts und der anderen großen Säugetiere bewirkt hätten. War die Zahl der Mammuts durch Klima-

Mammutsterben im Computer

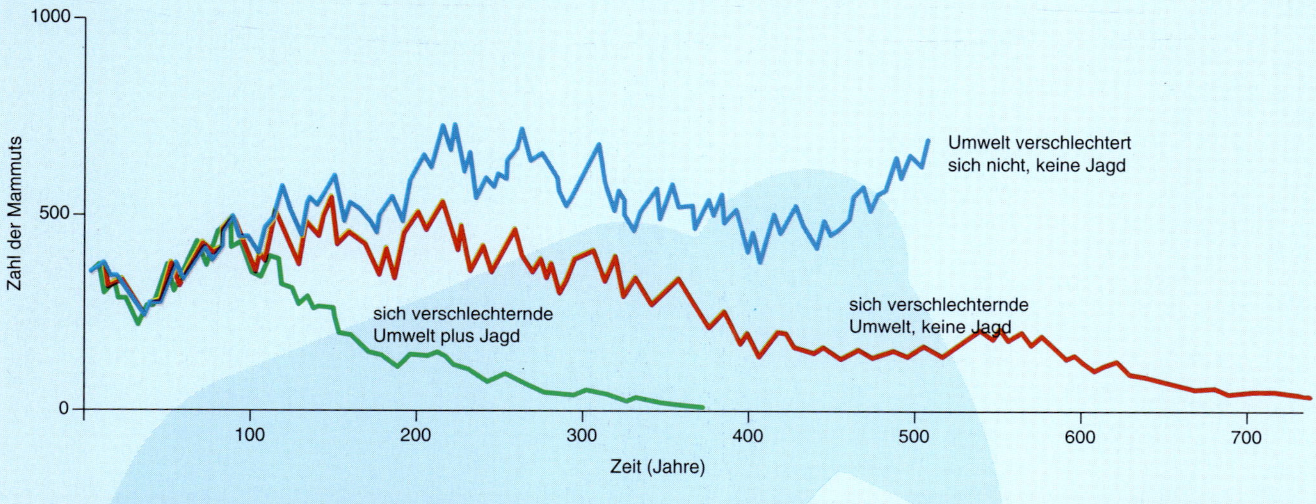

Mit Hilfe von Rechenmodellen überprüften Wissenschaftler, wie sich die Jagd und die Klimaveränderungen auf die Mammutpopulationen auswirkten. Neuesten Computersimulationen zufolge konnte eine isolierte Mammutpopulation in wenigen Jahrhunderten aussterben, wenn sich die Umwelt verschlechterte oder sie in verhältnismäßig geringem Ausmaß bejagt wurde. Am schnellsten ging die Ausrottung von statten, wenn Umwelteinflüsse und Bejagung zusammenwirkten.

Während man bei früheren Berechnungen davon ausging, daß eine große, gedeihende Mammutpopulation in kurzer Frist ausgestorben war, gestaltete sich die Realität doch wesentlich komplizierter. So konnten die Mammuts beispielsweise zwischen einzelnen Gebieten hin und her wandern, oder Mammutgruppen konnten sich durch Zugänge von außen am Leben erhalten. Auch die Jäger konnten sich an eine andere Stelle begeben oder sich andere Beutetiere aussuchen, wenn der Bestand an Mammuts knapp wurde.

Der Schlüssel zum Verständnis, wie die Mammuts letztlich ausstarben, liegt in dem beständigen, unaufhaltsamen Schrumpfen der Populationen zu kleinen, isolierten Gruppen. Die Klima-Theorie legt nahe, daß sich zusammengewürfelte Mammutverbände an die verbliebenen Flecken der Mammutsteppe oder »Parkvegetation« klammerten, nachdem ihr ursprüngliches Habitat nach und nach verschwunden war. Örtliche Besonderheiten mögen das Ihre dazu beigetragen haben. So wurde der Westen Nordamerikas vor rund 11000 Jahren vermutlich von einer Dürre heimgesucht, die ein Massensterben von Lebewesen verursacht haben könnte.

In dem Maße, wie die Pflanzennahrung oder das Wasser immer knapper wurden, verschärfte sich die Konkurrenz zwischen den kleinen Mammutgruppen beziehungsweise zwischen diesen und anderen pflanzenfressenden Tieren. Es konnte durchaus sein, daß sie die verbliebenen Nahrungsreserven einfach aufgefressen haben. Schließlich wurden die Populationen zu klein, um sich fortpflanzen zu können, und starben dann aus. Auffallende Parallelen sind heute in Asien zu beobachten, wo die Elefantenpopulationen wegen der Zerstörung ihrer Lebensräume geschrumpft sind und nun in isolierten Gruppen leben.

Viele solcher allerletzten Mammutpopulationen sind einfach erloschen; andere fielen Jägern zum Opfer. Das Bild unterschied sich zweifelsohne von Gebiet zu Gebiet.

DIE LETZTEN MAMMUTS DER WELT

Die Auffassung, daß die Mammuts vor 10000 Jahren ausgestorben waren, wurde im März 1993 nachhaltig erschüttert: Seinerzeit gaben drei russische Forscher bekannt, daß sie Überreste vom Mammut entdeckt hatten, die zwischen 7000 und 3700 Jahre alt waren. Die Fossilien, die von der Wrangel-Insel im Arktischen Ozean stammten, zeigten, daß diese Mammuts kleine Exemplare waren (siehe S. 34 f.), die die anderen bereits ausgestorbenen Mammuts um mehr als 6000 Jahre überlebt hatten.

Zunächst zeigte sich die Fachwelt skeptisch gegenüber den Radiokarbondaten: Waren sie verläßlich? Mittlerweile verfügen wir über mehr als 50 Daten, die in den Laboren Rußlands und der Vereinigten Staaten gewonnen worden sind. Sie lassen keinen Zweifel daran bestehen, daß diese kleinen Mammuts tatsächlich in der Nacheiszeit lebten. Zu einer Zeit, als die Pyramiden und Stonehenge entstanden, streiften noch Mammuts über die arktische Wrangel-Insel.

Vielleicht haben sie aufgrund der außergewöhnlichen Inselvegetation (oben) überlebt, die selbst heute noch einen größeren Reichtum an Pflanzenarten als auf dem Festland aufweist. Wegen klimatischer und geologischer Besonderheiten hat sich auf der Wrangel-Insel ein Relikt der Mammutsteppe erhalten.

Warum die Mammuts auch auf der Wrangel-Insel endgültig verschwanden, mag, wie anderswo, mit klimatischen Veränderungen oder der Bejagung durch den Menschen zusammenhängen. Sie hielten eindeutig unter Extrembedingungen durch, und wenn man den geringen Umfang ihrer Population bedenkt, so reichten die kleinsten Veränderungen in ihrem Habitat aus, um eine Katastrophe auszulösen. Andererseits gibt es Hinweise, daß Menschen dabei eine Rolle gespielt haben könnten. Der früheste Beleg für die Anwesenheit von Menschen auf der Wrangel-Insel ist ungefähr 3400 Jahre alt. Es ist also durchaus möglich, daß dort ein Zusammentreffen von Mammuts und Menschen stattgefunden hat. Die kleinen Mammuts wären für die frühen Jäger leichte Beute gewesen; zudem konnten sie weder entkommen noch ihre Bestände von anderswoher auffüllen.

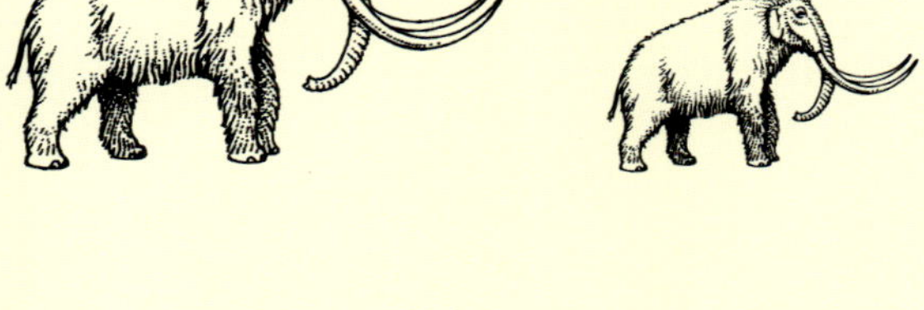

umschwünge und Vegetationswechsel erst einmal drastisch reduziert, so drängten sich die restlichen kleinen Populationen auf einem kleinen übriggebliebenen Habitat oder versammelten sich in Dürrezeiten um die letzten Wasserstellen. In diesen Fällen waren die Tiere für die prähistorischen Jäger leichte Beute.

Man kann dieses Szenario mit Sicherheit nicht als »Ausrottung durch prähistorischen Overkill« bezeichnen. Das ehemalige Verbreitungsgebiet war durch die unmittelbaren Auswirkungen landschaftlicher Veränderungen bereits weitgehend von Mammuts entblößt, nicht aufgrund von Jagdtätigkeit. Der Anteil von Mammuts, die von Menschen getötet worden sind, wäre demnach verhältnismäßig klein, aber er hätte das labile Gleichgewicht zwischen Überleben und Aussterben endgültig kippen können.

KANN MAN MAMMUTS WIEDER ZUM LEBEN ERWECKEN?

Die Funde auf der Wrangel-Insel vor der Küste Nordostsibiriens zeigen, daß die Mammuts – wenigstens in einem entlegenen Teil der Welt – weit länger überlebten, als man ursprünglich dachte. Auf einer etwa 3500 Jahre alten ägyptischen Grabmalerei ist ein sehr kleiner, offenkundig behaarter Elefant mit Stoßzähnen zu sehen, der nach der Ansicht einiger Forscher ein Zwergmammut sein könnte. Weitaus wahrscheinlicher ist, daß hier ein stilisierter Afrikanischer Elefant dargestellt wurde. Immerhin: Die Mammuts der Wrangel-Insel haben uns eine Lektion erteilt, unvoreingenommen zu bleiben.

Ist es möglich, daß Mammuts sogar noch zu einem späteren Zeitpunkt lebten? In verschiedenen Legenden, die sich die nördlichen Völker erzählen, hat sich die Vorstellung von einem heute noch lebenden Mammut erhalten. So glauben beispielsweise die Inuit der Beringstraße, daß sich ein gewaltiges

Mensch und Mammut begegnen sich: Diese phantastische Rekonstruktion (oben) vom Zusammentreffen mit einem Mammut im frostigen Norden wurde durch die Entdeckung des Adams-Mammuts im Jahre 1799 angeregt.

In Le Thot (Frankreich) wurde 1988 ein Roboter-Mammut konstruiert, das aus einem mit Gelenken versehenen Metallgerüst besteht. Seine lebensnahen Bewegungen werden durch dosierten, über Computer regulierten Luftdruck erzeugt.

Tier in der Erde verkrochen habe. Einige Ureinwohner Alaskas meinen, daß ein Geschöpf namens Kilukpuk lange Zeit mit anderen großen Walen im Meer zusammenlebte, bevor es mit Aglu, einem weiteren Seeungeheuer, in Streit geriet, vertrieben wurde und fortan auf dem Land leben mußte. Kilukpuk wühlte sich deshalb in den Boden und »schwamm« im Erdinnern; es hatte Zähne wie ein Walroß, aber sie waren gerade. Solche Geschichten sind auch in Südamerika verbreitet: Als im 19. Jahrhundert Charles Darwin von einigen Führern das Skelett eines Mastodons am Paraná-Fluß in Argentinien gezeigt wurde, hieß es ebenfalls, es sei ein unterirdisch lebendes Tier von gewaltiger Größe. Einige Jakuten sind heute noch der Ansicht, daß Mammuts unter der Erdoberfläche leben. Daher schütten sie alle herausragenden Überreste zu, um Krankheit und Unheil zu entgehen.

Viele Indianerstämme Nordamerikas kannten gleichfalls Geschichten, die sich auf dieses Tier zu beziehen scheinen. Die Algonkin-Indianer im Nordosten erzählten sich von einem »großen Elch«, zwischen dessen Schultern sich ein weiteres Körperglied befand, eine Art fünftes Bein, mit dem er sich sein Ruhelager bereitete. Die Naskapi im Nordosten Labradors verbreiteten die Kunde von einem Ungeheuer mit langer Nase, die es dazu einsetze, um Leute zu schlagen.

Interessanter sind vielleicht Berichte, in denen von einem angeblichen Zusammentreffen mit Mammuts in Sibirien vor nicht allzulanger Zeit die Rede ist. Gegen Ende des 16. Jahrhunderts berichtete ein Reisender, daß er jenseits des Urals auf einen »großen haarigen Elefanten« gestoßen sei, der den Erzählungen der Eingeborenen zufolge eine geschätzte Nahrungsquelle sei. Im Jahre 1920 erzählte ein des Lesens unkundiger Jäger, der zuvor vier Jahre allein in der Taiga zugebracht hatte und dann nach Wladiwostok zurückgekehrt war, daß er vor zwei Jahren frische Tierspuren im Schlamm entdeckt habe. Es seien große, eiförmige Fußabdrücke gewesen, ungefähr 60 cm lang und 50 cm breit. Er behauptete auch, auf einen gewaltigen Kothaufen mit Pflanzenresten gestoßen zu sein und Äste gesehen zu haben, die in 3 m Höhe an den Bäumen abgebrochen waren. Er verfolgte die Fährten tagelang weiter; vielleicht gab es auch ein zweites Paar Fußspuren. Schließlich habe er auf eine Entfernung von 275 m im Wald »einen ungeheuer großen Elefanten mit weißen, sehr gekrümmten Stoßzähnen« gesehen. Das Tier sei dunkelbraun gewesen und habe lange Haare gehabt.

Selbst in diesen Fällen sind andere Erklärungen pausibler. Die Eingeborenen Sibiriens und Alaskas graben seit Jahrhunderten Mammutkadaver aus, und davon könnten ihre Kenntnisse stammen, wie das Tier aussah. Vielleicht wurzeln hierin auch die Legenden, einem lebenden Tier begegnet zu sein. Zwar kann man nicht völlig ausschließen, daß Mammuts bis in die jüngere Vergangenheit überlebt haben – Sibirien erstreckt sich über Millionen von Quadratkilometern und ist nur dünn besiedelt –, aber alle Belege sprechen dafür, daß die Mammuts vor Tausenden von Jahren ausgestorben sind. Doch sind sie für immer verschwunden, oder können wir uns Hoffnungen machen, sie wieder zum Leben zu erwecken?

Der ausgezeichnete Erhaltungszustand von Mammutgewebe, das in den Frostböden Sibiriens konserviert worden war, hat Spekulationen Nahrung gegeben, man könne ein lebendiges Mammut herstellen. In den sechziger und siebziger Jahren dachten sich russische Wissenschaftler ein Experiment aus, um diese Theorie zu überprüfen. Sie entnahmen der Zelle eines Mammuts Genmaterial und transplantierten es in die Eizelle einer Elefantenkuh, deren Genmaterial zuvor entfernt worden war. Das Ei sollte dann wieder in den Elefanten implantiert werden, wo es entweder zu einem Mammut oder zu einer Kreuzung aus Mammut und Elefanten – falls sich die Kuh mit einem männlichen Elefanten paarte – heranwachsen sollte.

Sogar in den neunziger Jahren führten japanische Wissenschaftler diese Versuche weiter, aber Forschungen aus jüngerer Zeit machen nachvollziehbar, warum sie alle zum

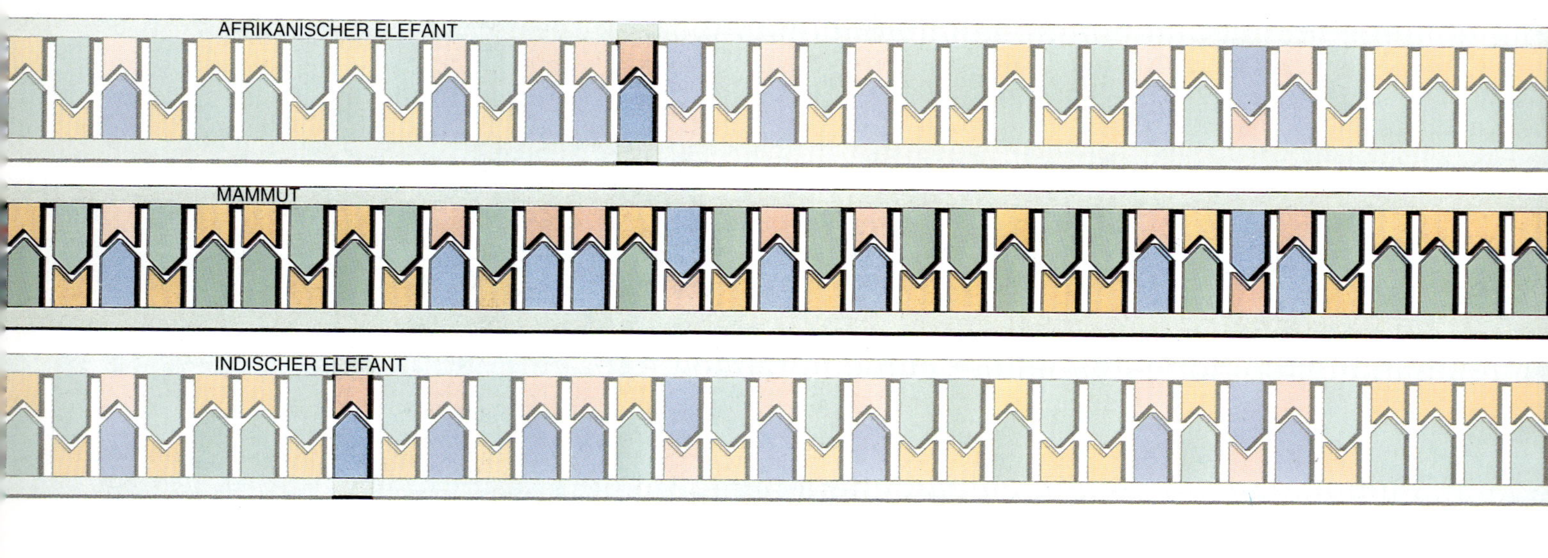

Das fertiggestellte Modell von Le Thot kann seine Ohren, Augen, den Schwanz und die Vorderbeine bewegen. Es kann Luft durch den Rüssel einsaugen, den Kopf heben und die Betrachter antrompeten.

Scheitern verurteilt waren. Sie zeigen darüber hinaus auf, was man mit Mammutgenen tatsächlich machen kann. In den achtziger Jahren entwickelte Techniken haben es ermöglicht, aus fossilen Überresten winzige Mengen von DNS (Desoxyribonukleinsäure) zu gewinnen und zu reinigen. Damit besaß man das Molekül, in dem die Erbinformationen verschlüsselt sind.

»Man ist in der Lage, aus den gefrorenen Kadavern sibirischer Mammuts genetisches Material zu gewinnen«

Mittlerweile haben mehrere Labore rund um die Welt DNS aus dem Gewebe gefrorener sibirischer Mammuts gewonnen. Der Großteil der Erbsubstanz stammt dabei nicht von den Mammutgenen, sondern von Bakterien, die den Kadaver nach dem Tod des Tieres befallen haben. Zwar gibt es einige DNS direkt vom Mammut, aber sie ist beschädigt und in lauter kleine Stücke zerbrochen. Dies liegt sowohl an der Instabilität der DNS-Moleküle, beruht aber auch auf Einwirkungen durch körpereigene Enzyme des Mammuts, durch im Boden enthaltene chemische Stoffe, durch Hitze und von Bakterien verursachten Verfall. Diese zerstörerischen Prozesse setzen insbesondere unmittelbar nach dem Tod des Individuums ein, gehen aber langsam während der nachfolgenden Jahrtausende weiter. Da sie sich weniger auf die Knochen und mehr auf das Muskelgewebe auswirken, sind die Knochen die besten Lieferanten von Mammut-DNS. Aber selbst dann repräsentiert jeder der extrahierten DNS-Abschnitte nur ein Bruchstück vom gesamten genetischen Code des Mammuts; außerdem liegen sie nicht mehr in der komplexen Anordnung vor, die erforderlich ist, um ein kleines Mammut nachzuzüchten. Aus diesen Gründen besteht in absehbarer Zukunft keine Aussicht, ein lebendiges Mammut auf diesem Wege herzustellen. Auch erscheint es in ethischer Hinsicht fragwürdig, ein ausgestorbenes Tier wieder zum Leben zu erwecken, dessen natürliche Lebensräume verschwunden sind. Man tut besser daran, seine Energien auf die Erhaltung der Elefanten zu verwenden, denn sie leben hier und heute und sind akut vom Aussterben bedroht.

Obwohl die gewonnenen DNS-Fragmente nicht ausreichen, um ein lebendiges Tier zu erzeugen, können sie doch Aufschluß über die verwandtschaftlichen Beziehungen der Mammuts zu anderen Tierarten geben. Bis heute hat man eine Anzahl von DNS-Bruchstücken isoliert, die 200–300 Einheiten des genetischen Codes enthalten. Diese kann man mit den entsprechenden DNS-Abschnitten vom Indischen und Afrikanischen Elefanten sowie von anderen Säugetieren vergleichen. Auf diese Weise kann man das Ausmaß der im Laufe der Zeit erfolgten genetischen Veränderungen abschätzen und die wahrscheinlichen Verwandtschaftsbeziehungen zwischen den Arten eruieren. Je mehr sich die DNS-Sequenzen einander gleichen, desto näher sind die Arten miteinander verwandt. Die Ergebnisse dieser Arbeit, die gegenwärtig in vollem Gange ist, wird ein neues Kapitel in der Geschichte unseres Verständnisses vom Mammut eröffnen.

Die unterschiedlichen Streifen auf dieser Platte, die unter Ultraviolett-Bestrahlung sichtbar werden, sind Bruchstücke der Erbsubstanz DNS. Auf der Grundlage dieses genetischen Materials kann man die Unterschiede zwischen den Tierarten annähernd ermitteln. Das Diagramm zeigt einen kleinen Ausschnitt aus der DNS-Sequenz eines Mammuts, die zum ersten Mal 1994 identifiziert werden konnte. Ein Großteil dieser DNS-Abfolge stimmt mit dem genetischen Material der heute lebenden Elefanten überein, aber es treten auch einige Unterschiede zutage.

Glossar

Mit → gekennzeichnete Worte verweisen auf andere Definitionen im Glossar.

Abri Felsdach, Felsüberhang.

Abschlag Mit einem Schlaginstrument, z. B. einem Schlagstein, vom Kern geschlagenes Stück.

Absolute Datierung Jede Datierungsmethode, die ein geschätztes Alter in Jahren ergibt (vgl. → relative Datierung).

Adaptation Jegliche Eigenschaft eines Organismus in anatomischer, physiologischer oder ethologischer Hinsicht als Resultat der → Evolution. Jede Adaptation erfüllt eine bestimmte Aufgabe und kommt in erster Linie durch natürliche → Selektion zustande.

Afterklappe Ein an der Unterseite des Schwanzes gelegenes Hautstück, das die Analöffnung beim Mammut bedeckte.

Alluvial Angeschwemmt.

Alveole Zahnhülse (für den Stoßzahn).

Amebelodon → Mastodontenart, die zur Familie der Gomphotheriidae gehört und in Nordamerika während des späten → Miozän heimisch war. Es hatte kleine obere und große, abgeflachte untere Stoßzähne, mit denen es vermutlich Wurzeln ausgrub.

Archäologie Die Erforschung der menschlichen Vergangenheit mittels systematischer Bergung und Analyse ihrer Überreste.

Archidiskodon → *Mammuthus meridionalis*

Artefakt Durch menschliche Tätigkeit hergestellter Gegenstand.

Artesischer Brunnen Natürlicher Brunnen, der durch selbsttätig aus einem Grundwasserreservoir aufsteigendes Wasser gebildet wird. Er besteht aus durchlässigen, wasserhaltigen → Sedimenten, die von undurchlässigen Bodenschichten umgeben sind.

Aussterben Das endgültige weltweite Verschwinden einer Tier- oder Pflanzenart. Manchmal wird der Begriff auch dann verwendet, wenn eine Art in einem bestimmten Gebiet erlöscht.

Bärlapp Alte, immergrüne Pflanzengruppe (Lycopsida). Die Gewächse ähneln den Moosen, sind aber mit den Schachtelhalmen verwandt.

Barytherien Frühe Tiergruppe aus der Ordnung → Proboscidea. Ihre Vertreter gleichen in Umfang und Gestalt den Elefanten und tragen im Ober- und Unterkiefer zwei Paar kurze Stoßzähne. Ihre Überreste fand man im Gebiet der heutigen Sahara.

Base Teil eines → Nukleotids in der → DNS, das den genetischen Code ausmacht. Es gibt vier unterschiedliche Basen, die ein Alphabet mit vier Buchstaben bilden und deren Sequenz bei einem bestimmten Gen die Struktur eines Proteins festlegt. Die wechselseitige Paarung der Basen auf den beiden Strängen des DNS-Moleküls bildet die Grundlage für die Replikation (Selbstverdoppelung, Kopie) der DNS. Adenin (A) verbindet sich immer Thymin (T), Cytosin (C) immer mit Guanin (G).

Becken (Pelvis) Ein großer Knochen, der mit dem hinteren Bereich der Wirbelsäule verbunden ist. Er stützt die inneren Organe, stellt die Verbindung zu den hinteren Gliedmaßen her und enthält den Geburtskanal. Er wird ebenso als »Beckengürtel« bezeichnet und setzt sich aus drei Knochen zusammen: → Ilium (Darmbein), Ischium (Sitzbein) und Pubis (Schambein).

Behemoth Name eines urtümlichen Lebewesens, das im Alten Testament erwähnt wird. Das Wort stammt vom hebräischen *behema*; die Wortbildung »Mammut« leitet sich eventuell von ihm ab.

Beifuß (nordam. »sagebrush«). Gebräuchliche Bezeichnung für Pflanzenarten der Gattung *Artemisia*, die zu den Korbblütlern *(Compositae)* gehören. Sie sehen gewöhnlich strauchig aus und sind in Europa u.a. unter dem Namen Wermut bekannt.

Beringia Landgebiet, bestehend aus Nordostsibirien, Alaska, dem Yukon-Territorium sowie Bereichen der angrenzenden Kontinentalplatte einschließlich der Beringstraße, die heute die Kontinente trennt. Diese Gebiete bildeten bei niedrigem Meeresspiegel während des → Pleistozäns mehrmals eine zusammenhängende Landmasse.

Beuteltiere (Marsupialier) Eine Säugetiergruppe, die heute fast ausschließlich in Australien und Südamerika vorkommt. Die Jungtiere werden in einer frühen Entwicklungsphase geboren und vollenden ihr Wachstum im Beutel (marsupium) des Muttertiers.

Blitzkrieg International gebräuchliches Wort, das die Vorstöße der Wehrmacht während des Zweiten Weltkrieges bezeichnet. Hier steht es für die Hypothese, → Mammuts und andere Tiere seien durch rasch erfolgte Massentötungen ausgestorben.

Boviden Familie der rinderartigen Tiere.

Canis dirus Eine in Nordamerika während des späten → Pleistozäns häufig vorkommende Raubtierart (→ Carnivoren). Ihre Vertreter waren so groß wie die heutigen Grauwölfe, aber von schwererer Statur. Sie hatten einen sehr großen Kopf und ein mächtiges Gebiß.

Carnivoren Tiere, die sich überwiegend von anderen Tieren ernähren. Bei den plazentalen → Säugetieren zählen hierzu u.a. Raubkatzen, Hunde, Hyänen und Bären.

Chitin Kräftige und elastische Substanz, die die Körperhülle bei Insekten und anderen Arthropoden (Gliederfüßer) bildet.

Clovis-Spitzen Der früheste Typus einer flächenbearbeiteten Geschoßspitze aus Stein bei den prähistorischen Indianern. Sie zeichnet sich durch symmetrische, sorgfältig ausgeführte Retuschierung sowie durch die Anlage einer »Schäftungskerbe« auf ihrer Oberfläche aus. Clovis-Geschoßspitzen sind zwischen 11000 und 11500 Jahre alt.

Computersimulation Ein mit dem Computer durchgeführter Versuch, den Ablauf eines bestimmten Prozesses (z.B. das Aussterben der Mammuts) nachzuvollziehen. Unter verschiedenen Ausgangsbedingungen sollen so der wahrscheinliche Verlauf und das Endresultat näher bestimmt werden.

Computertomographie Röntgenanalyse, mit der man ein Bild vom Querschnitt im Inneren eines Gegenstands erhält, ohne daß dieser mit mechanischen Mitteln geöffnet werden müßte. Der Computer kann diese Schnitte zusammensetzen und den Gegenstand dreidimensional wiedergeben.

Dauerfrostgebiet (Permafrost) Gebiet in der Arktis oder Antarktis, dessen Boden dauerhaft gefroren ist. Vielerorts taut die Bodenoberfläche im Sommer auf.

Deinotherium Ausgestorbenes Rüsseltier, dessen Verbreitungsgebiet sich von Afrika bis nach Südeuropa und Indien erstreckte. Obwohl es sich um keinen echten → Elefanten handelte, sah es mit einem → Rüssel und nach unten gebogenen unteren → Stoßzähnen doch elefantenähnlich aus.

Dentin Ein Zahngewebe, das nicht so hart wie → Schmelz ist und den Kern der meisten Zähne bei den Säugetieren bildet. Der → Stoßzahn (→ Elfenbein) bei → Elefanten und → Mammuts besteht größtenteils aus Dentin. Bei den → Molaren füllt das Dentin abwechselnd mit → Zement die Zwischenräume zwischen den Schmelzlamellen aus. Beim lebenden Tier enthält das Dentin lebende Zellen und Nervenfasern.

DNS (Desoxyribonukleinsäure) Sich selbst verdoppelndes (replizierendes) Molekül, in dem die genetische Information gespeichert ist. Es befindet sich in den Chromosomen einer jeden Zelle und enthält einen vollständigen identischen Satz mit allen Genen des Tieres. Ein DNS-Molekül besteht aus zwei spiralförmig gewundenen Strängen, die ihrerseits aus miteinander verbundenen → Nukleotiden gebildet werden.

Dugong Gabelschwanz-Seekühe (*Dugong dugong)* aus der Ordnung der Seekühe (→ Sirenia). Die Tiere werden bis zu 3,7 m lang und leben in den seichten Küstengewässern des südwestlichen Pazifiks, des Indischen Ozeans und des Roten Meers.

Eiskappe, Eisdecke Dicke Schicht aus Gletschereis und Schnee, die ein Gebiet dauerhaft bedeckt.

Eiszeit Zeitspanne mit ausgeprägter → Vergletscherung. Bisweilen wird mit »Eiszeit« das gesamte → Pleistozän einschließlich der Warmzeiten bezeichnet. Manchmal bezieht sich das Wort auf einen bestimmten Abschnitt des Pleistozäns, beispielsweise »die letzte Eiszeit«. Selbst solche Abschnitte untergliedern sich jedoch in Phasen mit Vergletscherung und Kaltphasen ohne die Ausbildung von Eisdecken. Auch in früheren geologischen Abschnitten gab es »Eiszeiten«.

Elefant Rüsseltier aus der Familie → Elephantidae. Unzutreffenderweise zählt man hierzu oft nur die beiden heute lebenden Elefantenarten, obwohl das → Mammut eigentlich dazugehört. Soweit bekannt, tauchte das Wort erstmals bei Homer (und Hesiod) auf, die damit »Elfenbein« meinten. Der Ursprung des Wortes ist unbekannt; vielleicht stammt es vom hebräischen *eleph* (Rind).

Elefanten-Friedhof Dieser Begriff wird unzutreffenderweise auf große Knochenansammlungen von heutigen → Elefanten oder fossilen → Mammuts angewendet. Dies beruht auf der irrigen Auffassung, die Elefanten »suchten« sich bestimmte Plätze zum Sterben aus. Gewöhnlich sind solche Stellen jedoch die letzten Wasserlöcher, um die sich die Tiere in Dürrezeiten versammelten. Im Falle der Mammuts sind solche »Friedhöfe« das Resultat eines natürlichen Prozesses, in dessen Verlauf Knochen angehäuft werden, z.B. durch Flußtransport oder Bodenbewegung.

Elektronenspin-Resonanz Methode der → absoluten Datierung. Man mißt dabei die in einem Kristallgitter »eingefangenen« Elektronen, die im Laufe der Zeit durch natürliche Strahlung aus der Umgebung dorthin gelangt sind. Man hat die Methode erfolgreich bei den → Molaren von → Mammuts angewandt.

Elektrophorese Arbeitsprozeß im Labor, bei dem Moleküle in einer Lösung zum Zwecke einer Analyse elektrischer Spannung ausgesetzt werden. Die Geschwindigkeit und das Ausmaß, mit denen sich die Moleküle über das elektrische Feld bewegen, korrelieren mit ihrem Gewicht. Daraus kann man die relative Größe der Moleküle ableiten.

Elephantidae Familie in der Ordnung → Proboscidea, die aus dem Mammut und den heute lebenden → Elefanten besteht. Im Unterschied zu den → Mastodonten haben die Vertreter dieser Familie gefurchte → Molaren, und ihre Stoßzähne enthalten keinen → Schmelz.

Elephas Gattung, zu welcher der heute lebende Indische Elefant *(E. maximus)* zählt. In Afrika und Südasien entwickelten sich verschiedene Arten dieser Gattung, die bis auf eine ausstarben. Ursprünglich bezeichnete man mit diesem Namen fast alle fossilen Elefanten (das Mammut wurde zuerst *Elephas primigenius* genannt). Mittlerweile hat sich herausgestellt, daß viele davon unterschiedlichen Zweigen des Stammbaums angehören.

Erdfall Eine kraterähnliche Vertiefung, die durch das Absinken des Felsuntergrunds oder des Bodens entstand. Sie konnte für vorbeiziehende Tiere eine natürliche Falle sein.

Evolution Sich über einen langen Zeitraum erstreckender Prozeß, in dem sich verschiedene Lebensformen durch beständige Veränderungen herausgebildet haben. Die beiden wichtigsten Abläufe sind zum einen die geographische Trennung von Angehörigen einer Art, die zur Entwicklung zweier verschiedener Arten führt; zweitens Veränderungen innerhalb einer Art, die die Ausbildung neuer Formen, Strukturen und → Adaptationen zur Folge hat. Das Zusammenwirken beider Prozesse erklärt, warum eine Art, die der Ahnform gleicht, weiterhin neben dem veränderten Abkömmling leben kann.

Fauna Tiergemeinschaft aus allen Arten, die in einem bestimmten Gebiet leben. Manchmal wird der Begriff irrtümlich auf eine Ansammlung von Fossilien angewendet, die von einer heute lebenden Fauna stammen.

Flachrelief Skulptierte Figur, die sich vom Hintergrund abhebt, weil das sie umgebende Material abgetragen worden ist.

Foraminiferen Im Wasser lebende einzellige Tiere. Sie bilden winzige Schalen aus, die in den → Sedimenten am Meeresgrund erhalten bleiben und zu deren Aufbau beitragen. Die zahlreichen unterschiedlichen Arten können an der Form ihrer Schale erkannt werden.

Geschoßspitze Aus Stein, Knochen, Metall oder einem anderen geeigneten Material gefertigte Spitze eines Pfeils oder Speeres.

Gomphotherium Ein im → Holozän vorkommendes → Mastodon, dessen Verbreitungsgebiet von Afrika über Europa bis nach Pakistan reichte. Es war so groß wie der Indische Elefant und besaß sowohl obere wie untere → Stoßzähne.

Grubenfalle Eine getarnte Grube, in der manchmal ein angespitzter Pfahl angebracht wurde. Man legte sie an Pfaden an, die häufig von den Beutetieren begangen wurden, oder in der Nähe von Wasserstellen. Wenn das Tier in die Grube stürzte, konnte es getötet werden, oder es verendete langsam.

Herbivoren Tiere, die sich überwiegend oder ausschließlich von Pflanzen ernähren.

Höhlenbär Große, sich vorwiegend vegetarisch ernährende, ausgestorbene Bärenart *(Ursus spelaeus)* im europäischen → Pleistozän. Er lebte zur selben Zeit wie das → Wollnashorn und überwinterte in Höhlen, wo man auch die meisten seiner Überreste fand.

Holozän Warmzeit des Eiszeitalters, die vor 10000 Jahren begann und bis heute anhält.

Horizont Schicht einer Ablagerung (→ Sediment), die eine bestimmte Zeitspanne der Vergangenheit repräsentiert.

Ilium (Darmbein) Größter Knochen des → Beckens, der den oberen und die seitlichen Teile des Beckengürtels bildet und den Geburtskanal umgibt.

Isotope Unterschiedliche Zustandsformen eines einzigen chemischen Elements, deren chemische Eigenschaften gleichgeblieben sind, die sich aber hinsichtlich ihrer Masse unterscheiden, da ihre Atome eine unterschiedliche Anzahl Neutronen enthalten.

Jakuten Größeres Volk sibirischer Ureinwohner, die sich von ihrem Stammgebiet an der mittleren Lena ausgebreitet haben. Jakutien ist heute eine große autonome Republik im russischen Staatsgebiet.

Jedoma Sanft abfallende, abgerundete Hügel aus Schlamm in Sibirien, die bis zu 80% Eis enthalten können. Man bezeichnet damit auch das → Sediment, aus dem sie sich zusammensetzen.

Karies Zahnverfall, der durch die Auflösung harten Zahngewebes mit nachfolgender Lochbildung verursacht wird.

Kleinkunst Kleine Kunstwerke, die leicht genug sind, um transportiert werden zu können (z.B. geschnitztes oder graviertes Elfenbein).

Kollagen Ein fasriges Protein, das von fossilen Knochen zur → Radiokarbondatierung entnommen wird.

Krautartige Pflanzen (Kräuter) Pflanzen, deren Stiele nicht holzig sind. Sie sterben gewöhnlich nach einjährigem Wachstum ab; manche von ihnen sind eßbar. Zu ihnen zählen viele Gräser und kleine blühende Pflanzen.

Krone Zahnteil über der Wurzel, der gewöhnlich mit → Schmelz überzogen ist. Bei Mammuts ist ein Großteil der Krone bis zu den letzten Abnutzungsphasen im Kieferknochen eingebettet.

Lamuten Größere Volksgruppe innerhalb der → Tungusen. Die Lamuten leben in → Sibirien am Ochotskischen Meer und ernähren sich von Jagd und Rentierzucht.

Lochstab Werkzeug (meist aus Rengeweih) mit einem größeren durchbohrten Loch und massivem Griff, das vermutlich zum Begradigen von Spitzen und Schäften diente.

Loxodonta Elefantengattung, zu welcher der heute lebende Afrikanische Elefant gehört. Die früheste Art, *L. adaurora*, fand man in 4–5 Millionen Jahre alten Ablagerungen in Afrika. Die moderne Spezies *L. africana* unterteilt sich in zwei Unterarten, deren eine die → Savannen bewohnt (*L. a. africana*, das größte lebende Landsäugetier), die andere, kleinere, in Wäldern vorkommt *(L. a. cyclotis)*. Der Name stammt von den rautenförmigen Schmelzlamellen auf den → Molaren.

Mäanderabschnürung Ein bogenförmiger See auf dem → Schwemmgebiet eines Flusses. Er entsteht, wenn eine Flußbiegung abgeschnürt wird und der Fluß einen kürzeren, direkteren Verlauf nimmt. Der sumpfige Flußarm ist ein Staugewässer, dessen Wasserzufuhr ausschließlich von Überflutungen aus dem Fluß stammt.

Magen-Darm-Trakt Hauptverdauungskanal, der aus Speiseröhre, Magen und Darm besteht.

Mammut Ausgestorbener → Elefant der Gattung → *Mammuthus*. Diese Bezeichnung wird oft auch nur für das wollhaarige Mammut → *M. primigenius* angewandt. Einige sind der Ansicht, das Wort stamme vom hebräischen *behema* und habe seinen Weg nach Europa über das arabische *Mehemot* genommen. Die sibirischen Sprachen kennen kein Wort, das zu der Bezeichnung »Mammut« hätte führen können. Die → Tungusen nennen das Tier *cheli* und die → Jakuten *uukyla;* eine Quelle könnte eventuell das westtungusische Wort *namendi* für Bär sein. Aller Wahrscheinlichkeit nach stammt die Bezeichnung jedoch aus dem Estnischen: *maa* heißt Erde, *mutt* Maulwurf. Verbindet man, einem weitverbreiteten und alten Aberglauben folgend, daß das Tier sich in die Erde eingrabe , beide Worte, ergibt sich die heute gebräuchliche Bezeichnung.

Mammut americanum Waldbewohnende → Mastodonart. Sie zählt zur Familie Mammutidae, zu der auch das amerikanische Mastodon *Mammut americanum* gehört. Es war mit dem → Mammut nicht näher verwandt, überlebte aber bis zum Ende des → Pleistozäns.

Mammuthus Gattung in der Familie → Elephantidae. Hierzu zählen die Mammuts mit ihren gekrümmten → Stoßzähnen und anderen charakteristischen Merkmalen. Die erste wissenschaftliche Verwendung des Namens geht auf den Engländer J. Brookes 1828 zurück; er ist einfach die latinisierte Form von »Mammut«. Die verschiedenen Arten dieser Gattung werden mit der Abkürzung *M.* für *Mammuthus* bezeichnet.

M. africanavus Frühe Mammutart, die in Nordafrika gefunden wurde und deren Alter sich auf rund 3 Millionen Jahre beläuft. Den Namen prägte der Franzose C. Arambourg im Jahre 1952.

M. columbi Das → Nordamerikanische Mammut, die wichtigste Mammutart im südlichen Nordamerika, erhielt seinen Namen 1857 vom Engländer H. Falconer. Es stammt letztendlich vom amerikanischen Südelefanten *M. meridionalis* ab. Sein Verbreitungsgebiet erstreckte sich vom Norden der Vereinigten Staaten bis nach Zentralmexiko, und es überlebte bis vor 10500 Jahren.

M. exilis → Zwergmammut auf den Kalifornischen Kanalinseln. Der Name – er stammt von den Amerikanern C. Stock und E. Furlong (1928) – bezieht sich auf den vermeintlichen Exilantenstatus der Inselmammuts. Da die Fossilien der Kanalinsel auf mehr als nur einen Prozeß der Isolierung und Verzwergung zurückgehen, wäre es eigentlich angemessen, von mehr als einer Art zu reden.

M. imperator Der Name, der für viele Mammutfossilien Nordamerikas gebraucht wird, wurde erstmals zur Bezeichnung eines Mammutzahns aus Nebraska geprägt (der Amerikaner J. Leidy im Jahr 1858). Die Stellung dieses Mammuts in der Evolutionsgeschichte ist unklar. Einiges Fundmaterial legt eine Mittelposition zwischen → *M. meridionalis* und → *M. columbi* nahe. Andere mit diesem Namen bezeichnete Fossilien schreibt man jedoch besser *M. columbi* selbst zu.

M. jeffersonii Manchmal gebräuchlicher Name für große Mammutfossilien, die hauptsächlich vom südlichen Teil Nordamerikas stammen; sie könnten ein evolutionäres Bindeglied zu → *M. columbi* sein. Diese Bezeichnung wurde zum Gedenken an Thomas Jefferson vom Amerikaner H. F. Osborn im Jahr 1922 geprägt.

M. meridionalis Älteste Mammutart, die außerhalb Afrikas gefunden wurde. Seine Überreste kommen in Eurasien vor, wo sie zwischen 3 Millionen und 750000 Jahre alt sind, und in Nordamerika, wo sie ein Alter von bis zu 1,5 Millionen Jahre haben. Wahrscheinlich war es die Ahnform aller späteren Mammutarten auf beiden Kontinenten. Hier wird es auch als → ursprüngliches Mammut bezeichnet; im Gebrauch ist aber ebenfalls der Begriff »Südelefant«, weil seine Überreste zuerst in Italien identifiziert worden sind. *Meridionalis*, das lateinische Wort für »südlich«, geht auf den Italiener F. Nesti zurück, der dieses Mammut 1825 erstmals so benannte. Einige Fachleute unterscheiden von *M. meridionalis* eine weitere Art, → *Archidiskodon*, andere unterteilen es in eine frühere Spezies *(A. gromovi)* und eine spätere Art *(A. meridionalis)*.

M. primigenius Das → wollhaariger Mammut, das sich in Eurasien vor 500000–300000 Jahren entwickelte und über die ganze nördliche Hemisphäre verbreitet war, bis es schließlich vor 10000 Jahren von den Kontinenten verschwand. Sein ursprünglicher Name, *Elephas primigenius*, stammt aus dem Lateinischen und bedeutet »erster Elefant«; diese Bezeichnung geht auf den Deutschen J. F. Blumenbach (1799) zurück.

M. subplanifrons Früheste Mammutart, die man aus 3–4 Millionen Jahre alten fossilen Bruchstücken in Süd- und Ostafrika kennt. Den Namen prägte der Amerikaner H. F. Osborn im Jahre 1928.

M. trogontherii Mammutart, die in zeitlicher und anatomischer Hinsicht eine Mittelstellung zwischen → *M. meridionalis* und → *M. primigenius* einnimmt. Man kennt es auch unter dem Namen → Steppenmammut. Es kam ausschließlich in Eurasien vor, wo es vor einer Million bis 500000 Jahren lebte. Der Name stammt von dem Deutschen H. Pohlig (1885) und geht auf den Umstand zurück, daß man diese Art erstmals in Ablagerungen identifizierte, die auch den ausgestorbenen Biber *Trogontherium* enthielten. *M. trogontherii* wird manchmal auch *M. armeniacus* genannt.

Mammutsteppe Ein von dem amerikanischen Paläoökologen D. Guthrie geprägter Begriff, der die Landschaft des nördlichen Eurasiens und Nordamerikas während der Kaltphasen des → Pleistozäns, insbesondere der letzten → Eiszeit, bezeichnet. Ihre Vegetation bestand aus einer reichhaltigen Mischung von → Steppen- und → Tundrapflanzen. Sie unterschied sich von den heutigen Pflanzengemeinschaften und bot die Ernährungsgrundlagen für eine vielfältige Säugerfauna. Im Süden überwog die Steppenvegetation, im Norden die Pflanzenwelt der Tundra.

Manatis Siehe → Rundschwanz-Seekühe

Massenspektronomie Eine Untersuchungsmethode der → Radiokarbondatierung, bei der das Mengenverhältnis verschiedener → Isotope in einer Probe durch direkte Gewichtsmessung der Kohlenstoffatome ermittelt wird.

Mastodon Irreführende Bezeichnung für verschiedene Abzweigungen vom Stammbaum ausgestorbener Rüsseltiere. Das Wort bedeutet »Brust-Zahn« und bezieht sich auf die halbkugeligen Spitzen der → Molaren. Ein wichtiger Vertreter ist das amerikanische Mastodon → *Mammut americanum*.

Matriarchin In Elefantengemeinschaften das dominante weibliche Tier, das die Herde bei allen Tätigkeiten anführt. Es ist normalerweise die ältere Verwandte vieler Herdenmitglieder.

Megafauna Die größeren Tierarten einer → Fauna. Unter den pleistozänen → Säugetieren sind dies Arten mit mehr als 40 kg Körpergewicht, also ungefähr von den Wölfen an.

Mineralisierung Prozeß, in dem die im Erdreich begrabenen → Fossilien nach und nach anorganische Substanzen aufnehmen, welche den Knochen, den Zahn oder die Muschelschale ausfüllen bzw. sie ersetzen. Die mineralisierten Fossilien sind äußerst hart und stabil.

Miozän Erdgeschichtliche Epoche vor 24–5 Millionen Jahren. Vor allem in diesem Zeitraum verbreiteten sich die Rüsseltiere weltweit und fächerten sich in verschiedene Arten auf.

Moeritherium Frühester bekannter Vertreter der Ordnung → Proboscidea. Seine Fossilien, die man in Nordafrika fand, sind zwischen 40 und 50 Millionen Jahre alt. Es sah wie ein kleines Nilpferd aus, war amphibisch und zeigte Ansätze von → Stoßzähnen.

Molaren Die Backenzähne der → Mammuts und anderer → Säugetiere. Genaugenommen sind dies die drei hinteren Zähne in jedem Kiefer, die Molare 1–3, denen keine Milchzähne vorausgehen. Die vorderen Backenzähne oder Prämolaren wachsen senkrecht nach den Milchzähnen nach. Bei Elefanten und Mammuts bestehen die sechs waagerecht nachrückenden Backenzähne aus drei Milchzähnen und drei Molaren; die echten Prämolaren sind im Verlauf der Evolution verschwunden. Aus Gründen der Einfachheit werden jedoch alle sechs Zähne bei Mammuts und Elefanten gewöhnlich als »Molaren« bezeichnet und von 1 bis 6 durchnumeriert.

Mosaikvegetation Mischvegetation aus zahlreichen verschiedenen Pflanzenarten, die oft aus dem Nebeneinander unterschiedlicher ökologischer Systeme hervorgegangen ist. Die Pflanzenvielfalt wird durch örtlich eng begrenzte Varietäten der Artenzusammensetzung zusätzlich gesteigert.

Moschusochse → Bovidenart *(Ovibos moschatus)*, die an die Lebensbedingungen der nördlichen Arktis angepaßt ist und heute nur noch in Nordkanada und Grönland vorkommt. Der Moschusochse, der vermutlich mit Schafen und Ziegen verwandt ist, wird 1,2–1,5 m groß, hat mächtige abgeflachte Hörner und ein dichtes Fell.

Mumie Volkstümliche Bezeichnung für einen künstlich behandelten Leichnam, der in Gestalt und Aussehen lebensähnlich erhalten bleiben soll. Im alten Ägypten wurde beispielsweise Erdpech (Bitumen) zur Mumifizierung verwendet (das Wort stammt vom persischen *moumia* = Pech). Der Begriff wird häufig auch für die Überreste von Menschen und Tieren gebraucht, die auf natürliche Weise konserviert worden sind.

Neandertaler Eine archaische Menschenform, die ihren Namen vom Fundort Neandertal bei Düsseldorf hat und vor 150000–33000 Jahren lebte. Die Neandertaler hatten ein großes Gehirn, massive Augenbrauenwülste, ein fliehendes Kinn und eine muskulöse Statur. Es ist nach wie vor strittig, ob sie eine »evolutionäre Sackgasse« darstellten oder zumindest teilweise die Ahnen der modernen Menschen waren.

Nordamerikanisches Mammut Gebräuchlicher Name für → *Mammuthus columbi*.

Nukleotide Bestandteile des DNS-Strangs, die aus drei Molekülen aufgebaut sind: einem Zucker, einem Phosphat und einer → Base.

Ocker (rot oder gelb) Mineralische Eisenoxyde wie Hämatit ($Fe_2 O_3$), die als Pigmente zum Malen und zur Dekoration verwendet wurden.

Osteoarthritis Fortschreitende Erkrankung der Gelenke, die durch Abnutzung und Verschleiß der Knochen und Knorpel verursacht wird.

Ostracoden Winzige Schalentiere (Muschelkrebse), die im Meer und im Süßwasser leben. Sie haben eine zweikammerige, ei- oder nierenförmige Schale und gegliederte Fortsätze zum Nahrungserwerb. Es sind rund 200 lebende Arten bekannt, aber 2000 fossile Arten sind beschrieben worden, von denen viele nicht größer als rund 1 mm wurden.

Overkill Terminus aus dem Kalten Krieg, der sich auf die Atomwaffenpotentiale der Supermächte bezog. Hier: Theorie, daß die menschlichen Jäger für den Untergang der → Mammuts und der übrigen verschwundenen → Megafauna verantwortlich waren.

Ozokerit Aus dem Griechischen stammendes Wort, das »wohlriechendes Wachs« bedeutet. Damit ist ein in der Natur vorkommendes gelbes oder braunes Wachs gemeint (auch als Erdwachs oder mineralisches Wachs bekannt), das hauptsächlich aus stabilen paraffinischen Kohlenwasserstoffen besteht und bei Erdölvorkommen anzutreffen ist.

Pachydermen Unzutreffende Bezeichnung für dickhäutige Vierfüßer wie Elefanten, Nashörner oder Nilpferde. Das Wort leitet sich vom griechischen *pakhudermos* ab, das »dicke Haut« bedeutet.

Palaeoloxodon antiquus Ausgestorbene Elefantenart, die ausschließlich in Eurasien vorkam. Sie war vermutlich eine Abzweigung vom afrikanischen Stamm → *Elephas*, tauchte in Europa vor etwa 500000 Jahren auf und verschwand nach etwa 100000 Jahren wieder. Diese große Elefantenart lebte in warmen, bewaldeten Habitaten und kam gelegentlich zeitgleich mit dem → wollhaarigen Mammut vor.

Paläolithikum Die »Altsteinzeit« oder erste prähistorische Epoche, die mit dem Erscheinen werkzeuggebrauchender Menschen einsetzt (vor etwa 2½ Millionen Jahren) und mit der letzten → Eiszeit vor rund 10000 Jahren endete. Die paläolithischen Menschen lebten als Sammler und Jäger. Diese Epoche untergliedert sich in drei größere Abschnitte: Das Altpaläolithikum ist die Phase der frühen Menschen mit ihren einfachen Steinwerkzeugen. Im Mittelpaläolithikum sind technologische Fortschritte festzustellen; es stimmt ungefähr mit der Zeit der → Neandertaler überein. Das Jungpaläolithikum ist der Abschnitt, in dem der moderne Mensch in Erscheinung tritt – mit feingearbeiteten Werkzeugen aus Stein und Knochen, Bildwerken und Körperschmuck.

Paläontologie Die Erforschung fossiler Überreste von Organismen.

Parallele Evolution Ein Evolutionsprozeß bei zwei voneinander getrennten Arten oder Populationen, die unter den gleichen Ausgangsbedingungen ähnliche → Adaptationen entwickeln.

Parklandschaften Ein Landschaftstypus, der bei oberflächlichem Blick Zier- oder Erholungsparkanlagen gleicht, mit Grasflächen und verstreuten Wäldchen aus Bäumen und Sträuchern.

Periglazial Eiszeitliche Landschaft ohne Gletscher, die durch starke Frosttätigkeit sowie durch alle Merkmale kaltklimatischer Phasen geprägt ist, wie Grundeis, große Ansammlungen verwitterter Felstrümmer und heftige Winde, die zu zahlreichen Ablagerungen von Schlamm und Sand führen. Beispiele hierfür sind die Gebiete um die heutigen und pleistozänen Gletscher sowie die Dauerfrostregionen.

Periodontitis Wurzelhautentzündung; Erkrankung der Gewebe, in die der Zahn im Kiefer eingebettet ist, einschließlich des → Zements und des Kieferknochens.

Permafrost Andere Bezeichnung für → Dauerfrostgebiete.

Phiomia Vertreter der Paläomastodonten, einer Gruppe früher Rüsseltiere, deren Überreste man in Nordafrika in 30–40 Millionen Jahre alten Ablagerungen fand. Sie waren die kurzrüsseligen Vorläufer der → Mastodonten.

Pleistozän Eiszeitalter. Erdgeschichtliche Epoche vor 1,7 Millionen bis 10000 Jahren, in die die → Eiszeiten fallen. Man unterscheidet das frühe Pleistozän (vor 1,7 Millionen–780000 Jahren), das mittlere Pleistozän (vor 780000–127000 Jahren) und das späte Pleistozän (vor 127000–10000 Jahren). Der Begriff umfaßt manchmal auch noch die letzten 10000 Jahre bis heute; mittlerweile hat sich hierfür aber die Bezeichnung → Holozän durchgesetzt.

Polymerase-Kettenreaktion Arbeitsprozeß im Labor, bei dem kleine Mengen von DNS zu zahlreichen identischen Kopien vervielfältigt werden, um weitere Untersuchungen durchführen zu können.

Postglazial Andere Bezeichnung für → Holozän.

Primelephas Frühe echte Elefantenart aus der Familie → Elephantidae, die aus 5–6 Millionen Jahre alten Ablagerungen in Afrika bekannt ist. Sie ist die letzte gemeinsame Ahnform der heutigen Elefanten und der Mammuts.

Proboscidea (Rüsseltiere) Säugetierordnung, zu der das → Mammut und die heute lebenden → Elefanten zählen. Sieht man von den ältesten Vertretern ab, so zeichnen sich alle Tiere dieser Ordnung durch einen → Rüssel (→ Proboskis) und → Stoßzähne aus.

Proboskis Fachbezeichnung für → Rüssel. Das Wort kommt vom griechischen *proboskis* und bedeutet wörtlich »Mittel zur Nahrungsbeschaffung«.

Protozoen Einzellige Tiere mit eigenständiger oder parasitärer Lebensweise.

Quarz Hartes Gestein, aus dem → Abschläge hergestellt werden können. Quarzgerölle eigneten sich ebenso hervorragend als Schlagsteine zur weiteren Steinbearbeitung.

Radioaktivität Die Eigenschaft instabiler → Isotope, sich durch Zerfall in ein anderes Atomteilchen umzuwandeln, wobei Elementarteile freigesetzt werden. Die Zerfallsrate ist bei jedem Isotop konstant und bildet so eine Grundlage für die → absolute Datierung.

Radiokarbondatierung Methode, um organisches Material einschließlich Knochen und Holz zu datieren. Sie beruht auf der Messung der Zerfallsrate eines Kohlenstoff-Isotops (^{14}C) zu Stickstoff. Damit können Datierungen bis in eine Zeit vor 30000 Jahren durchgeführt werden.

Relative Datierung Jede Methode zur Ermittlung des relativen Alters von → Fossilien oder → Sedimenten, deren → absolutes Alter man nicht kennt. Das Resultat lautet dann: »A ist jünger (oder älter) als B (oder zeitgleich)«.

Riesenfaultier Irreführende Bezeichnung für einige neuweltliche Säugetierarten, die zu verschiedenen Familien der Ordnung Edentata (Zahnarme) zählen. Aus dem nordamerikanischen → Pleistozän sind mindestens vier Arten bekannt, die alle vor 10500 Jahren ausstarben. Alle Tiere trugen Krallen und hatten einfache, stiftähnliche Zähne. Sie wurden bis zu 5,5 m groß.

Riesenhirsch Unzutreffende Bezeichnung für eine Gruppe ausgestorbener Hirscharten des eurasischen → Pleistozäns, zu der auch der sogenannte Irische Elch *Megaloceros giganteus* zählte. Diese Art lebte zur gleichen Zeit wie das → Mammut in Europa und war mit einem gewaltigen, abgeflachten, ausladenden Geweih ausgestattet.

Rote Blutkörperchen Die häufigste Blutzelle, deren Fachbezeichnung Erythrozyten lautet; sie enthält den roten Farbstoff Hämoglobin. Die roten Blutkörperchen transportieren Sauerstoff zu den Muskeln und Organen und nehmen von dort Kohlendioxyd auf.

Rundschwanz-Seekühe (Manatis) Dies sind vier Arten der Ordnung → Sirenia (Gattung *Trichechus*), deren Vertreter zwischen 2,1 m und 4,2 m lang werden. Sie bewohnen seichte Küstengewässer, Flußmündungen und Flüsse des tropischen Atlantiks.

Rüssel Charakteristisches Merkmal aller Vertreter der Ordnung → Proboscidea. Das Organ wird zum Atmen, Fressen, Trinken, für soziale Kontakte und für andere Tätigkeiten verwendet. Es entstand durch die Verschmelzung von Nase und Oberlippe und enthält zwei Nasenöffnungen, die vom Kopf bis zur Rüsselspitze verlaufen.

Säbelzahnkatze Eine von mehreren ausgestorbenen Arten der Katzenartigen (Felidae), die unabhängig voneinander lange, abgeflachte und gekrümmte obere Eckzähne ausbildeten; sie dienten dazu, die Beute zu schlagen. Die am besten bekannten Vertreter sind *Smilodon fatalis* und *Homotherium* aus dem späten → Pleistozän Nordamerikas und Europas.

Säugetiere Eine Gruppe der Wirbeltiere (Klasse Mammalia), die sich in Monotremen (Kloakentiere; eierlegende Säuger), → Marsupialier (Beuteltiere) und Plazentalier (alle übrigen, einschließlich der Rüsseltiere) aufgliedern. Charakteristische Merkmale sind unter anderem Behaarung, Milchabsonderung und die Existenz dreier Mittelohrknochen.

Savanne Tropischer oder subtropischer Vegetationsgürtel der Gegenwart, der aus Graslandschaften mit vereinzeltem Baumbestand besteht. Eine typische Savanne gibt es in Teilen von Afrika; sie ist der Lebensraum für eine vielfältige Säugetierfauna.

Scapula Großer abgeflachter Knochen, der das Schulterblatt bildet.

Schliefer Eine Gruppe der → Säugetiere (Ordnung Hyracoidea), die mit → Elefanten und → Mammuts vermutlich entfernt verwandt ist und heute ausschließlich in Afrika vorkommt. Sie werden zwischen 30 und 60 cm lang und sind → Herbivoren.

Schmelz Das härteste Gewebe bei Säugetieren. Es bildet die äußere Schicht der meisten Zähne und die Kauleisten an den → Molaren der → Mammuts.

Schneidezähne Vorderzähne, die bei den meisten → Säugetieren zum Beißen dienen. Primitive plazentale Säuger (z.B. Spitzmäuse) haben drei Paar obere und untere Schneidezähne; Menschen zwei Paar; → Elefanten und → Mammuts ein Paar, die → Stoßzähne.

Schutzbehaarung Lange, kräftige Haare, die die äußere Schutzschicht des Fellkleids bilden.

Schwemmgebiet Teil eines Flußtales, das überschwemmt wird. Beim Abfließen des Wassers werden Sedimentschichten als → Alluvion abgelagert.

Sediment Geologischer Fachbegriff für Ablagerungen, die durch die Anhäufung kleiner Partikel wie Lehm, Schlick, Sand, Kies oder organische Materialien entstehen. Oft enthalten sie → Fossilien.

Seekühe Eine große Art der Ordnung → Sirenia *(Hydrodamalis gigas)*, deren Vertreter bis zu 7,6 m lang werden. Sie kamen einst auch im Nordpazifik vor, wurden aber durch Bejagung im 17. Jahrhundert ausgerottet.

Segge Eine große Pflanzengruppe (Cyperaceae), zu der die Binsen und Riedgräser gehören. Sie bevorzugen feuchte Umgebung, kommen aber auch auf Trockenböden vor. Sie bildeten einen wesentlichen Bestandteil der → Mammutsteppe.

Selektion Der grundlegende Prozeß, durch den die → Evolution → Adaptationen hervorbringt. Die natürlichen Unterschiede zwischen Individuen einer Art führen zu unterschiedlichen Erfolgen im Überlebenskampf und bei der Fortpflanzung: Es gibt Artangehörige, die sich besser ernähren können, leichter Paarungspartner finden, gegen Erkrankungen resistenter sind usw. Wenn diese Merkmale bis zu einem gewissen Maß vererbbar sind, werden sie bei den Angehörigen nachfolgender Generationen überwiegen.

Sibirien Ausgedehnte Landmasse, die sich vom Ural im Westen (der natürlichen Grenze zum europäischen Teil Rußlands) bis zum Pazifischen Ozean im Osten erstreckt. Nach dem Zerfall der Sowjetunion haben sich hier einige Republiken innerhalb der russischen Föderation gebildet.

Sirenia Eine Gruppe von im Meer lebenden, pflanzenfressenden → Säugetieren, die die nächsten Verwandten der → Elefanten und → Mammuts sind. Sie untergliedert sich in die → Dugongs, → Manatis und die ausgerottete Stellersche → Seekuh.

Solifluktion Erdbewegung von mit Wasser durchtränktem Boden und → Sediment; entsteht durch das Auftauen gefrorenen Erdreichs.

Spore Die ungeschlechtliche Fortpflanzungszelle bei nichtblühenden Pflanzen wie Moosen und Farnen.

Stalagmit Tropfstein, der vom Boden luftgefüllter Höhlen durch die Ablagerungen kalkhaltigen Sickerwassers nach oben wächst.

Stegodon Eine → Mastodonart, die zur Familie Stegodontidae gehört. Innerhalb dieser Gruppe entwickelten sich während des späten → Miozäns Arten, aus denen vermutlich die echten → Elefanten hervorgingen. Ihr Verbreitungsgebiet erstreckte sich von Afrika bis Südasien. Einige Arten überlebten bis zum → Pleistozän und brachten auf den Inseln des indonesischen Archipels → Zwergformen hervor.

Stegotetrabelodon Die früheste bekannte Art echter → Elefanten. Man fand ihre Überreste in 5–6 Millionen Jahre alten Ablagerungen in Nord-, Mittel- und Ostafrika.

Steppe Ebene Landschaft ohne Wald mit ausgedehnten Grasgebieten. Sie prägt vor allem den Süden Rußlands; ähnliche Landschaften sind die amerikanischen Prärien.

Steppenmammut Gebräuchlicher Name für → *Mammuthus trogontherii.*

Stoßzähne Die vergrößerten → Schneidezähne bei den Vertretern der Ordnung → Proboscidea. Frühe Rüsseltiere trugen Stoßzähne im Ober- oder Unterkiefer oder in beiden Kiefern. → Elefanten und → Mammuts haben nur obere Stoßzähne, die aus den zweiten (seitlichen) Schneidezähnen gebildet werden; das mittlere Paar ist im Verlauf der Evolution verlorengegangen. Mit Ausnahme der Stoßzahnspitzen und der Milchstoßzähne fehlt der → Schmelz; die Stoßzähne bestehen aus festem → Dentin.

Taphonomie Untersuchung der Abläufe, in denen Tiere, Pflanzen und → Artefakte in fossile oder archäologische Ablagerungen gelangen. Von besonderer Bedeutung sind dabei Faktoren, die die Zusammensetzung und Vollständigkeit der ausgegrabenen Überreste beeinträchtigen.

Tectiform Dachförmig. Hier eine Gruppe von Symbolen der paläolithischen Höhlenkunst.

Tethys-Meer Ein großes Meeresbecken, das sich einst vom heutigen westlichen Mittelmeergebiet bis nach Südostasien erstreckte. An seinen ehemaligen Küstenverläufen hat man in Ablagerungen viele Überreste früher Rüsseltiere gefunden.

Tomographie Siehe → Computertomographie.

Tundra Die beherrschende Landschaftsform der heutigen arktischen Gebiete mit gefrorenem Untergrund und einer Vegetation, in der langsam wachsende → krautartige Pflanzen und Sträucher überwiegen.

Tungusen Volksstämme, die in der Taiga (subarktischer Wald) Ostsibiriens leben.

Ursprüngliches Mammut Hier verwendeter Begriff für → *Mammuthus meridionalis.*

»Venus«-Figürchen Eine volkstümliche, aber irreführende Bezeichnung für kleine Frauenstatuetten, die während des Jungpaläolithikums in Eurasien hergestellt wurden. Sie entstanden in einer Zeitspanne vor 25 000 bis 12 000 Jahren und bestehen aus verschiedenen Materialien (aber oft aus Mammutelfenbein). Die dargestellten Frauen sind unterschiedlichen Alters und weisen verschiedene Körperformen auf.

Vergletscherung Vorgang während einer → Eiszeit, in dem sich die polaren → Eiskappen weit nach Süden vorschieben.

Vielfraß Ein fleischfressendes → Säugetier *(Gulo gulo)* aus der Familie der Dachse. Es wird bis zu 90 cm lang und ist kräftig gebaut. Es lebt in den arktischen Regionen Eurasiens und Nordamerikas, jagt kleine Säugetiere und Vögel und frißt auch an erlegten Beutetieren anderer → Carnivoren.

Vorkamel Gebräuchlicher Name für *Camelops hesternus.* Dieses Kamel kam während des → Pleistozäns in Nordamerika sehr häufig vor und starb vor 10 500 Jahren aus.

Wandkunst Bezeichnung für prähistorische Kunstwerke auf jeder nicht bewegbaren Oberfläche einschließlich Felsblöcken, Gewölbe und Boden.

Warmzeit Ein ausgedehnter Zeitabschnitt im → Pleistozän, in dem das Klima so warm oder noch etwas wärmer wie heute war und Wälder im allgemeinen bis in die nördlichen Breiten vordrangen. Als Warmzeiten bezeichnet man nicht alle Zeiträume zwischen den → Vergletscherungen, auch werden die sehr kurzen Warmphasen nicht so genannt. Warmzeiten halten im großen und ganzen zwischen 10 000 und 20 000 Jahre an.

Weiße Blutkörperchen Verschiedene Formen pigmentloser Blutzellen (Leukozyten), die im Immunsystem des Körpers gegen Krankheitserreger vorgehen.

Wollhaariges Mammut Hier gebräuchlicher Name für → *Mammuthus primigenius.*

Wollnashorn Eine ausgestorbene Art des eurasischen → pleistozänen Nashorns, *Coelodonta antiquitatis*, das zusammen mit dem → wollhaarigen Mammut vorkam. Es war ein großes Nashorn mit einem Schulterbuckel und wolligem Fell, das sich hauptsächlich von den Gräsern der → Mammutsteppe ernährte.

Zement Zahngewebe, das nicht so hart ist wie → Dentin oder → Schmelz. Es bildet die äußere Oberfläche der Zahnwurzel und verankert den Zahn im Kiefer. Bei → Elefanten und → wollhaarigen Mammuts werden die → Stoßzähne und → Molaren durch eine Zementschicht in den Zahnhöhlen gehalten. Zement füllt ebenso die Zwischenräume zwischen den Schmelz- und Dentinlamellen in den → Kronen der → Molaren aus.

Zungenbein Eine Reihe kleiner Knochen an der Zungenwurzel, die als Ansatzstelle für die Zungenmuskeln dienen.

Zwergform Ein sehr kleiner Organismus mit normalen Proportionen; er ist zu klein, als daß dies durch die gewöhnlichen Größenschwankungen bei einer Art erklärt werden könnte. Die Bezeichnung »Pygmäe« wird manchmal in einem ähnlichen Sinn verwendet.

Wie interpretiert man die Befunde?

Während der letzten Jahre hat es bemerkenswerte Fortschritte bei der geologischen Datierung, der Erforschung vergangener Klimaverhältnisse und Lebensräume sowie bei der Interpretation fossiler Überreste bis zur mikroskopischen und molekularen Ebene gegeben. Die Paläontologie ist dadurch in kurzer Zeit eine Wissenschaft auf hohem technologischen Niveau geworden, und viele der in diesem Buch vorgestellten Informationen sind das Resultat dieser Techniken, die nachfolgend kurz beschrieben werden sollen.

Was ist ein Fossil?

Fossilien sind die erhaltenen Überreste oder Abdrücke einst lebender Tiere oder Pflanzen. Obwohl sie keineswegs selten sind, repräsentieren sie nur einen winzigen Ausschnitt der Millionen von Organismen aus den früheren Erdepochen. Nachdem die Tiere gestorben waren, verschwanden sie meist vollständig, da sie verwesten oder gefressen wurden. Lediglich eine sehr kleine Anzahl gelangte in die Sedimente von Flüssen und Seen, wo sie in Torf eingeschlossen oder auf andere Weise begraben wurden. Die besonderen Umstände, unter denen einige spektakuläre Mammutüberreste gefunden worden sind – eingefroren im Dauerfrostboden, »eingelegt« in eine Lake aus salzigem Pech oder in Höhlen getrocknet – sind sogar noch seltener, wenn man die Fossilüberlieferung insgesamt betrachtet. In fast allen anderen Fällen verwesten die weichen Gewebeteile schnell, so daß nur die härteren Körperpartien – die Knochen und Zähne der Wirbeltiere oder die Schalen der Wirbellosen – übrig blieben.

Selbst Knochen und Zähne, die in eine Ablagerung gelangten, können sich verändern oder nach dem Begrabenwerden vollständig verschwinden; allerdings hängt dies vom umgebenden Sediment und der Zeitspanne ab. Nur unter günstigen Bedingungen kann ein Körperteil die Zeitläufte überdauern. Knochen und Zähne können sich in einem säurehaltigen Milieu auflösen, so daß nur die härtesten Teile, wenn überhaupt, zurückbleiben. Gleicht dagegen die mineralische Zusammensetzung der Sedimente jener der Knochen, wie dies bei Kreide oder Kalkstein der Fall ist, dann können die Knochen über einen langen Zeitraum kaum verändert fortbestehen.

Nach und nach füllen sich jedoch alle Knochen und Zähne mit Mineralien an, die im Grundwasser aufgelöst sind. Mineralische Salze wie Kalzium und Eisen lagern sich in winzigen Poren des Knochens und eventuell in der Knochensubstanz selbst ab, so daß dieser zwar seine ursprüngliche Form behält, aber Atom für Atom durch andere Substanzen, beispielsweise Silikat (Salze der Kieselsäure), ersetzt wird. Dieser als Mineralisierung bezeichnete Prozeß vergrößert das Gewicht des Fossils und verwandelt es unter Umständen buchstäblich zu Stein. Im englischen Kohlenabbaugebiet von Cromer Forest-bed sind zum Beispiel die etwa 1½ Millionen Jahre alten Fossilien des ursprünglichen Mammuts *(M. meridionalis)* häufig schwer und kompakt – Indizien einer Mineralisierung –, während die Knochen des Steppenmammuts, die mehr als die Hälfte jünger sind, weniger wiegen und sich nicht so sehr von ihrem Originalzustand entfernt haben. Obwohl dies maßgeblich vom geologischen Kontext abhängt, setzt, über den Daumen gepeilt, bei Knochen die Mineralisierung eindeutig nach rund einer Million Jahren ein. Nur wenige Mammutfossilien späterer Arten – so vom wollhaarigen Mammut und Nordamerikanischen Mammut – weisen eindeutig Spuren der Mineralisierung auf, weil sie lediglich einige hunderttausend Jahre alt oder noch jüngeren Datums sind.

Ausgegrabene Knochen und Zähne zeigen ein reichhaltiges Farbenspektrum, das je nach der Beschaffenheit des Grundwassers variiert, aber von keiner weiteren Bedeutung ist und keine Aussage über das Alter der Fossilien zuläßt. So können Knochen, die über einige hunderttausend Jahre im Torf begraben waren, ein fleckiges Dunkelbraun annehmen, während andere, die eine Million Jahre lang in weißer Kreide lagen, ihre ursprüngliche blaße Färbung behalten können.

Was nun die wissenschaftliche Terminologie anbelangt, so ist der Gebrauch des Wortes »Fossil« dem Gutdünken des einzelnen überlassen. Einige beschränken es auf Überreste von Tieren und Pflanzen, die mineralisiert worden sind; aber da sich dieser Prozeß über einen langen Zeitraum erstreckt, ist es im Einzelfall schwierig, genau zu bestimmen, wann es sich um ein Fossil handelt und wann nicht. Hier werden alle ausgegrabenen Überreste von Mammuts als Fossilien bezeichnet, und zwar unabhängig von ihrem Alter, seien es nun mineralisierte Knochen oder Zähne, unveränderte Relikte oder sogar gefrorene Kadaver. Spuren wie Fußabdrücke und Kot, die einst lebende Tiere hinterlassen haben, werden ebenfalls als fossile Überreste betrachtet.

Die Entstehung fossiler Ablagerungen am Beispiel des Mammut-»Friedhofs« von Berelech

Wenn Mammutüberreste ausgegraben werden, dann versuchen die Wissenschaftler, so viel wie möglich über die Knochen, die geologische Beschaffenheit des Fundorts und die anderen Hinterlassenschaften in Erfahrung zu bringen. Aus diesen Informationen fügen sie dann ein Bild zusammen, wie die Ablagerung entstand und insbesondere wie die Mammutreste hier eingebettet wurden; diese wissenschaftliche Disziplin wird als Taphonomie bezeichnet. Die Entstehung mehrerer bedeutender Mammutfundorte ist kurz in Kapitel 2 beschrieben worden; hier soll nun ein bestimmter Fundplatz – der Mammut-»Friedhof« von Berelech in Nordostsibirien (siehe S. 50f.) – einer näheren Betrachtung unterzogen werden.

In Berelech kennt man Mammutknochen schon seit Jahrhunderten; Tausende von Exemplaren sind durch Erdbewegungen und Flußerosion freigelegt worden. Der Knochen enthaltende Bodenhorizont ist auf einer Länge von 180 m am Ufer des Berelech erforscht worden; wie weit er sich allerdings in die Hänge hinein erstreckt, kann nur vermutet werden. Infolgedessen können wir unmöglich Genaueres darüber sagen, wie weitläufig diese Fundstätte ist. In Schätzungen ist davon die Rede, daß in den letzten 100 Jahren bis zu 50 000 Knochen von 200 Mammuts vom Fluß ausgewaschen und im Flußbett abgelagert worden sein könnten.

Die Schichten mit Knochen sind bis zu 2 m mächtig und bestehen aus Abfolgen von gefrorenem Torf und vereistem Schlamm. Die Knochen, die oft mit Büscheln aus schwarzem Haar verknäuelt sind, sind an einigen Stellen dicht angehäuft; ein solcher Platz mit einer Fläche von 5 m^2 und einer Mächtigkeit von 80 cm enthielt nicht weniger als 954 Knochen. An den Knochen sind keine Abrollungsspuren zu erkennen, also wurden sie nicht in entfleischtem Zustand flußabwärts befördert. Andererseits fehlen Muskeln, Knorpel und Gewebe weitestgehend, und viele Knochen – bis zu 42 % bestimmter Knochen – scheinen von Raubtieren oder Aasfressern abgenagt worden zu sein; also müssen sie wenigstens teilweise freigelegen haben. Ein weiteres Indiz hierfür sind die zahlreichen leeren Puparien von Schmeißfliegen, die man in den Alveolen der Stoßzähne und an anderen Stellen der Schädel entdeckt hatte.

Die Schichten mit Knochen enthalten auch Fischschuppen und Wasserflöhe. Nimmt man noch die Sedimente aus feinem Schlamm hinzu, so muß dies ursprünglich ein sehr ruhiger Flußabschnitt, gelegentlich vielleicht eine Mäanderabschnürung, gewesen sein. Andererseits deuten die Art und Weise, wie hier die Torf- und Schlammsedimente miteinander vermischt sind, sowie die Tatsache, daß es hier keine vollständigen Skelette oder Schädel mit Stoßzähnen in ihren Alveolen gibt, darauf hin, daß die Überreste in späteren Zeiten stark bewegt und durcheinandergebracht worden sind, zum Beispiel durch Solifluktion (Bodenfließen) und Erdrutsche. Da die Ablagerungen und Knochen seit deren Einschluß bewegt worden sind, muß das Einsammeln von Pflanzen- und Tierüberresten, die aus derselben Zeit wie die Knochen stammen, mit großer Sorgfalt geschehen.

Aufgrund der Stoßzahnformen geht man davon aus, daß 75% der geborgenen Mammuts weibliche Tiere waren, wobei die jungen erwachsenen Tiere generell überwiegen: Rund 70% waren zwischen 10 und 30 Jahre alt, und man hat sogar einige Knochen von Föten und Mammutkälbern entdeckt. Den Forschern stellt sich hier eine entscheidende Frage: Sind die Funde von Berelech das Resultat weniger gelegentlicher Massensterben, oder sind hier über viele Jahre, vielleicht sogar Jahrtausende hinweg einzelne Tiere und kleine Mammutgruppen gestorben? Wie die heutigen Elefanten schlossen sich die weiblichen Mammuts mit Kälbern und Jungtieren vorzugsweise zu kleinen Gruppen von 5–15 Tieren zusammen; die erwachsenen Mammutbullen waren Einzelgänger, aber gelegentlich konnte es auch Herden mit 100 und mehr Tieren beiderlei Geschlechts geben. So gesehen, könnte die Knochenanhäufung von Berelech sowohl von einzelnen Tieren als auch von Gruppen stammen und auf Unfälle zurückgehen, die sich im Verlauf vieler Jahrhunderte ereigneten.

Wir interpretieren also den »Friedhof« von Berelech wie folgt: Über die Jahrtausende hinweg sind hier einzelne Mammuts, manchmal vielleicht auch Gruppen, in natürliche Fallen geraten oder ertrunken, indem sie entweder in zähflüssigem Schlamm steckenblieben oder durch dünnes Eis brachen. Ihre Kadaver wurden vom Fluß weggetragen und blieben schließlich in einem Mäander oder Staugewässer liegen. Wenn der Wasserspiegel in diesem schlammigen Sammelbecken bisweilen fiel, lagen die Körper frei. Der Verwesungsgeruch zog Fliegen an, die Tausende von Eiern ablegten. Ausgeschlüpfte Larven fraßen das verfaulende Fleisch und ließen die Puparien zurück, die man in den Schädeln entdeckt hat.

Gleichzeitig zog der Verwesungsgeruch auch Aasfresser wie Vielfraße und Wölfe an, die ihre Bißspuren an den Knochen zurückließen. Als sich das Becken wieder mit Wasser füllte, fraßen Fische am Kadaver. Allmählich wurden die übriggebliebenen Knochen mit einer Schicht aus Schlamm bedeckt, den das Wasser transportiert hatte. Nachdem sich das Becken nach und nach mit Schlamm aufgefüllt hatte, wuchs auf seiner Oberfläche eine Torfvegetation. Durch Bodenbewegungen gelangten jedoch regelmäßig weitere Ablagerungen von oben her hinzu, die die älteren Sedimente durchmischten. Nach einigen Jahrtausenden begann der Berelech an seinen Ufern diesen »Friedhof« anzuschneiden, und die Knochen traten zutage.

DIE DATIERUNG VON MAMMUTRESTEN

Relative Datierung

Die Altersermittlung von prähistorischen Funden ist von grundlegender Bedeutung, um die Fossilüberlieferung zu gliedern, Umweltveränderungen in der Vergangenheit nachzuvollziehen sowie die Evolution und das Aussterben von Tieren wie des Mammuts zu erforschen. Alle Datierungsmethoden sind entweder relativ oder absolut. Wenn eine Schicht oder ein Fossil in den geologischen Strata höher liegt als andere Überreste, dann ist es relativ jünger als diese. Die relative Datierung kann auch angewendet werden, wenn Fossilien von verschiedenen Stellen mit Ansammlungen anderer Tier- oder Pflanzenfossilien vergesellschaftet sind, deren relatives Alter bekannt ist. Auf diese Weise kann man die fraglichen Fossilien in ihrem zeitlichen Verhältnis zueinander einordnen.

Absolute Datierung

Bei der absoluten Datierung kann das Alter eines Fossils oder einer Ablagerung in Jahren angegeben werden. Einige Methoden erlauben die direkte Analyse eines Knochens oder Zahns vom Mammut; mit anderen Untersuchungsmethoden werden die umgebenden Sedimente datiert. Manchmal kann man das Alter von Ablagerungen über oder unter einem Fossil bestimmen, so daß dessen Alter in bezug zur datierten Schicht (jünger oder älter) ermittelt werden kann. Wenn sich das Fossil zwischen zwei datierten Schichten befindet, muß sein Alter zwischen diesen beiden Zeitgrenzen liegen.

Die Radiokarbondatierung

Viele absolute Datierungsmethoden beruhen auf dem radioaktiven Zerfall einer Substanz, die sich in ein anderes Materieteil verwandelt. Am besten ist die Radiokarbondatierung bekannt. Eine kleine Menge schwerer Kohlenstoffatome (Isotope; ^{14}C) kommt in der Atmosphäre vor und wird von Pflanzen wie Tieren zu Lebzeiten aufgenommen. Es ist jedoch instabil und zerfällt allmählich in einem konstanten, genau meßbaren Prozeß zu Stickstoff. Nach ungefähr 5730 Jahren hat sich die Menge des ^{14}C-Isotops um die Hälfte verringert, nach weiteren 5730 Jahren drei Viertel, nach wiederum derselben Spanne sind sieben Achtel verschwunden usw. Je älter daher die Probe ist, um so weniger ^{14}C-Isotope bleiben übrig, so daß durch den restlichen ^{14}C-Anteil in einer organischen Substanz deren Alter erschlossen werden kann.

Es gibt zwei Methoden der Radiokarbondatierung. Bei der ersten, herkömmlichen Methode, für die eine Probe von etlichen Gramm notwendig ist, werden die radioaktiven Emissionen (Elektronen) von einem Instrument gemessen, wenn ein ^{14}C-Isotop zu Stickstoff zerfällt. Bei der zweiten neueren Methode wird die Menge an ^{14}C mit dem häufiger vorkommenden, leichteren ^{12}C durch direkte Messung in einem Massenspektrometer verglichen. Diese Untersuchungsmethode – die Massenspektrometrie mittels eines Teilchenbeschleunigers – hat den Vorteil, daß sie nur ein Gramm oder noch weniger von einem Knochen oder einer anderen Substanz erfordert. So können wertvolle Fossilien und Artefakte datiert werden, ohne daß dabei der Gegenstand schwerwiegend beeinträchtigt würde. Sogar Farbpigmente von Höhlenmalereien können mit dieser Methode nun zeitlich genau bestimmt werden.

Die Radiokarbondatierung beruht auf der Voraussetzung, daß die Produktion von ^{14}C-Isotopen in der Atmosphäre die ganze Zeit über konstant geblieben ist. Es gibt jedoch Anzeichen dafür, daß es in der Vergangenheit einige Schwankungen gegeben hat, so daß die Radiokarbondaten leicht vom tatsächlichen Alter der analysierten Gegenstände abweichen; die Ungenauigkeit nimmt dabei mit wachsendem Alter zu. So entspricht zum Beispiel ein »Radiokarbonalter« von 6000 Jahren einem tatsächlichen Alter von annähernd 7000 Jahren. Für noch ältere Proben ist die zeitliche Diskrepanz nicht genau bekannt, aber man geht davon aus, daß ein auf 13000 »Radiokarbonjahre« datiertes Fossil oder Ereignis in Wirklichkeit um 1500 oder 2000 Jahre älter ist. Wir folgen hier der allgemeinen Gepflogenheit und geben alle Daten für Mammutfossilien und klimatische Vorgänge in »Radiokarbonjahren B. P.«, d. h. *before present* an, wobei *before present* (vor heute) vereinbarungsgemäß *vor 1950* ist.

Andere Meßmethoden mit radioaktiver Strahlung

Aufgrund seiner verhältnismäßig schnellen Zerfallsrate kann das Radiokarbon nur in bis zu 30000 Jahre alten Gegenständen nachgewiesen werden. Es gibt jedoch andere Isotope mit langsameren Zerfallsraten, mit denen man noch weiter zurück in die Vergangenheit blicken kann. Eines davon ist das Uran-Isotop, das in mehreren hunderttausend Jahren zu Blei zerfällt, oder ein Kalium-Isotop, das sogar noch langsamer zu Argon zerfällt und einen Zeitraum von Jahrmillionen abdeckt.

Datierung durch Elektronenspin-Resonanz

Eine geradezu aufregende neue Datierungsmethode, die insbesondere für Mammutüberreste von Belang ist, ist die Elektronenspin-Resonanz

(ESR), mit der man im Prinzip Hinterlassenschaften aus dem gesamten Pleistozän und sogar aus noch früherer Zeit datieren kann (also Gegenstände, die zwei Millionen Jahre und älter sind). Die Datierung durch ESR beruht auf dem Umstand, daß ein begrabenes Fossil oder ein anderes Objekt ständig eine bestimmte Strahlungsdosis von umgebenden Mineralien und von der kosmischen Strahlung aufnimmt. Der Strahlungsvorgang besteht in der Freisetzung von Elektronen, von denen sich einige in der Kristallstruktur des Fossils verfangen. Diese Freisetzung ist ein fortlaufender (kumulativer) Prozeß, so daß das Alter eines Gegenstandes ermittelt werden kann, indem man die aufgenommene Strahlenmenge aus der umgebenden Ablagerung beziehungsweise die in einem Fossil enthaltenen Elektronen mißt. Die Strahlung wird mit einem Radiometer am Fossilfundort gemessen; die Elektronenmenge wird ermittelt, indem man das Fossil mit Gammastrahlen bestrahlt und das sich dann ergebende ESR-Signal im Labor mißt. Für die Datierung durch ESR eignen sich insbesondere die kristallinen, harten Körperteile von Tieren, und der Zahnschmelz eines Mammutzahns ist hierfür geradezu ideal, weil er so dick ist. Viele Mammutfossilien werden gegenwärtig mit dieser Methode datiert.

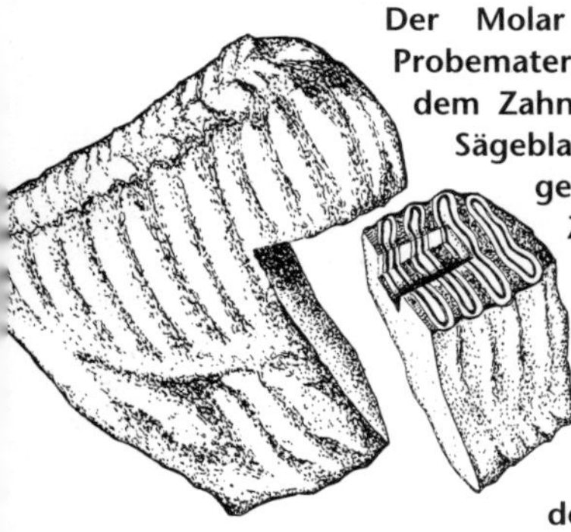

Der Molar eines Mammuts dient als Probematerial für eine ESR-Datierung. Aus dem Zahn wird mit einem diamantenen Sägeblatt ein rechteckiger Block herausgetrennt. Von der Oberfläche im Zahninnern entnimmt man dann mit einem Zahnbohrer kleine Mengen Dentin und Schmelz. Dieses Material ist sauber, von anderen Rückständen nicht beeinträchtigt und eignet sich daher besonders für die Analyse. Außerdem kann der Zahn ohne äußerliche Beschädigungen wieder zusammengesetzt werden.

Grenzen der Datierungsgenauigkeit

Alle absoluten Datierungsmethoden sind nur innerhalb bestimmter Grenzen genau, und zwar aus zwei grundsätzlichen Erwägungen. Als erstes resultieren Unsicherheiten aus den Messungen im Labor; die Daten schwanken zwischen einem und zehn Prozent um den »tatsächlichen« Wert. Zweitens kann eine Verunreinigung der Probe die Messung beeinträchtigen. So kann zum Beispiel das Fossil aus einer Schicht, in die Wasser von einem höher gelegenen Horizont gesickert ist, eine gewisse Kohlenstoffmenge aus späterer Zeit aufgenommen haben und so ein jüngeres Radiokarbondatum ergeben. Aus diesem Grund müssen die Proben mit großer Sorgfalt eingesammelt und ausgewählt, gründlich gereinigt und vor der Analyse auf Verunreinigungen hin untersucht werden.

Die Rekonstruktion vergangener Klimaverhältnisse

Die Entwicklung, Blüte und das letztendliche Erlöschen der Mammuts spielten sich vor dem Hintergrund dramatischer Klimaveränderungen während der pleistozänen Eiszeiten ab. Die Kenntnis dieser Vorgänge ist deshalb von grundlegender Bedeutung, wenn man die Ursprünge, die Anpassungsstrategien, die Wanderungen und das Aussterben der Mammuts verstehen will.

Bohrungen in der Tiefsee

Das allgemeine Muster in der Abfolge von Warm- und Kaltzeiten, die das globale Klima während des Pleistozäns charakterisiert (siehe S. 26), konnte größtenteils durch Sedimententnahmen bei Bohrungen ermittelt werden. Die Bohrungen im Meeresgrund förderten feine Partikel zutage, die sich im Laufe von Jahrmillionen abgelagert und den Meeresboden nach und nach aufgebaut hatten. Die aufeinanderfolgenden Sedimentschichten liefern uns Informationen über die globalen Klimaveränderungen in der Vergangenheit.
Dies ist möglich, weil im Meerwasser (H_2O) zwei verschiedene Sauerstoff-Isotope vorkommen, von denen das eine (^{18}O) geringfügig schwerer als das andere (^{16}O) ist. In Kaltzeiten verdunsteten an der Meeresoberfläche zunächst verhältnismäßig mehr leichtere Sauerstoff-Isotope. Ein Teil von ihnen wurde in das Eis eingeschlossen, nachdem Schnee oder Regen auf die ausgedehnten Gletscher gefallen war. Im Meereswasser sammelten sich daher allmählich immer mehr schwerere Sauerstoff-Isotope an. Zu Zeiten mit warmem Klima war dies weniger ausgeprägt, und die Ozeane enthielten mehr leichtere Sauerstoff-Isotope. Die relative »Schwere« des Sauerstoffs in den Meeren gibt deshalb Auskunft über die Temperaturen, die in der Vergangenheit herrschten.

Die verschiedenen Sauerstoff-Isotope haben sich in den Schalen mikroskopisch kleiner Meereslebewesen, den Foraminiferen, erhalten. Während ihres Wachstums nehmen sie Meereswasser auf und bauen Sauerstoffatome in ihre Kalkschalen ein. Tausende solcher Schalen toter Foraminiferen sind in jeder Sedimentschicht des Meeresbodens erhalten, so daß die Wissenschaftler durch die Analyse des jeweiligen ^{18}O- und ^{16}O-Anteils die globale Temperatur ermitteln können, die zu jenem Zeitpunkt herrschte, als sich diese Sedimentschicht ablagerte.

Die Bohrungen werden von eigens dafür ausgerüsteten, hochseetüchtigen Schiffen aus durchgeführt. Im Labor wird die Abfolge der Schichten ermittelt, die verschiedene, aufeinanderfolgende Zeitintervalle repräsentieren. Unter dem Mikroskop werden die Schalen der Foraminiferen dem Sediment entnommen und dann in Säure aufgelöst, um von dem Kalziumkarbonat der Schalen Kohlendioxyd herzustellen. Dieses Kohlendioxyd wird angesammelt und in einem Massenspektrometer analysiert, indem die jeweiligen ^{18}O- und ^{16}O-Anteile im CO_2 gemessen werden. Aus dem Zahlenverhältnis ermittelt man dann die einstmalige Temperatur; wenn man die Werte aus den verschiedenen Schichten aneinanderreiht, erhält man ein Diagramm der früheren Klimaschwankungen.

Bohrungen im Eis

Eine ähnliche Vorgehensweise stellen die Bohrungen in den Eisdecken (Gletschern) Grönlands und der Antarktis dar, die einen detaillierten Befund über das Klima kurzer Zeitperioden (das heißt der letzten Eiszeit, siehe S. 134 f.), ergeben. Die Eisdecken haben sich über die Jahrtausende durch Schnee- und Regenfälle aufgebaut. Wie bei den Tiefseebohrungen läßt auch hier der jeweilige Anteil der Sauerstoff-Isotope Rückschlüsse auf das Klima zu. Hier zeigt jedoch das leichtere Isotop (^{16}O) kälteres Klima an, weil sich das Eis aus verdunstetem Meereswasser zusammensetzt, das bei fallenden Temperaturen zunächst verhältnismäßig mehr leichtere Sauerstoff-Isotope enthielt.

Wie sahen die Lebensräume der Mammuts aus?

Während die Untersuchungen der Meeressedimente und Eisschichten unschätzbare Informationen über die allgemeinen globalen Klimaschwankungen liefern, geben andere Methoden nähere Auskunft über das Klima und die Landschaftsform bestimmter Gebiete zu verschiedenen Zeitpunkten, einschließlich der örtlichen Habitate einzelner Mammutfunde. Dazu gehört die Erforschung anderer Tier- und Pflanzenreste, die entweder in datierten Bodenschichten gefunden wurden oder direkt mit den Mammuts vergesellschaftet waren.

Überreste von Pflanzen

Unmittelbare Auskünfte über frühere Vegetation erhält man durch die Untersuchung von Pflanzenresten in alten Ablagerungen. Einige von ihnen, zum Beispiel die Torfschichten, bestehen nahezu vollständig aus Pflanzenmaterial, ebenso die überlieferten Darminhalte und Kotklumpen von Mammuts. Andere Ablagerungen, so die Schlamm- und

Lehmschichten von Flüssen und Seen, müssen zuerst ausgewaschen und gefiltert werden, um Pflanzenreste zu bergen und anzusammeln. Früchte, Samen und Blätter sind Pflanzenteile, die man auf Anhieb erkennen kann. Unter dem Mikroskop kann man die Pflanzen bis zu ihrer Familie, Gattung oder Art bestimmen, indem man sie mit vollständigen, heute vorkommenden Pflanzenarten vergleicht. Bäume können oft aufgrund ihres Holzes identifiziert werden, denn Querschnitte durch das Holz enthüllen unter dem Mikroskop die charakteristischen Besonderheiten verschiedener Baumarten.

Pollenanalyse

Besonders wichtige Pflanzenreste sind die einzelnen Pollenkörner längst abgestorbener Blumen und die Sporen alter Farne und Moose. Obwohl sie gewöhnlich nur einen Durchmesser von rund einem Fünfzigstel Millimeter haben, besitzen sie eine kräftige äußere Membran, die gegen Verfall und Erosion äußerst resistent ist und daher häufig in alten Sedimenten überdauert. Sie scheinen ebenso die Einwirkungen von Verdauungsenzymen der Säugetiere überstehen zu können und sind daher in den Darminhalten und den Kotballen vertreten. Außerdem weisen die Sporen und Pollen verschiedener Pflanzenarten unter dem Mikroskop charakteristische Formen auf, die eine Identifizierung einzelner Pflanzen ermöglichen.

Probeentnahmen aus dem Torf, Schlamm oder Lehm von fossilen Ablagerungen können Millionen von Sporen oder Pollenkörnern enthalten, die durch Luft- oder Wassertransport herangetragen wurden, als das Sediment sich bildete. Zur Untersuchung müssen sie jedoch aus dem Sediment herausgelöst und gesammelt werden, bevor man sie einer Reihe von Arbeitsschritten im Labor unterzieht. Dazu zählen die Flotation, das Filtern und das Entfernen anderer Pflanzenreste oder Mineralien mit verschiedenen chemischen Substanzen. Schließlich wird das Sporen- oder Pollenkonzentrat auf einen Objektträger aufgetragen und systematisch untersucht, indem man jedes identifizierbare Partikel notiert. Auf diese Weise erhält man eine Auflistung der Pflanzenarten und ihre jeweiligen Anteile am Gesamtbefund.

Die Interpretation der von Pollen und Sporen stammenden Informationen erfordert viel Umsicht und Sorgfalt. Einige Pflanzen (wie Kiefer und Birke) produzieren wesentlich mehr Pollen pro Blüte als andere (zum Beispiel Buche und Stechpalme); ihr Überwiegen in fossilen Sedimenten könnte also hierauf zurückgehen. Einige Pollenarten, beispielsweise von der Kiefer, können vom Wind weiter als andere weggetragen werden, so daß ihre Präsenz nicht zwangsläufig bedeutet, daß in der unmittelbaren Umgebung des Fundorts Kiefern gewachsen wären. Schließlich sind einige Körner (so von bestimmten Moosen und Farnsporen) besser gegen den Verfall gefeit als andere (etwa die Pollen der Pappeln); also gibt es sie mit größerer Wahrscheinlichkeit auch in alten Sedimenten.

Sofern man diese Abweichungen im Kopf behält, ist die Analyse von Pollen und Sporen jedoch ein äußerst effizientes Mittel, um die Vegetation vergangener Zeiten zu rekonstruieren. Wenn man die Informationen der Pollenanalyse mit den Auskünften verknüpft, die sich aus anderen Pflanzenüberresten ergeben, kann man die verschiedensten Fehlschlüsse vermeiden. So enthielt zum Beispiel das Gedärm des Schandrin-Mammuts (siehe S. 74f.) Moossporen im Übermaß, was nahelegte, daß Moos der Hauptbestandteil seiner letzten Mahlzeit war. Der Anteil von Moos am Gesamtvolumen der Pflanzenreste beträgt tatsächlich jedoch nur ein Prozent, und dies gibt seine Bedeutung im Nahrungsspektrum eines Mammuts wesentlich treffender wieder.

Überreste von Insekten

Andere organische Hinterlassenschaften können ebenfalls dazu dienen, die Klimaverhältnisse und Lebensräume der Vergangenheit zu rekonstruieren. Hierzu zählen die Mollusken (Weichtiere), Diatomeen (Kieselalgen; mikroskopisch kleine einzellige Pflanzen, die im Meer und im Süßwasser vorkommen) sowie die Ostracoden (winzige, im Süßwasser lebende Muschelkrebse). Insekten, insbesondere Käfer, sind in diesem Zusammenhang besonders wichtig, da ihr hartes, aus elastischem Chitin bestehendes Außenskelett in alten Sedimenten gut überdauert. Man findet sie im allgemeinen nicht vollständig vor, sondern nur vereinzelte Teile wie den Kopf, die Flügeldecken oder die Genitalien. Sie weisen unter dem Mikroskop charakteristische Strukturen auf, die durch den Vergleich mit heute lebenden Exemplaren eine Zuordnung zu bestimmten Arten erlauben. Wie die Pflanzenreste können die Insektenteile durch Filtern, Ausschwemmen und chemische Verfahrensweisen aus den Sedimenten geborgen werden.

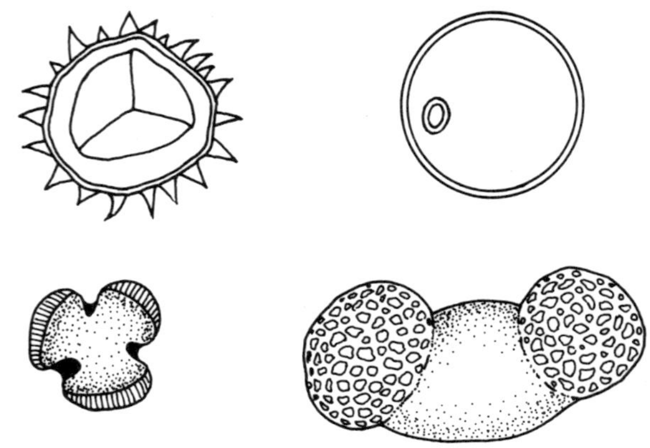

Die unterschiedlichen Formen von Pollen und Sporen in 1000facher Vergrößerung. Im Uhrzeigersinn von links oben: Bärlapp (*Selaginella*), Gras (*Graminae*), Kiefer (*Pinus*) und Beifuß (*Artemisia*).

Die Überreste von Insekten sind für die Rekonstruktion eines Habitats besonders wertvoll, da viele Arten nur innerhalb einer verhältnismäßig eng begrenzten Klimazone und in Gebieten mit einer bestimmten Vegetation überleben. Dies geht aus der Beobachtung heute lebender Arten hervor. So leben beispielsweise einige Insekten ausschließlich auf bestimmten Pflanzenarten; werden sie daher in einem alten Sediment entdeckt, so muß es dort auch diese Pflanze gegeben haben, selbst wenn die entsprechenden Reste fehlen. Darüber hinaus sind Insekten von einer begrenzten Temperaturspanne abhängig; ihre Fossilien können daher als Indikatoren für vergangene Klimaverhältnisse fungieren. Viele Ablagerungen aus der letzten Eiszeit in England enthalten Käferarten, die heute im nördlichen Skandinavien oder in Sibirien leben. Umgekehrt trifft man in Schichten der Warmzeiten auf Käfer, die gegenwärtig nur in Südeuropa vorkommen. Die ins einzelne gehende Analyse der Käferarten und der Vergleich mit ihren heutigen Verbreitungsgebieten versetzen die Wissenschaftler in die Lage, die Winter- und Sommertemperaturen der Zeit abzuschätzen, in der sich die Ablagerung bildete.

Fleisch kommt zu den Knochen

Die Rekonstruktion der Körperform

Unter allen ausgestorbenen Tieren der Vorzeit zeichnen sich die Mammuts durch die Vielzahl an Informationen aus, die wir über ihre weichen Körperteile – wie Haut und Haaren – dank ihrer Erhaltung als gefrorene Kadaver besitzen. Aber die gefrorenen Überreste sind geschrumpft, und mit Ausnahme des Mammutkalbs Dima ist kein Kadaver vollständig ins Labor gelangt. Weitere Auskünfte über die Morphologie der Tiere erhalten wir von den paläolithischen Kunstwerken und durch die Untersuchung von Schädeln und Skeletten.

Wenn man ein Mammutskelett für eine Präsentation im Museum aufstellt, ist dies eine besonders aufschlußreiche Angelegenheit, denn erst dann wird man solcher Eigenheiten wie dem Umfang des Brustkorbs und der unterschiedlichen Höhe von Vorder- und Hinterkörper des Tieres richtig gewahr. Fügt man das Rückgrat zusammen, dann wird schnell klar, daß die Wirbel so zusammenpassen,

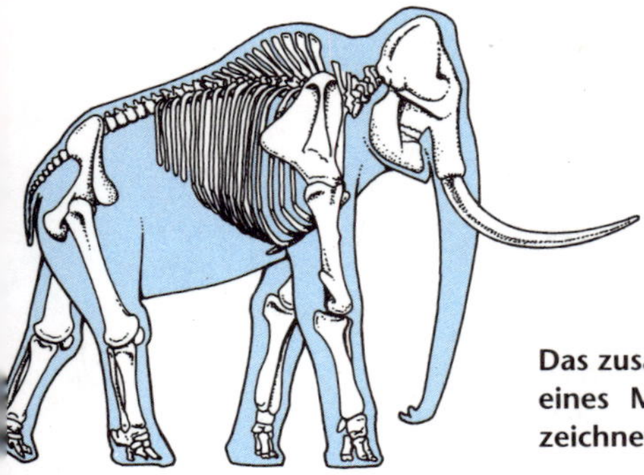

Das zusammengesetzte Skelett eines Mammuts mit nachgezeichneter Körperkontur.

daß die Rückenlinie abfällt. Wir kennen dieses Merkmal aus Bildwerken der paläolithischen Kunst; der Schulterbuckel kommt dabei durch die langen ersten Rückenwirbel zustande.

Von der Schädelform läßt sich ableiten, wie der Kopf des Mammuts ausgesehen haben muß. Man kann sich dabei von den heutigen Elefanten inspirieren lassen, in derselben Weise, wie die Polizei aus menschlichen Schädeln Gesichtszüge rekonstruiert. Die Augenhöhle liegt beispielsweise verhältnismäßig weit vorne im Mammutschädel. Einzelheiten wie die Ohrform erhält man von gefrorenen Exemplaren. Das Schädeldach ist ziemlich zugespitzt, aber aus den paläolithischen Kunstwerken geht eindeutig hervor, daß es zu Lebzeiten des Tieres vermutlich mit Fettgewebe oder anderem Gewebe ausgepolstert war und eine abgerundete Wölbung bildete.

Wie man ein Mammut wiegt

Das annähernde Körpergewicht einer Mammutart kann aufgrund der Größe ihrer Vertreter sowie durch den Vergleich mit den heute lebenden Elefanten ermittelt werden, deren Körperform weitgehend ähn-

Der Schädel eines Mammuts mit eingetragener Kopfkontur und anderen zusätzlichen Einzelheiten.

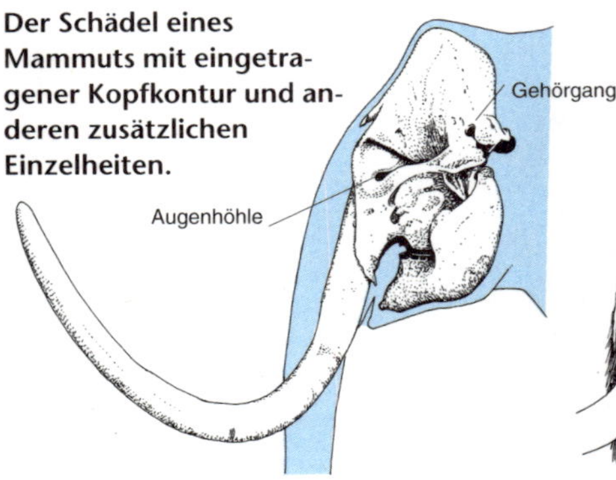

lich ist. Durch Messungen an Elefanten erstellte man Tabellen, aus denen hervorgeht, daß das Körpergewicht mit der Schulterhöhe zunimmt. Für Mammuts, die in etwa so groß wie die heutigen Elefanten waren, können die entsprechenden Werte direkt übertragen werden. So wog zum Beispiel ein 3,4 m hohes Mammut wohl ungefähr 6 Tonnen – annähernd dasselbe wie ein großer Afrikanischer Elefantenbulle von derselben Statur. Bei kleineren Tieren wie den Zwergmammuts kann man sich an Jungtieren von heutigen Elefanten orientieren, wobei man wegen des massiveren Körpers und der schwereren Stoßzähne bei erwachsenen Zwergmammuts sicher noch etwas hinzurechnen muß. Ein 1,8 m großes erwachsenes Zwergmammut wog vermutlich 1½ Tonnen, etwas mehr als ein zehnjähriger Elefant mit vergleichbarer Größe (1,3 Tonnen). Hingegen waren einige Mammuts wie *Mammuthus trogontherii* und *M. columbi* größer als jeder heute lebende Elefant; die Schulterhöhe großer männlicher Tiere konnte mehr als 4 m betragen. In diesem Fall kann man die Tabellenwerte der heutigen Elefanten nach oben erweitern und auf ein Gewicht von rund 10 Tonnen für diese Tiere schließen. Man kann dies überprüfen, indem man jeweils den Umfang der fossilen Schenkelknochen bei diesen Mammuts und denjenigen heutiger Elefanten nebeneinanderstellt, denn man hat herausgefunden, daß bei den Säugetieren ein enger Zusammenhang zwischen dem Umfang der Schenkelknochen und dem Körpergewicht besteht. In beiden Fällen stellt sich heraus, daß das Körpergewicht bereits bei einer verhältnismäßig geringen Größenzunahme außerordentlich stark ansteigt, denn ein größeres Tier nimmt in alle Richtungen an Gewicht zu. Das Gewicht entspricht etwa der dritten Potenz der Höhe oder Länge eines Tieres, so daß zum Beispiel eine Verdoppelung der Größe die achtfache Zunahme des Gewichts bedeutet.

DAS ALTER UND GESCHLECHT VON MAMMUTS

Die Altersbestimmung

Das Alter eines Jungtiers kann annähernd an seiner Größe abgelesen werden, aber diese Methode ist nicht besonders genau und versagt bei erwachsenen Tieren, die nicht mehr weiterwachsen. Wesentlich zuverlässigere Auskünfte erhält man von den Zähnen. Wie wir oben (S. 78) ausführten, haben Mammuts während ihres gesamten Lebens sechs Sätze von Molaren, wobei jeder nachfolgende Zahn größer als der vorherige ist. Bei der Untersuchung der zahlreichen erhaltenen Zähne lernen die Forscher, jeden fossilen Backenzahn genau in diese Abfolge einzuordnen; sie stützen sich dabei auf seine Größe, die Höhe der Kronen und die Zahl der Schmelzlamellen. Es ist deshalb möglich, das ungefähre Alter eines Mammuts auf den ersten Blick abzuschätzen.

Genauere Werte bekommt man durch den Vergleich mit den heutigen Elefanten. Forschungen an den Afrikanischen und Indischen Elefanten haben gezeigt, welche Beziehungen zwischen der jeweiligen Neubildung von Zähnen sowie deren Abnutzung auf der einen und dem Alter des Tiers auf der anderen Seite bestehen. So ersetzt der dritte Molar zum Beispiel den zweiten immer in einem Alter von drei bis vier Jahren, während der sechste an die Stelle des fünften ungefähr im 30. Lebensjahr rückt. Diese Zahlen treffen nun weitgehend für das Mammut zu, da es wie die Elefanten fünfmal seine Zähne erneuert, beide Tierarten eine vergleichbare Größe haben und ähnlich lange leben. Größere Arten wie das Nordamerikanische Mammut hatten zwar ebenfalls sechs Zahnsätze, da sie aber größer waren, lebten sie wahrscheinlich länger. Das Alter, in dem jeweils die Zahnneubildung erfolgte, war daher im Unterschied zu den Elefanten und Mammuts zeitlich mehr nach hinten versetzt, die Gebrauchsdauer der Zähne etwas länger, so daß man bei ihnen zum »Zahnalter« der Elefanten immer ein wenig hinzuzählen muß.

Männlich oder weiblich?

Bei einigen gefrorenen Kadavern sind die Genitalien vollständig erhalten geblieben, so daß das Geschlecht der Tiere direkt bestimmt werden kann. Im allgemeinen muß man es dagegen von den Skelettüberresten ableiten. Die Bullen waren gewöhnlich größer als die weiblichen Tiere, und so stellt die Geschlechtszugehörigkeit sehr großer oder sehr kleiner Tiere normalerweise kein Problem dar. In den zahlreichen Fällen, wo die Tiere von mittlerer Statur sind, ist es dagegen schwierig, anhand der Knochen zu beurteilen, ob sie von einem großen weiblichen oder kleinen männlichen Tier stammen. Die Schädel von Bullen sind robuster als diejenigen von weiblichen Tieren, besonders im Bereich der Stoßzähne. Wenn diese wiederum erhalten sind, so lassen die im Vergleich zu den kräftigeren Stoßzähnen der Bullen eher zierlichen Stoßzähne der weiblichen Tiere ebenfalls eindeutige Rückschlüsse auf das Geschlecht zu (siehe S. 80).

Die zuverlässigste Methode zur Geschlechtsbestimmung ist die Untersuchung des Beckengürtels. Denn dieser Knochen enthält den Geburtskanal, durch den die Geburt erfolgt, und seine Form ist bei männlichen und weiblichen Tieren leicht zu unterscheiden. Beim weiblichen Tier ist der Geburtskanal verhältnismäßig breit und der ihn umgebende Knochen, das Ilium (Darmbein), relativ schmal. Bei den männlichen Tieren verhält es sich genau umgekehrt: Die Geburtsöffnung ist enger, das Ilium breiter. Messungen an einer Reihe von Skeletten haben ergeben, daß das Verhältnis von Breite des Geburtskanals zu Breite des Iliums bei weiblichen Tieren immer größer als bei Bullen ist.

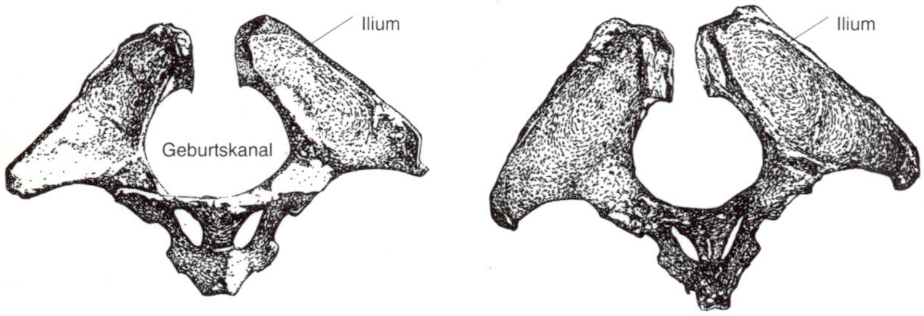

Beckengürtel von männlichen und weiblichen Mammuts, deren Geschlecht aufgrund der erhaltenen Genitalien bekannt ist. Beim weiblichen Tier (links) ist der Geburtskanal breiter und der umgebende Knochen schmaler als beim männlichen Tier (rechts).

Graphische Darstellung der Evolution bei den Mammuts

Die Evolution der Mammuts ist, ausgehend von den afrikanischen Ahnformen über das ursprüngliche Mammut *M. meridionalis* bis zum *M. primigenius* in Eurasien und *M. columbi* in Amerika, nachgezeichnet worden. Diese Abstammungslinie konnte nur durch den detaillierten Vergleich der fossilen Schädel, Zähne und Knochen in den aufeinanderfolgenden Bodenschichten (Horizonte), die zugleich Zeitabschnitte repräsentieren, erstellt werden. Bei solchen Untersuchungen ist es wichtig, daß die Fossilien genau datiert und so in der zeitlichen Abfolge richtig eingeordnet werden. Ebenso ist von Bedeutung, daß man von jedem Horizont so viele Exemplare wie möglich erforscht, damit man normale Abweichungen zwischen den einzelnen Tieren nicht als evolutionäre Änderung fehlinterpretiert. Schließlich sollten Fossilien vom gesamten geographischen Verbreitungsgebiet der Tierart untersucht werden, weil sich in einem Gebiet manchmal neue Formen entwickeln konnten, die sich später dann in anderen Regionen ausbreiteten.

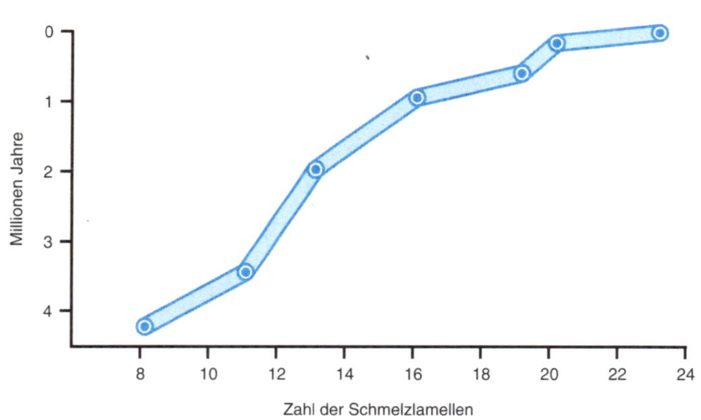

Zunahme der durchschnittlichen Zahl von Schmelzlamellen bei Mammutmolaren der Alten Welt. Jeder Punkt gibt die Durchschnittszahl der Schmelzlamellen bei den untersuchten letzten (sechsten) oberen Molaren wieder. Die beiden ältesten Proben, die zwischen 5 und 3 Millionen Jahre alt sind, stammen vom frühen und späten *Mammuthus subplanifrons* aus Afrika. Die nächsten beiden Punkte geben ein Alter zwischen einer und zwei Millionen Jahren wieder; es sind frühe und späte Belege vom *M. meridionalis*. Der Punkt bei annähernd 750 000 Jahren bezeichnet *M. trogontherii*, die beiden letzten den frühen und späten *M. primigenius*.

Fossile Backenzähne, die häufigsten Überreste, geben deutliche Veränderungen wieder, die im Einklang mit der Ernährungsweise der Tiere standen. Die Anzahl der Schmelzlamellen auf dem letzten (sechsten) Molaren ist ein klares Indiz für diesen Wandel (siehe S. 25). Unzählige solcher Molaren aus mehreren datierten Schichten sind vermessen und die durchschnittliche Anzahl der Schmelzlamellen bei einer jeden Probe errechnet worden. Diese Informationen stellte man nun dem Alter der Proben gegenüber, um den evolutionären Trend deutlich zu machen. Die Graphik legt nahe, daß es sich um einen allmählichen Übergang handelte, der sich allerdings nach rund einer Million Jahren beschleunigte. Ferner geht aus ihr hervor, daß eine Unterteilung dieser durchgängigen Linie in bestimmte Arten bis zu einem gewissen Maß willkürlich ist.

Wie gewinnt man Mammut-DNS?

Das genetische Material (DNS) erhält sich bei alten Gewebeteilen nur unter ganz besonderen Umständen, zum Beispiel bei ausgeprägt trockenen Bedingungen oder schnell gefrorenen Kadavern. In beiden Fällen ist der Zerfall der Erbsubstanz geringer. Überraschenderweise ist die DNS in Knochen und Zähnen oft besser erhalten als in weichen Geweben. Die DNS wird dort von lebenden Zellen produziert, die zugleich das umgebende harte Gewebe herstellen; dieser mineralische »Schutzmantel« verhindert den Zerfall der DNS.

Zur Isolierung von DNS werden Gewebeproben gewählt, die am wenigsten verunreinigt sind (zum Beispiel durch chemische Substanzen im Boden oder durch Berühren beim Ausgraben). Dann werden ihre Oberflächen gereinigt und gewaschen. Jede einzelne Probe wird fein zermahlen, aufgeschwemmt und dann mit Lösungsmitteln behandelt, die fremde Partikel entfernen und die komprimierte DNS auflockern. Bei Knochen wird das mineralische Material in einer Hochbeschleunigungszentrifuge abgesondert. Selbst unter optimalen Bedingungen liefern alte Gewebe nur winzige Mengen von DNS. Daher muß die DNS vervielfältigt werden, bis das für eine Analyse erforderliche Quantum erreicht ist.

Dieser Arbeitsschritt macht sich die Fähigkeit der DNS aller Lebewesen zunutze, von sich selbst Kopien herzustellen. Ein DNS-Molekül besteht aus zwei langen Strängen, die ihrerseits von einer Kette kleinerer Moleküle, den Nukleotiden, gebildet werden. Diese Nukleotide enthalten unter anderem eine Base; sie kommt in vier geringfügig voneinander abweichenden Formen vor, die mit den Abkürzungen A, T, C und G bezeichnet werden. Diese Basen bilden eine Art genetisches Alphabet; ihre Abfolge entlang dem DNS-Molekül stellt den genetischen Code auch bei den Mammuts dar. Außerdem sind die beiden DNS-Stränge immer so miteinander verbunden, daß jede Base C eines Stranges mit der Base G des gegenüberliegenden Stranges verpaart ist. Desgleichen sind immer A und T verpaart. Diese Struktur ist der Schlüssel zur DNS-Replikation: Werden beide Stränge voneinander getrennt, nutzt das spezielle Enzym ›DNS-Polymerase‹ die Einzelstränge als Vorlagen zur Synthese neuer Partnerstränge, die identisch zu den alten sind (Replikation).

Dieser Vorgang wird im Labor mittels der ausgesprochenen effizienten Methode der Polymerase-Kettenreaktion durchgeführt. Zunächst wird die doppelsträngige DNS durch Erhitzen in einzelne Stränge getrennt. Dann werden zwei kurze Einzelstränge synthethischer DNS (sogenannte »Primer«), eine ausreichende Menge an Nukleotiden sowie das Enzym DNS-Polymerase hinzugegeben. Die geeignete Wahl der Primer erlaubt die zielgenaue Replikation von bestimmten DNS-Abschnitten, da sich die Primer ausschließlich dort mit einem DNS-Strang verpaaren, wo die Sequenz der Nukleotide komplementär ist. Entsprechend der Sequenz der Mammut-DNS zeigt die

DNS-Polymerase einzelne Nukleotide an die Primer-DNS an und stellt so aus jedem Einzelstrang einen neuen Doppelstrang her. Dieser Prozeß wird zwischen 20- und 40mal wiederholt, wobei sich die DNS-Menge bei jedem Zyklus verdoppelt. Am Ende liegen Millionen von Kopien der ursprünglichen Mammut-DNS vor.

In der nächsten Phase wird die Sequenz der Basen in der Mammut-DNS ermittelt. Dies geschieht in einem komplizierten und ausgeklügelten Verfahren, das hier nur skizziert werden kann. Zunächst werden die Positionen jeder der vier Basen getrennt voneinander bestimmt. Dazu wird die Probe in vier Teile aufgetrennt und jeweils mit besonderen Lösungen vermischt, die spezifisch für die Basen A, T, C und G sind. In den Lösungen bestimmen chemische Reaktionen all jene Stellen entlang der DNS, an denen sich die Basen befinden. Elektrophorese (siehe S. 139) macht die Positionen aller Basen sichtbar: Die Lösungen werden einzeln auf ein dünnes Gel aufgetragen und elektrischer Spannung ausgesetzt. DNS-Fragmente bewegen sich durch das Gel und bilden eine Reihe sichtbarer Bänder, die die aufeinanderfolgenden Positionen der Basen in der DNS-Kette anzeigen. Die Kombination der Resultate für jede der vier Basen A, T, C und G ergibt die vollständige genetische Sequenz der ursprünglichen DNS.

Legenden über den Verzehr von Mammutfleisch

Um die Ausgrabung gefrorener Kadaver ranken sich viele Legenden. Die etwas schauerlicher ausgemalten Berichte gipfeln in der Behauptung, es seien dabei Mammutsteaks verspeist worden. Das Fleisch heutiger Elefanten schmeckt ähnlich wie Rindfleisch; es hat einen ausgezeichneten Geschmack, obwohl es wesentlich gröber und zäher ist. Delikatessen sind das Herz, die Zunge und der Rüssel; die Füße enthalten dagegen eine große, elastische Polstermasse, die sehr süß ist und eine gute Suppe abgibt. Das Fleisch des Beresowka-Mammuts (siehe S. 44f.) war mit Fettschichten durchzogen und durchwachsen. In gefrorenem Zustand sah es ganz frisch und bekömmlich aus, es war dunkelrot wie gefrorenes Rinder- oder Pferdefleisch. Herz, der Leiter der Expedition, bemerkte hierzu: »Es sah so appetitlich aus, daß wir uns manchmal fragten, ob wir es nicht probieren sollten, aber keiner wollte es wagen, ein Stück davon in den Mund zu nehmen… Die Hunde putzten jedes Mammutfleischstück weg, das man ihnen hinwarf.« Es war vermutlich weise, hier enthaltsam zu sein, denn das aufgetaute Fleisch färbte sich grau.

In einer Erzählung ist davon die Rede, daß ein Wissenschaftler tatsächlich einen Bissen vom Beresowka-Mammut probiert habe, sich dann aber habe übergeben müssen. Es gibt sogar Berichte über Bankette in St. Petersburg, auf denen Mammutfleisch serviert wurde. Eine andere Schilderung handelt von einem englischen Lord, Talbot Clifton, der sich im Jahre 1901 auf eine Jagdexpedition nach Sibirien begeben hatte. Im Zug nach Jakutsk traf er zufällig auf Herz und Pfizenmayer. Seine Frau Violet Clifton berichtete später: »Herz legte Talbot nahe, sich mit ihm zusammenzutun und sich gemeinsam auf die Suche nach einem Mammut zu begeben. Talbot war ein wenig in Versuchung, sich dem Mann der Wissenschaft anzuschließen, aber er willigte letztendlich doch nicht ein, denn er hatte die Neigung, allein zu reisen, niemandem verantwortlich zu sein.« Bei Pfizenmayer hört sich die Episode jedoch etwas anders an: »Wir waren mit einem Engländer bekannt geworden, der uns erzählte, er reise an die Lena…, um das dortige Wildschaf als erster englischer Nimrod zu erbeuten. Als er hörte, daß wir ebenfalls in jene Gegend, nur noch bedeutend weiter nordöstlich reisten, um an der Kolyma ein Mammut auszugraben, zeigte er große Lust, dieser interessanten Sache beizuwohnen. Daß sein Wunsch bei uns wenig Gegenliebe fand, schien Seine Lordschaft gar nicht zu bemerken.«

So gingen Talbot und die Expedition getrennte Wege, aber zum Weihnachtstag 1901 war Lord Clifton wieder in Jakutsk zurück. »Professor Herz hatte ihm als Geschenk ein wenig Fleisch von dem Mammut geschickt, das er gefunden hatte. Wir aßen es andächtig und voller Gedanken, denn war es nicht um die achttausend Jahre alt?« Die Zuverlässigkeit von Cliftons Berichten ist allerdings, wie man sieht, sehr fraglich.

Chinesische Händler empfahlen das Mammutfleisch: es schmecke erfrischend, könne unbedenklich verzehrt werden und helfe überdies gegen Fieber. In einem chinesischen Text von 1712 heißt es: »Die nördliche Ebene neben dem Meer in Rußland ist die kälteste Gegend. Dort gibt es ein Tier, das wie eine Maus aussieht, aber so groß wie ein Elefant ist. Es kriecht in unterirdischen Gängen und stirbt, wenn es von der Sonne oder dem Mond beschienen wird. Seine Zähne sind wie beim Elefanten: weiß, glatt, ebenmäßig und ohne Risse. Die Eingeborenen finden es oft in der Nähe eines Flußufers. Sie verwenden seine Knochen, um Schüsseln, Platten, Kämme und feine, zweiseitig zugespitzte Zahnstocher herzustellen. Sein Fleisch ist frisch und kalt … Wenn man es ißt, können Fieber und Unwohlsein verschwinden. Sein russischer Name lautet Momentuowa.«

In den zwanziger Jahren dieses Jahrhunderts waren mehrere Berichte im Umlauf, in denen es hieß, daß Reisenden Mammutfleisch angeboten worden sei und sie es gegessen hätten. Die Tschuktschen Nordostsibiriens sahen in den Mammuts offensichtlich böse Geister. Sobald sie aus der Erde herausragende Stoßzähne bemerkten, mußten sie Beschwörungsformeln sprechen und die Trommeln schlagen. Es gibt aber auch eine Erzählung, der zufolge zwei Tschuktschen das Fleisch von einem freiliegenden Kadaver gegessen haben sollen. Sie hätten es sehr nahrhaft gefunden und den ganzen Winter über davon gelebt. Einige sibirische Jäger behaupten heute noch, gekochtes Mammutfleisch gegessen zu haben; es sei sehr fasrig und so zäh wie Gummi.

Phantastische Geschichten ranken sich um die Entdeckung gefrorener sibirischer Mammuts. Sie gaben auch Legenden Nahrung, daß Mammutfleisch gegessen worden sei, und erhitzten die Vorstellung von Illustratoren des 19. Jahrhunderts.

Mammutfundorte in Europa

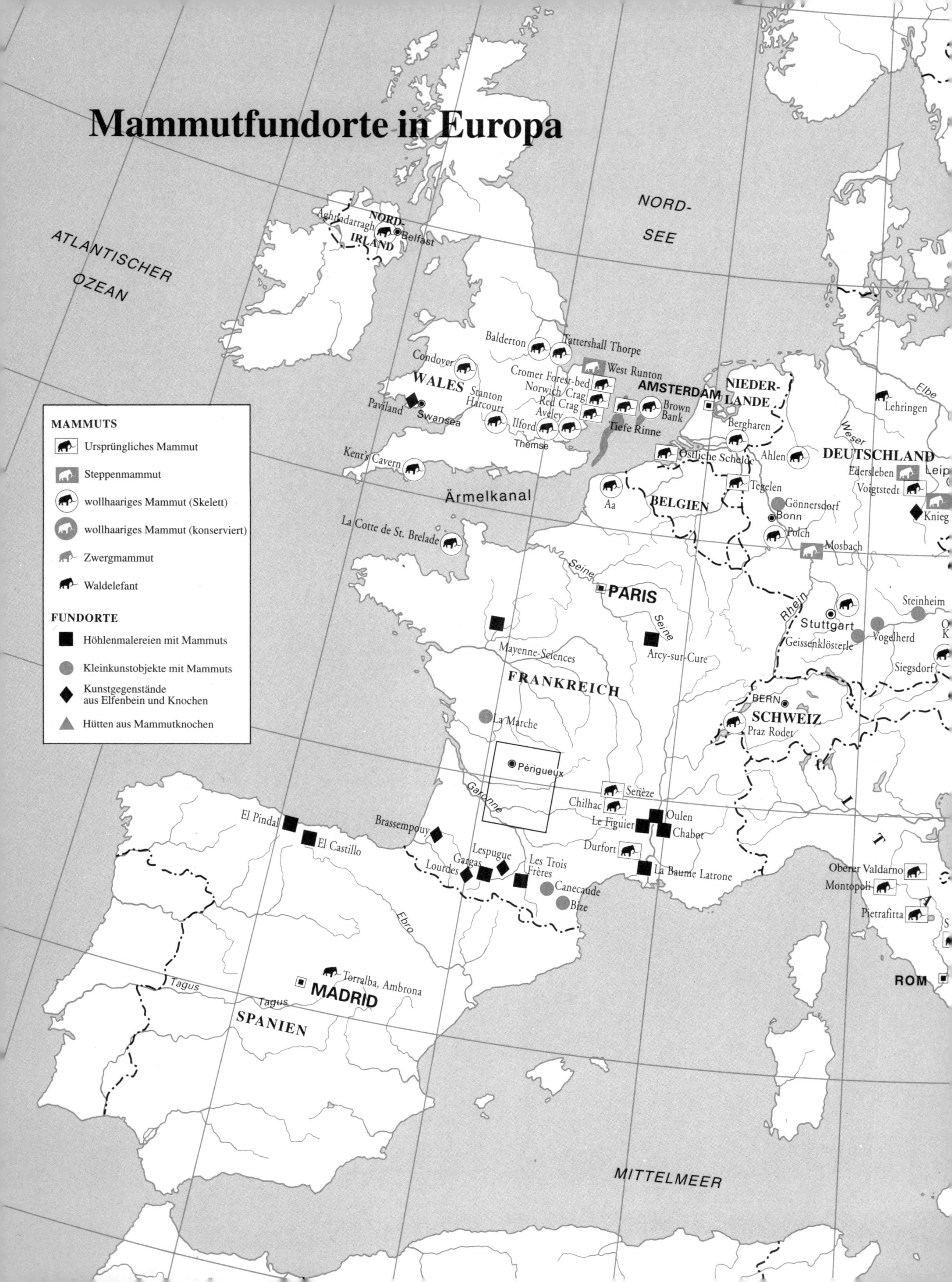

SÜDWESTFRANKREICH
Jovelle
Périgueux
Rouffignac
La Madeleine
Blanchard
Laugerie Haute
Les Combarelles
Font de Gaume
Bernifal
Dordogne
Domme
Cougnac
Pech-Merle
Garonne
Lot
Bruniquel
RUSSLAND
Vistula
WARSCHAU
POLEN
Bzianka
ECHISCHE
Krakau
Oblazowa
UBLIK
Predmosti
Brno
Milovice
Dolní Věstonice
Pawlow
SLOWAKEI
Starunia
Molodova
UKRAINE
Mâtra
Tata
BUDAPEST
UNGARN
Donau
Rostow
Asowsches Meer
ISRAEL UND ÄTHIOPIEN
Alexandria
Ubeidiya
ISRAEL
JERUSALEM
ÄGYPTEN
SAUDI
ARABIEN
Rotes Meer
Nil
SUDAN
Afar-Senke
ADDIS ABEBA
ÄTHIOPIEN
SCHWARZES MEER
Spinagallo
0 200 400 Meilen
0 300 600 km

Mammutfundorte in Osteuropa und Asien

H E O Z E A N
Laptewsee
Ostsibirisches Meer
Wrangel-Insel
Ljachow-Inseln
Sanga-Yurakh
Shandrin
Berelekh
Olyer Suite
Beresovka
Kolyma
Indigirka
Bering-Meer
Taimyr
Khatanga
Lena River (Adams)
Kirgilyak (Dima)
J A K U T I E N
Lena-Fluß
Vilui
Ochotskisches Meer
I R I E N
L A N D
Lena
Amur
Mal'ta
Irkutsk
Zhalainuoer
Manzhouli
Harbin
Heilongjiang, Zhaoyuan, Shan Zhan
M O N G O L E I
C H I N A
NORD KOREA
PEKING

Mammutfundorte
in Nordamerika
ALASKA
Beaufortsee
Elephant Point,
Eschscholtz-Bucht
Old Crow
A L A S K A
Fairbanks Creek
Y U K O N
Anchorage
Golf von Alaska
C A N A D A
BRITISCH
KOLUMBIEN
ALBERTA
SASKATCHEWAN
MANITOBA
ONTARIO
QUEBEC
Wellsch Valley
Olympic-Halbinsel
WASHINGTON
MONTANA
NORDDAKOTA
MINNESOTA
OREGON
IDAHO
WISCONSIN
Mississippi
MICHIGAN
NEW YORK
SÜDDAKOTA
Hot Springs,
Lange-Ferguson site
Colby
WYOMING
IOWA
Jonesboro
PENNSYLVANIA
OHIO
INDIANA
NEBRASKA
Hay Springs
Dent
Angus
Franklin
County
ILLINOIS
Burning Tree
WEST VIRGINIA
Big Bone Lick
VIRGINIA
KENTUCKY
NEVADA
UTAH
Moab,
Bechan Cave,
Cowboy Cave
Colorado
Denver
COLORADO
Lamb Spring
KANSAS
MISSOURI
U N I T E D S T A T E S
San Francisco
CALIFORNIA
Rancho La Brea
Santa Rosa
Island
Los Angeles
ARIZONA
Albuquerque
NEW MEXICO
Miami
OKLAHOMA
ARKANSAS
TENNESSEE
NORTH CAROLINA
SOUTH CAROLINA
MISSISSIPPI
ALABAMA
GEORGIA
Tucson
Blackwater Draw,
Clovis
Dallas
PACIFIC
OCEAN
Murray Springs, Naco,
Lehner Ranch,
Leikem, Escapule
TEXAS
Trinity
LOUISIANA
Aucilla River
FLORIDA
Friesenhahn
Golf von
Mexiko
MEXIKO
Tepexpan
MEXICO CITY
MAMMUTS
Ursprüngliches Mammut
wollhaariges Mammut (Skelett)
wollhaariges Mammut (gefroren)
Nordamerikanisches Mammut
Zwergmammut
Mastodon
FUNDORTE
Darstellungen von Mammuts
0 200 400 Meilen
0 300 600 km

Führer zu Fundorten und Museen

Nachfolgend sind die bedeutendsten Fundorte der Welt mit Mammutüberresten von vollständigen Skeletten bis zu Höhlenmalereien aufgeführt. Viele dieser Fundstätten sind nicht mehr zugänglich; andere wiederum werden nur für Forschungsvorhaben geöffnet. Einige mit Sternchen gekennzeichnete Fundorte sind dagegen für den öffentlichen Besuch freigegeben; manchmal kann freilich der Zugang beschränkt sein.

Aa Ein kleiner Fluß in Nordfrankreich, wo man zu Anfang dieses Jahrhunderts das Skelett eines weiblichen Wollmammuts ausgrub.

Afar-Senke Flußniederung in Äthiopien, wo man in den Ablagerungen des Awash-Tales 4–5 Millionen Jahre alte Fossilien der frühesten Elefanten und Mammuts barg.

Aghnadarragh Ein Steinbruch in Nordirland, wo man die etwa 80000 Jahre alten Überreste kleiner Mammuts in den siebziger und achtziger Jahren dieses Jahrhunderts ausgrub.

Ahlen Fundort in Deutschland mit dem vollständigen Skelett eines Mammuts, das jetzt im Museum von Münster zu sehen ist.

Ambrona *siehe* Torralba.

Angus Ort in Nebraska, wo man zu Anfang dieses Jahrhunderts ein Mammutskelett entdeckte. Ursprünglich hielt man es für ein Exemplar von *M. meridionalis*, aber es ist wahrscheinlich eine Varietät des Nordamerikanischen Mammuts (*M. columbi*).

Arcy-sur-Cure Ein Komplex aus neun Höhlen in Nordfrankreich, die im Mittel- und Jungpaläolithikum besiedelt waren. Zwei von ihnen (Grotte du Cheval und Grande Grotte) enthalten Darstellungen, in denen Mammuts überwiegen.

Aucilla-Fluß Schlammiges Flußbett im »Pfannenstiel« Floridas, in dem man Skelette des Nordamerikanischen Mammuts fand. 1993 entdeckte man dort den zerlegten Stoßzahn eines Mastodons.

Avdeevo Eine jungpaläolithische Freilandfundstätte im europäischen Teil Rußlands. Unter den Tierknochen dominieren die Mammuts, und unter den Artefakten befinden sich Kleinkunstwerke mit Darstellungen des Tieres, zahlreiche Werkzeuge aus Mammutknochen sowie viele Geräte und Figürchen aus Elfenbein.

Aveley Fundort in Essex nahe bei London, wo man 1964 Überreste eines Mammuts über den Skeletteilen eines Waldelefanten mit geraden Stoßzähnen fand.

Asow Stadt in der Nähe des Schwarzen Meeres in Südrußland. Dort stieß man auf die weltweit größten Fossilien eines Rüsseltiers, auf das Skelett eines fast 4,5 m großen Steppenmammuts, das nach der Ausgrabung aufgestellt wurde.

Balderton Eine Reihe von Fundorten (Steinbrüchen) in Mittelengland, wo man in den achtziger Jahren dieses Jahrhunderts in Flußschottern ungefähr 150000 Jahre alte Fossilien von Säugetieren aus der vorletzten Eiszeit entdeckte. Unter den Fundstücken befanden sich auch Hunderte von Molaren vom Mammut.

Baume Latrone, La Eine Höhle in der Nähe von Nîmes in Südfrankreich mit eiszeitlichen Malereien, die mit Lehm auf die Wände aufgetragen wurden. Unter ihnen befinden sich sieben Mammutdarstellungen, von denen einige äußerst stilisiert sind.

Bechan-Höhle und **Cowboy-Höhle** Zwei Höhlen in Utah mit etwa 13000 Jahre alten Kotresten vom Nordamerikanischen Mammut.

Berelech Der weltweit nördlichste paläolithische Fundort in Nordostsibirien. Er ist wegen seines »Friedhofs« mit Tausenden auf natürliche Weise angehäuften Mammutknochen sowie wegen einer einzigartigen Mammutgravierung mit überlangen Beinen auf einem Stoßzahn berühmt geworden.

Beresowka Fluß in Nordostsibirien, in dessen Nähe man den gut erhaltenen gefrorenen Kadaver eines Mammuts entdeckte. Man grub ihn 1901 aus, zerlegte ihn und transportierte ihn nach St. Petersburg, wo man das Skelett zusammensetzte und sein Fell ausstopfte (Dermoplastik im Zoologischen Museum in St. Petersburg).

Bergharen Ehemalige Kiesgrube in den Niederlanden, wo Taucher im Jahre 1994 in 12 m Tiefe einen Mammutschädel fanden.

***Bernifal** Eine eiszeitliche Bilderhöhle im Departement Dordogne (Frankreich), unter anderem mit Bildern von Mammuts und tectiformen Zeichen (*Adresse: 24220 Meyrals. Öffnungszeiten: 1. Juni – 30. September 9.30 – 12.30 und 14.30 – 18.00 Uhr. Weitere Informationen: Tel. 0033-53296639*).

Big Bone Lick Fundort am Ohio-Fluß in Kentucky. Der salzhaltige, morastige Boden enthielt zahlreiche Knochen vom Mastodon, die im 18. Jahrhundert geborgen wurden. Darunter befanden sich einige der spätesten, 10600 Jahre alten Überreste vom Nordamerikanischen Mammut.

Bize, Petite Grotte de Höhle im Departement Aude (Südfrankreich) mit fünf paläolithischen Siedlungsschichten. Eine davon enthielt einen Kiesel mit der Gravierung eines Mammuts.

Blackwater Draw Eine Reihe von Fundorten im östlichen New Mexico mit Überresten von Mammuts, Kamelen, Pferden und Bisons sowie ausgedehnten Hinterlassenschaften der steinzeitlichen Indianer einschließlich Clovis-Spitzen.

Blanchard Ein Abri im Departement Dordogne (Südfrankreich), der im frühen Jungpaläolithikum besiedelt war. Er ist wegen seiner zahlreichen Arbeiten aus Mammutelfenbein, insbesondere den vielen Perlen, berühmt.

Brassempouy Mehrere kleine Höhlen im Departement Landes (Südwestfrankreich), die im Jungpaläolithikum bewohnt waren und wegen der dort gefundenen Schnitzereien aus Mammutelfenbein einschließlich weiblicher Statuetten und eines kleinen Menschenkopfes Berühmtheit erlangt haben.

Brno II Eiszeitliche Begräbnisstätte in Mähren (Tschechische Republik) mit dem Skelett eines Mannes, das von verschiedenen Tierknochen, darunter auch das Schulterblatt und zwei Stoßzähne eines Mammuts, umgeben war. Ferner fand sich dort eine bemerkenswerte »Marionette« aus Elfenbein.

Brown Bank Teil der Nordsee zwischen England und Holland. Auf dem Meeresgrund befinden sich zahlreiche Tierknochen aus der letzten Eiszeit, darunter auch von Wollmammuts.

Bruniquel Eine Reihe von Abris in Südwestfrankreich, die gegen Ende der Eiszeit besiedelt waren. Einer von ihnen enthielt das aus Geweih geschnitzte Widerhakenende einer Speerschleuder in Form eines Mammuts.

Burning Tree Fundstätte in Ohio mit einem fast vollständigen, ungefähr 11500 Jahre alten Skelett eines Mastodons. In seinem Magen befanden sich Reste der letzten Mahlzeit; im Mageninhalt stieß man auf lebende Darmbakterien.

Bzianka Fundort in Polen mit dem 14000 Jahre alten Schädel eines Mammuts, dessen Stoßzähne anormal geformt sind.

Canecaude Höhle im Departement Aude (Südfrankreich) mit einigen Siedlungsschichten aus dem Jungpaläolithikum. Die jüngste enthielt ein fein gearbeitetes Widerhakenende einer Speerschleuder aus Geweih, das in der Form eines Mammuts geschnitzt ist.

***Castillo, El** Ein großer Höhlenkomplex in Nordspanien, der während des gesamten Paläolithikums besiedelt war und zahlreiche eiszeitliche Gravierungen und Malereien enthält, darunter die Skizze eines Mammuts (*Adresse: 39670 Puente Viesgo, Prov. Santander. Öffnungszeiten: 1. April – 31. Oktober 10.00 – 13.00 und 15.00 – 19.00 Uhr; 1. November – 31. März 10.00 - 13.00 Uhr, Sonntags 10.00 - 13.00 Uhr. Montags geschlossen. Weitere Auskünfte: Tel: 0034-42-598425*).

Chabot Kleine Höhle im Departement Ardèche (Südostfrankreich), auch Grotte des Mammouths genannt, weil sich dort eiszeitliche gravierte Friese mit Mammuts und anderen Tieren befinden.

Chauvet 1994 entdeckte Höhle im Departement Ardèche (Südostfrankreich), die rund 300 Tierdarstellungen mit mindestens 37 Mammuts enthält. Einige Bilder sind über 30000 Jahre alt.

Chilhac *siehe* Senèze.

Clovis Einer der Fundorte von Blackwater Draw in New Mexico. Clovis war ursprünglich ein von einer Quelle gespeister Teich, wo man mindestens 15 Mammuts entdeckte. Sechs von ihnen waren mit Geschoßspitzen aus Stein vergesellschaftet.

Colby 11200 Jahre altes Flußbett in Wyoming, wo man Teile von mindestens sieben Nordamerikanischen Mammuts fand. Sie waren in Haufen angestapelt und mit Artefakten – unter anderem Geschoßspitzen aus Stein und ein Beil aus Granit – vergesellschaftet.

***Combarelles, Les** Lange, enge Höhle im Departement Dordogne (Frankreich) mit Hunderten paläolithischer Gravierungen, darunter 37 Mammutdarstellungen (*Adresse: 24620 Les Eyzies-*

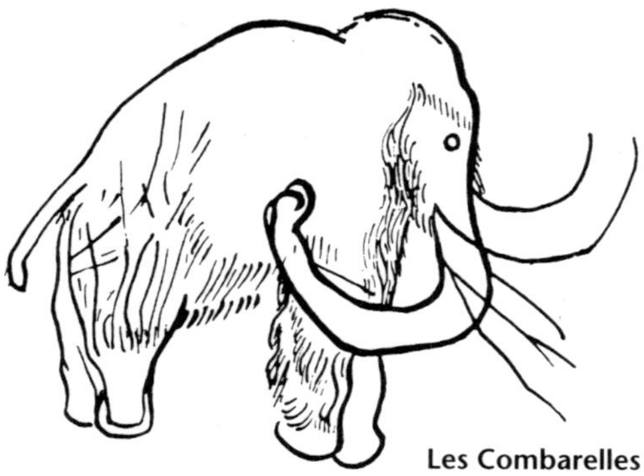

Les Combarelles

de-Tayac, Dépt. Dordogne. Öffnungszeiten: täglich außer mittwochs und an Feiertagen; 1. April – 30. September 9.00 – 12.00 und 14.00 – 18.00 Uhr; 2. November – Ende Februar 10.00 – 12.00 und 14.00 – 17.00 Uhr; Oktober und März 9.30 – 12.00 und 14.00 – 17.30 Uhr. 25. November – 25. Dezember geschlossen. Weitere Auskünfte: Tel. 0033-53069080. Reservierung empfohlen).

Condover Kommerziell genutzter Steinbruch in Shropshire, England. Man fand dort 1986 in einem Toteisloch die Skelette von einem erwachsenen und vier jungen wollhaarigen Mammuts.

***Cotte de St. Brelade, La** Paläolithische Höhle auf der Kanalinsel Jersey mit Tausenden von Artefakten und den angehäuften Knochen von 20 Mammuts und 5 Nashörnern.

***Cougnac** Eiszeitliche Bilderhöhle im Quercy (Frankreich), darunter Malereien vom Riesenhirsch sowie von Mammuts und Steinböcken (*Adresse: 46300 Payrignac/Dépt. Lot. Öffnungszeiten: Palmsonntag – 30. Juni 9.00 – 11.00 und 14.00 – 17.00 Uhr; Juli/August 9.00 – 18.00. Anmeldung für Gruppen unter Tel. 0033-65412225).*

Cromer Forest-bed Komplexe geologische Formation, die sich auf einer Länge von 48 km an der Küste von Norfolk und Suffolk (England) erstreckt. Sie enthält eine reichhaltige Ansammlung von Fossilien, die zwischen 1,7 Millionen und 500000 Jahre alt sind. Man sammelte dort in den letzten 150 Jahren an Orten wie Happisburgh, Mundesley und West Runton Hunderte von Molaren vom Steppenmammut und *M. meridionalis* ein.

Dent Fundstätte mit Relikten steinzeitlicher Indianer in Colorado. Dort entdeckte man 1932 die ersten Clovis-Spitzen, und hier stieß man auch auf den ersten eindeutigen Beleg in Amerika, daß Mammutüberreste mit Geschoßspitzen vergesellschaft waren.

Dmanisi Wichtiger altpaläolithischer Fundplatz mit einem Alter von 1,8 Millionen Jahren im Südosten Georgiens (Kaukasus). Man fand dort Steinartefakte, zahlreiche Tierknochen und einen menschlichen Unterkiefer.

Dolní Věstonice Große Freilandfundstätte aus dem Jungpaläolithikum in Mähren (Tschechische Republik). Unter den Fossilien überwiegen Mammutknochen. Außerdem fand man zahlreiche Werkzeuge und Schnitzereien aus Elfenbein, darunter einen berühmten menschlichen Kopf.

Domme Höhle im Departement Dordogne (Frankreich), auch unter den Namen Grotte de Saint-Front oder Grotte du Mammouth bekannt, denn dort befindet sich das große Flachrelief eines Mammuts hoch oben an der Höhlenwand.

Durfort Fundort in Mittelfrankreich. Dort entdeckte man gegen Ende des 19. Jahrhunderts ein Skelett von *M. meridionalis*, das jetzt im Musée National d'Histoire Naturelle in Paris zu sehen ist.

Edersleben Fundort in Ostdeutschland, an dem man das vollständige Skelett eines Steppenmammuts ausgrub.

Elephant Point, Eschscholtz-Bucht Fundstätte mit der ersten überlieferten Entdeckung eines Mammutkadavers in Alaska durch L. S. Quackenbusch im Jahre 1907.

Elisejewitsch Jungpaläolithische Freilandfundstätte in der russischen Ebene mit Hütten aus Mammutknochen. Man fand dort ebenso ein geschnitztes Mammut aus Kalkstein und eine weibliche Statuette aus Elfenbein.

Escapule Fundort in Arizona, wo man ein zerlegtes Mammutskelett zusammen mit Geschoßspitzen aus Stein entdeckte. Einige Archäologen haben vorgeschlagen, daß es sich hier um ein Tier handle, das einer Massentötung bei Lehner Ranch entkommen sei.

Fairbanks Creek Stätte mit dem berühmtesten Mammutfund Alaskas. Dort wurden 1948 Gesicht, Rüssel und Vorderbein eines Mammutkalbs ausgegraben.

Figuier, Le Höhle im Departement Ardèche (Südostfrankreich) mit paläolithischen Siedlungsspuren und einigen Darstellungen an den Höhlenwänden, einschließlich stilisierter Mammuts.

***Font de Gaume** Eiszeitliche Bilderhöhle im Departement Dordogne (Frankreich) mit ungefähr 230 Figuren. Der Wisent herrscht vor, aber es gibt eine bemerkenswerte Reihe von Mammutdarstellungen, die manchmal mit tectiformen Zeichen verbunden sind (*Adresse: 24620 Les Eyzies-de-Tayac, Dépt. Dordogne. Öffnungszeiten: täglich, außer dienstags. 1. April – 30. September 9.00 – 12.00 und 14.00 bis 18.00 Uhr; 2. November – Ende Februar 10.00 – 12.00 und 14.00 – 17.00 Uhr; März und Oktober 9.30 – 12.00 und 14.00 – 17.30 Uhr. Weitere Auskünfte: Tel. 0033-53069080. Reservierung empfohlen).*

Franklin County Vom Wind aufgehäufte Sandablagerungen bei Campbell, Nebraska. Dort fand man 1915 den gewaltigen Schädel eines Nordamerikanischen Mammuts, der jetzt im University of Nebraska Museum ausgestellt ist.

Friesenhahn Höhle in Bexar County (Texas) mit den Überresten zahlreicher Jungtiere vom Nordamerikanischen Mammut, die neben anderen Fossilien aus dem späten Pleistozän, darunter von Säbelzahnkatzen, gefunden wurden.

***Gargas** Große Höhle in den französischen Pyrenäen mit beträchtlichen paläolithischen Siedlungsresten und zahlreichen Kunstwerken an den Höhlenwänden, darunter einige Mammutgravierungen (*Adresse: 31510 Valcabrère, Hautes Pyrénées. Öffnungszeiten: April – Oktober 13.30 – 17.00 Uhr. Tel. 0033-62397239).*

Geissenklösterle Höhle in Südwestdeutschland mit paläolithischen Siedlungsspuren und bedeutenden Elfenbeinstatuetten aus dem frühen Jungpaläolithikum.

Gönnersdorf Weitläufige Freilandfundstätte aus dem späten Jungpaläolithikum im Rheinland. Berühmtheit erlangten seine 400 gravierten Steinplaketten mit mindestens 77 Mammutdarstellungen.

Hay Springs Fundort in Nebraska, wo man Überreste von frühen Nordamerikanischen Mammuts ausgrub, die möglicherweise mit *M. imperator* identisch sind.

Heilongjiang, Zhaoyuan, Shan Zhan Schlammiges Flußbett in Harbon (China), wo man das älteste, fast vollständige Skelett eines Mammuts in China fand. Es ist rund 21000 Jahre alt.

***Hot Springs** Ein 1974 entdeckter, mit Ablagerungen verfüllter Erdfall in Süddakota. Man grub dort Skelettreste von mindestens 50 Nordamerikanischen Mammuts aus.

***Ignatievka** Eiszeitliche Bilderhöhle im Südural (Rußland) mit mehreren gemalten Mammuts an den Höhlenwänden (*weitere Informationen: Dr. Vladimir Širokov, Institut für Geschichte und Archäologie, Rosa-Luxemburg-Str. 56, Russ-620219 Ekatarienburg, Tel. 007-3432-223456, für Anmeldungen und Reservierungen).*

Ilford Gebiet nordöstlich von London mit zahlreichen Säugetierfossilien, darunter viele Überreste von Mammuts und Waldelefanten, die in 200000 Jahre alten Ablagerungen der Themse gefunden wurden.

Indigirka Großes Becken des gleichnamigen Flusses in Nordostsibirien. 1992 entdeckte man dort die 29000 Jahre alten gefrorenen Überreste eines sehr jungen Mammuts.

Jamal-Halbinsel Dort entdeckte man 1988 das Mammutkalb Mascha, der bislang am weitesten westlich gefundene gefrorene Mammutkadaver Sibiriens.

Jonesboro Fundort in Indiana. Dort barg man im Jahre 1903 das vollständige Skelett eines Nordamerikanischen Mammuts, das jetzt zusammengesetzt im American Museum of Natural History in New York zu sehen ist. Ursprünglich klassifizierte man es als gesonderte Art, *M. jeffersonii.*

Jovelle Höhle im Departement Dordogne (Frankreich) mit fünf archaischen, tiefen Gravierungen von Mammuts und von anderen Tieren.

Juribei Fluß auf der Gydanskij-Halbinsel in Sibirien. An seinem Ufer entdeckte man 1977 ein kleines erwachsenes weibliches Mammut, das bislang jüngste, 10000 Jahre alte gefrorene Exemplar. Sein Magen-Darm-Trakt war mit Grasnahrung vollgestopft, und die anderen inneren Organe waren vollständig erhalten.

***Kapova** Große Höhle in Baschkiristan im Südural (Rußland) mit jungpaläolithischen Siedlungsresten und rund 40 Malereien von Tieren und Zeichen an den Höhlenwänden, darunter mindestens sieben Mammutdarstellungen (*weitere Infor-*

mationen: Olga I. Bojko, Direktorin der obersten Denkmalbehörde Baschkiristans, Research and Production Center for Protection of Historic and Cultural Monuments, Gogolia 62, PO Box 1658, Russ - 450000 Ufa, Tel. 007-3472-22-29-83).

***Kent's Cavern** Große Höhle in der Nähe von Torquay (Südwestengland). Im späten Pleistozän hielten sich dort abwechselnd Hyänen und Menschen auf. Es war eine der ersten Stellen, wo das gemeinsame Vorkommen von Menschen und ausgestorbenen Tieren nachgewiesen werden konnte. Man fand dort zahlreiche Artefakte und Fossilien, darunter auch vom Mammut *(Adresse: Ocean Road Ilsham, Torquay. Öffnungszeiten: April – September 10.00 – 17.00 Uhr, Oktober – März 10.00 – 16.00 Uhr. Weitere Auskünfte: Tel. 0044-1803-215136).*

Khapry Ortschaft nördlich des Asowschen Meeres in Südrußland. Dort fand man im Liwentsowka-Steinbruch zahlreiche zwischen 2 und 2,5 Millionen Jahre alte Überreste von *M. meridionalis*, die einige Autoren auch als *M. gromovi* bezeichnen.

Khatanga Am linken Ufer des Bolschaja-Rassocha-Flusses in Sibirien entdeckte man 1977 einen über 45000 Jahre alten gefrorenen Mammutkadaver.

Kirgiljach Nebenfluß der Kolyma, wo man 1977 das Mammutkalb Dima entdeckte.

Kniegrotte Jungpaläolithischer Höhlenfundort in Ostdeutschland. Unter seinen Artefakten befinden sich einige einzigartige Elfenbeinschnitzereien.

Kolyma (Mittlere) Fundort am Ufer des Bolschaja-Baranicha-Flusses in Sibirien. Dort entdeckte man 1924 ein deformiertes und verrunzeltes 28 cm langes Stück eines Mammutrüssels.

Kostenki Größere Gruppe jungpaläolithischer Freilandfundstätten am Don im europäischen Teil Rußlands. Man stieß dort auf große Mengen von Mammutknochen, ebenso auf Hütten aus Mammutknochen und auf Vorratsgruben mit Knochen. Ferner fand man dort zahlreiche Werkzeuge und Schnitzereien aus Elfenbein.

Krakau, Spadzista-Straße Fundort in Südpolen mit Überresten einer aus Mammutknochen erbauten Hütte.

Lamb Spring Fundort in Colorado mit Hinterlassenschaften steinzeitlicher Indianer. Man fand dort etwa 40 Mammuts und viele andere Tierarten, zusammen mit einem Steinwerkzeug und einem Felsbrocken, den Menschen hierher gebracht hatten.

Lange-Ferguson Fundort in Süddakota mit Hinterlassenschaften steinzeitlicher Indianer. Dort waren ein erwachsenes und ein junges Mammut vermutlich getötet und mit Sicherheit zerlegt worden, wobei man aus einem Mammutschulterblatt gefertigte Werkzeuge benutzte.

Laugerie Haute Bedeutender jungpaläolithischer Abri im Departement Dordogne (Frankreich) mit zahlreichem Fundmaterial, darunter einige Kunstgegenstände.

Lehner Ranch Fundort in Arizona, wo man 13 Clovis-Spitzen zusammen mit den Überresten von 13 jungen Nordamerikanischen Mammuts entdeckte. Manche Archäologen vertreten die Ansicht, hier sei ein Familienverband von Mammuts abgeschlachtet worden.

Lehringen Freilandfundstätte in Deutschland aus dem mittleren Paläolithikum. Sie ist wegen eines einzigartigen Fundes berühmt geworden: Ein Speer aus Eibenholz steckte zwischen den Rippen eines Skeletts vom Waldelefanten (*Palaeoloxodon antiquus*).

Leikem Fundort in Arizona, wo man ein einziges Mammutskelett zusammen mit Geschoßspitzen aus Stein entdeckte. Einige Archäologen haben vorgeschlagen, es handle sich hier um ein Tier, das der Massentötung bei der nahegelegenen Lehner Ranch entkommen sei.

Lena Im Mündungsgebiet dieses sibirischen Flusses wurde der gefrorene Kadaver des Adams-Mammuts im Jahre 1799 entdeckt; es wurde 1806 nach St. Petersburg transportiert.

Lespugue Eine Reihe kleiner Höhlen in den französischen Pyrenäen mit Siedlungsresten aus dem Jungpaläolithikum. Eine Höhle enthielt eine berühmte Frauenstatuette aus Elfenbein.

Ljachow-Inseln Inselgruppe vor der Nordküste Sibiriens. In den Jahren 1901–1903 wurde dort das Skelett eines kleinen erwachsenen männlichen Mammuts entdeckt und danach dem Musée National d'Histoire Naturelle in Paris übergeben.

Lourdes Stadt in den französischen Pyrenäen. In ihrer Nähe befindet sich eine Anzahl von Höhlen aus dem Jungpaläolithikum. Eine von ihnen, Les Espélugues, enthielt zahlreiche Kunstgegenstände, unter anderem ein auf Mammutelfenbein fein graviertes Pferd.

Madeleine, La Großer Abri aus dem späten Jungpaläolithikum im Departement Dordogne (Frankreich). Man fand dort eine Vielzahl von Kunstgegenständen, darunter ein auf ein Stück Elfenbein graviertes Mammut. Die Entdeckung dieses Artefakts im Jahre 1864 bewies endgültig, daß Menschen und mittlerweile ausgestorbene Tiere einst zusammengelebt hatten.

Mal'ta Jungpaläolithische Freilandfundstätte im Süden Zentralsibiriens, die durch ihre zahlreichen Kunstgegenstände – darunter Elfenbeinstatuetten – bekanntgeworden ist.

Marche, La Jungpaläolithischer Höhlenfundort im Gebiet von Vienne in Mittelfrankreich. Man fand dort über 1500 gravierte Steinplaketten, darunter einige bemerkenswerte Mammutdarstellungen.

Mátra Fundort in Ungarn, wo man das Skelett eines Mammuts ausgrub.

Mayenne-Sciences Höhle in Nordwestfrankreich, auch unter dem Namen Grotte du Mammouth bekannt, weil sich hier eiszeitliche Malereien unter anderem von zwei Mammuts befinden.

Meshiritsch Jungpaläolithische Freilandfundstätte in der Ukraine, wegen ihrer fünf Hütten aus Mammutknochen und dem bemalten Mammutschädel weithin bekannt.

Mezin Jungpaläolithische Freilandfundstätte mit einer Anzahl von Hütten aus Mammutknochen und einer Reihe bemalter, aber zertrümmerter Mammutknochen. Einige Forscher sind der Ansicht, es handle sich hier um eine Ansammlung von Musikinstrumenten.

Miami Fundort in Texas mit Hinterlassenschaften steinzeitlicher Indianer. Dort fand man mindestens fünf Mammuts in Verbindung mit Clovis-Artefakten.

Milovice Jungpaläolithische Freilandfundstätte bei Dolní Věstonice in Mähren (Tschechische Republik) mit Resten von einer Hütte aus Mammutknochen.

Moab Stadt in Utah. Ganz in ihrer Nähe gibt es eine in die Felsoberfläche gepickte Darstellung (Petroglyphe) eines Mammuts oder Mastodons.

Molodova Gruppe paläolithischer Freilandfundstätten in der westlichen Ukraine, wo man Hinweise auf Hütten aus Mammutknochen aus dem mittleren Paläolithikum entdeckte.

Montopoli Flußablagerung in der Nähe von Florenz. Dort fand man die ältesten europäischen Überreste von *M. meridionalis*.

Mosbach Große Sandgrube am Rheinufer bei Wiesbaden. Aus den Flußablagerungen hat man in den letzten 100 Jahren Tausende von Fossilien, darunter zahlreiche Reste vom Steppenmammut, ausgegraben.

Murray Springs Freilandfundstätte in Arizona mit Hinterlassenschaften steinzeitlicher Indianer. Die Artefakte – darunter ein Lochstab aus Mammutknochen – waren mit Mammutüberresten vergesellschaftet, die von vermutlich eher zerlegten als getöteten Tieren stammten.

Naco Freilandfundstätte in Arizona. Man fand dort acht Clovis-Spitzen im Skelett eines erwachsenen Mammuts.

Newburgh Fundort im Staat New York, wo Charles Peale und seine Familie im Jahr 1801 zwei Mastodonskelette ausgruben.

Nogaisk Fundort in Südrußland, wo man das vollständige Skelett eines ursprünglichen Mammuts (*M. meridionalis*) entdeckte. Es ist jetzt im Zoologischen Museum in St. Petersburg ausgestellt.

Norwich Crag Umfangreiche Ablagerung aus Muschelsanden über der Red Crag in Ostengland mit Fossilien von *M. meridionalis*, die zwischen 2,4 und 1,8 Millionen Jahre alt sind.

Obere Klause Höhle im Altmühltal (Bayern), aus der unter anderem eine Mammutgravierung stammt.

Oblazowa Jungpaläolithischer Höhlenfundort in Südpolen. Dort entdeckte man einen aus Mammutstoßzahn gefertigten Bumerang, den ältesten Bumerang der Welt.

Old Crow Flußbecken im Yukon-Gebiet (Kanada), das Tausende von Fossilien aus dem Pleistozän enthält, unter anderem Überreste vom wollhaarigen Mammut und weiteren frühen Mammutarten.

Olyer Suite Eine vielschichtige Aufeinanderfolge von Ablagerungen im Kolyma-Gebiet in Nordostsibirien. Hier fand man die frühesten Überreste vom Steppen- und wollhaarigen Mammut.

Olympic-Halbinsel Fundort im Staat Washington. Dort fand man das Skelett eines Mastodons, in dessen Rippe eine Geschoßspitze aus Knochen oder Geweih steckte.

Östliche Schelde Meeresbucht in den Niederlanden, von deren Grund man zahlreiche Säugetierfossilien, unter anderem Zähne von *M. meridionalis*, mit dem Schleppnetz barg.

Oulen Eiszeitliche Bilderhöhle im Ardèchetal (Frankreich) mit Gravierungen und Malereien, einschließlich mehrerer Mammuts.

Paviland Jungpaläolithischer Höhlenfundort in Südwales mit dem ältesten Grab in England. Man hat die bestattete Person, der mehrere Gegenstände aus Elfenbein beigegeben waren, irrtümlich als »red lady« bezeichnet.

Pawlow Jungpaläolithische Freilandfundstätte in Mähren (Tschechische Republik) nahe bei Dolní Věstonice. Sie enthielt zahlreiche Artefakte aus Mammutknochen und einen Stoßzahn mit komplexen gravierten Motiven, die manche als eine Karte oder Landschaftsdarstellung ansahen.

***Pech-Merle** Große eiszeitliche Bilderhöhle im Quercy (Frankreich) mit rund 60 Tierabbildungen, unter anderem auch einigen bemerkenswerten, schwarz gemalten Mammuts (*Adresse: 46330 Cabrerets, Dépt. Lot. Öffnungszeiten: Palmsonntag – 30. September 9.00 – 12.00 und 14.30 – 18.00 Uhr; 1. – 31. Oktober 9.30 – 11.30 und 15.30 – 17.00 Uhr; für den Rest des Jahres geschlossen. Tel. 0033-65312705*).

Pietrafitta Braunkohlengrube in Mittelitalien, in der man eine reichhaltige Fauna aus dem frühen Pleistozän vorfand. Hierzu zählen auch 15 zerbrochene Skelette des ursprünglichen Mammuts *M. meridionalis*.

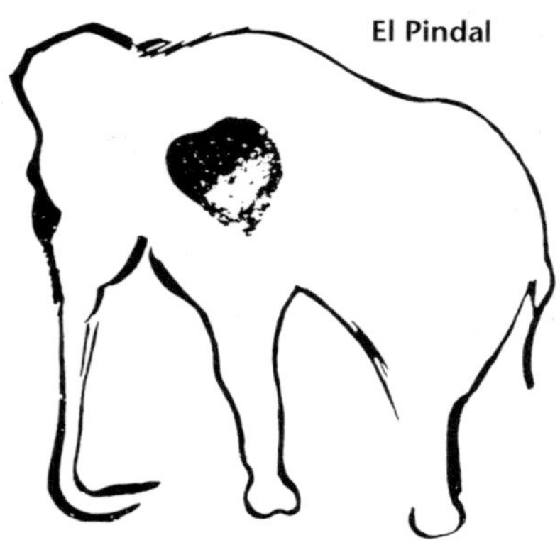

El Pindal

Pindal, El Eiszeitliche Bilderhöhle an der nordspanischen Küste. Sie ist wegen des mit roten Umrißlinien gemalten Mammuts mit einem »Herz« im Körperinnern berühmt geworden.

Polch Fundort in der Nähe von Koblenz, wo man Skeletteile von einem einzelnen, sehr alten Mammut ausgrub.

Praz Rodet Fundort in der Schweiz. Dort entdeckte man in den frühen siebziger Jahren ein sehr spätes, nur 12000 Jahre altes Skelett von einem Mammut.

Předmostí Paläolithische Freilandfundstätte in Mähren (Tschechische Republik). Die jungpaläolithischen Siedlungsschichten enthielten gewaltige Mengen von Mammutknochen (von rund 1000 Tieren), und ein Gemeinschaftsgrab war mit Mammutknochen bedeckt. Der Fundort lieferte ebenso zahlreiche Werkzeuge aus Knochen und Elfenbein sowie Werke der Kleinkunst, zum Beispiel ein aus Elfenbein geschnitztes Mammut und eine auf einen Stoßzahn gravierte stilisierte Frau.

***Rancho La Brea** Gebiet von Los Angeles (Kalifornien), wo Tausende von Tieren, einschließlich Nordamerikanischer Mammuts und Mastodonten, in den Pechseen steckenblieben und ums Leben kamen.

Red Crag Ausgedehnte Ablagerung von marinen Muschelsanden in Teilen Ostenglands, die zwischen 3,2 und 2,4 Millionen Jahre alte Fossilien enthalten, unter anderem die frühesten europäischen Mammuts der Spezies *M. meridionalis*.

***Rouffignac** Riesige eiszeitliche Bilderhöhle im Departement Dordogne (Frankreich) mit Hunderten von gemalten und gravierten Figuren an den Wänden und Decken. Die Mammuts überwiegen mit mehr als 100 Darstellungen (*Adresse: 24580 Rouffignac, Dépt. Dordogne. Öffnungszeiten: Palmsonntag – 30. Juni und 1. September – 31. Oktober, 10.00 – 11.30 und 14.00 – 17.00 Uhr; 1. Juli – 31. August 9.00 – 11.30 und 14.00 – 18.00 Uhr. Voranmeldung, sofern mehr als 20 Personen: Tel. 0033-53054171*).

Sanga-Jurach Fluß in Jakutien, wo man im Jahr 1908 den gefrorenen Kadaver eines weiblichen Mammuts entdeckte.

Santa Rosa Eine der Kalifornischen Kanalinseln vor Berkeley. Dort fand man Überreste des Zwergmammuts *M. exilis*.

Schandrin Nebenfluß der Indigirka. Man grub dort im Jahre 1972 das Skelett eines Mammuts aus, dessen Verdauungsorgane und Mageninhalte erhalten geblieben waren.

Scoppito (L'Aquila) Fundort in Mittelitalien. Man grub dort das Skelett eines gewaltigen ursprünglichen Mammuts (*M. meridionalis*) aus, das jetzt im Schloß von Aquila untergebracht ist.

Senèze und **Chilhac** Zwei Fundorte in Mittelfrankreich, wo man bis zu 1,9 Millionen Jahre alte Schädel von *M. meridionalis* barg.

Seva Sandgrube an der Seva bei Brjansk, wo man 1988 auf einen natürlichen Mammut-»Friedhof«, den größten in Europa, stieß. Die Funde sind vor allem wegen der sieben fast vollständigen Skelette von Tieren jeden Alters bemerkenswert, darunter auch drei Kälber. Es könnte sich um eine einzelne Herde oder um einen Familienverband handeln.

Siegsdorf Fundort in Bayern. Von dort stammt das größte Skelett eines Mammuts in Europa. Der Fund erhielt den Namen Oskar.

Sinaja Balka Fundort auf der Taman-Halbinsel nahe am Schwarzen Meer (Südrußland). Dort gibt es zahlreiche, rund eine Million Jahre alte Überreste von späten ursprünglichen Mammuts (*M. meridionalis*) mit Merkmalen, die bereits auf das Steppenmammut verweisen.

Spinagallo Höhle im Südosten Siziliens, wo man Überreste von den weltweit kleinsten Zwergelefanten fand. Sie waren möglicherweise Abkömmlinge vom *Mammuthus*-Stammbaum.

Stanton Harcourt Kiesgrube in Oxfordshire (England) mit Überresten einer 200000 Jahre alten Fauna, unter anderem von 34 Mammutstoßzähnen, die man in alten Ablagerungen der Themse entdeckte.

Starunia Fundort in Galizien (heute westliche Ukraine), wo die Kadaver von Nashörnern und einem Mammut in Erdwachsgruben konserviert gefunden wurden.

Steinheim Fundort in Süddeutschland. Man entdeckte dort zu Anfang dieses Jahrhunderts das große Skelett eines frühen Mammuts, das jetzt im Urmensch-Museum Steinheim ausgestellt ist.

Sungir Jungpaläolithische Freilandfundstätte im europäischen Teil Rußlands. Der weit im Norden Europas gelegene Fundort hat wegen seiner spektakulären Grabanlagen Berühmtheit erlangt. Den drei Skeletten waren zahlreiche Schmuckstücke und Kunstgegenstände beigegeben worden, darunter Speere, Armreife, Statuetten und rund 10000 Perlen aus Elfenbein.

Süssenborn Flußablagerungen in Ostdeutschland, in denen man viele Zähne vom Steppenmammut entdeckte, das nach diesen Funden als *M. trogontherii* definiert wurde.

Taimyr Tal des Mammut-Flusses im Nordwesten der Taimyr-Halbinsel (Sibirien). Dort entdeckte man 1948 das außergewöhnlich vollständige Skelett eines wollhaarigen Mammuts, das zum Typus für diese Art geworden ist.

Tata Freilandstätte aus dem mittleren Paläolithikum in Ungarn. Unter den Tierknochen überwiegen die Mammuts. Besonders bekannt ist der geschnitzte und polierte Teil vom Molaren eines Mammuts.

Tattershall Thorpe Fundort in Mittelengland mit einer reichhaltigen Ansammlung von Fossilien, die vermutlich aus der vorletzten Eiszeit stammen. Darunter befinden sich auch zahlreiche Zähne von Mammuts.

Tegelen Seeablagerung in den Niederlanden mit vielerlei Fossilien, die etwa 1,7 Millionen Jahre alt sind. Auch *M. meridionalis* ist vertreten.

Tepexpan Fundort in Mexiko mit den südlichsten Belegen des Nordamerikanischen Mammuts. Die Überreste waren mit Steinwerkzeugen vergesellschaftet.

Tiefe Rinne Bereich in der Nordsee zwischen England und den Niederlanden. Von dort barg man mit dem Schleppnetz Fossilien aus dem frühen und mittleren Pleistozän, unter anderem von *M. meridionalis* und *M. trogontherii*.

Tomsk Fundort in Westsibirien, wo man an einer Feuerstelle die zerbrochenen Knochen eines jungen Mammuts zusammen mit zahlreichen Steinwerkzeugen entdeckte.

Torralba und **Ambrona** Zwei große altpaläolithische Fundstätten an einem Seeufer in Spanien. Dort fanden sich teilweise verstreute Überreste von vielen Tieren, insbesondere größere Mengen vom Waldelefanten (*Palaeoloxodon antiquus*), zusammen mit Steinartefakten. Die meisten Tiere gelangten aufgrund natürlicher Ursachen hierher, aber einige könnten auch von Menschen getötet oder zerlegt worden sein.

Trinity-Fluß Schwemmablagerungen bei Dallas (Texas). In den Sand- und Kiesgruben stößt man seit den zwanziger Jahren auf zahlreiche Überreste vom Nordamerikanischen Mammut. Mindestens 15 Skelette und 13 Schädel sind überliefert.

Trois Frères, Les Große eiszeitliche Bilderhöhle in den französischen Pyrenäen mit Hunderten von Wandgravierungen, einschließlich einer besonders feinen Mammutgravierung im »Heiligtum«.

Tschernj Jar An diesem russischen Fundort entdeckte man den Schädel eines frühen Mammuts.

Ubeidiya Frühpaläolithischer Fundort in Israel mit rund einer Million Jahre alten Überresten von *M. meridionalis*.

Valdarno (Oberer) Bereich des Arno-Tals bei Florenz, in dem man zahlreiche Fossilien von *M. meridionalis* barg. Unter anderem fand man 1825 dort die Exemplare, die man zuerst als *»Elephas« meridionalis* bezeichnete.

Vilui Fundort westlich der Lena in Nordostsibirien. Der einzelne dort entdeckte Molar ist der östlichste Beleg für *M. meridionalis* in der Alten Welt.

Vogelherd Paläolithischer Höhlenfundort in Südwestdeutschland mit sehr frühen jungpaläolithischen Schichten, die aus Elfenbein geschnitzte Tierfiguren, darunter einige Mammuts, enthielten.

Voigtstedt Fundort in Thüringen mit den spätesten, rund 600000 Jahre alten Überresten von *M. meridionalis*.

Wellsch Valley Fundort in Saskatchewan (Kanada) mit einigen der frühesten Überreste von Mammuts (*M. meridionalis*) in Nordamerika. Sie sind etwa 1,5 Millionen Jahre alt.

West Runton Flußablagerungen in Norfolk (England) mit einer reichhaltigen Fossilienansammlung aus einer Warmzeit vor etwa 600000 Jahren, darunter von einem frühen Steppenmammut. Das Gebiet ist ein Teil des Cromer Forest-bed.

Wrangel-Insel Insel im Arktischen Ozean vor der Küste Nordostsibiriens. Dort fand man Überreste von Zwergmammuts, die nur zwischen 7000 und 3700 Jahre alt waren.

Zhalainuoer Kohlengrube in der Inneren Mongolei (China), in der man das größte Mammutskelett Chinas entdeckte. Ferner stieß man auf 13 kg Mammutkot, der etwa 33400 Jahre alt war.

Eine Auswahl von Museen mit Exponaten von Mammuts

BELGIEN

Brüssel Koninklijk Belgisch Instituut voor Natuurwetenschappen (Skelett eines Mammuts, Schädel und andere Fossilen)

DEUTSCHLAND

Bottrop Museum für Ur- und Ortsgeschichte (verschiedene Mammutüberreste)

Mainz Naturhistorisches Museum (Überreste vom Steppenmammut)

Münster Geologisch-paläontologisches Institut (Skelett eines Mammuts; Schädel eines Steppenmammuts; andere Fossilien)

Sangerhausen Spengler-Museum (Skelett eines ursprünglichen Mammuts oder Steppenmammuts)

Siegsdorf Museum Mammutheum mit Fossilien von Mammuts

Steinheim an der Murr Urmensch-Museum (Skelett eines frühen Mammuts)

Stuttgart Staatliches Museum für Naturkunde (Mammutknochen und viele andere Fossilien)

ENGLAND

Cardiff National Museum of Wales (Robotermodell eines Mammuts in Lebensgröße)

Ipswich Ipswich Museum (Knochen und Zähne; lebensgroßes Modell)

Jersey The Jersey Museum (Mammuts von La Cotte de St. Brelade)

London Natural History Museum (Schädel, Zähne und Knochen)

Norwich Norwich Castle Museum (Skelett eines Steppenmammuts)

FRANKREICH

Chilhac Musée de Chilhac, Auvergne (Schädel und andere Überreste von ursprünglichen Mammuts)

Lyon Musée Guimet d'Histoire Naturelle (Skelett eines Steppenmammuts oder wollhaarigen Mammuts)

Paris Musée National d'Histoire Naturelle (Skelett eines ursprünglichen Mammuts und Teile eines gefrorenen Kadavers)

Le Thot, Dordogne Centre de Recherches et d'Art Préhistorique (Roboternachbildung eines Mammuts)

ITALIEN

Aquila Schloß von Aquila (Skelett eines ursprünglichen Mammuts)

Florenz Museo di Geologia e Paleontologia dell'Università di Firenze (Skelette und Schädel von ursprünglichen Mammuts)

Rom Museo di Paleontologia e Geologia dell'Università di Roma (Skelette von Zwergelefanten; Schädel von Mammuts)

KANADA

Edmonton Provincial Museum of Alberta (Skelette und andere Überreste von wollhaarigen Mammuts und Nordamerikanischen Mammuts)

Ottawa Royal Ontario Museum (Fossilien)

POLEN

Krakau Institut für Systematik und Evolution der Tiere (in Erdwachs konservierte Überreste vom Mammut, Schädel und andere Fossilien)

RUSSLAND

Jakutsk Weltmuseum des Mammuts (gefrorene Überreste, Skelette und andere Fossilien von Mammuts)

Moskau Paläontologisches Museum (Skelett vom Mammut; andere Fossilien)

St. Petersburg Zoologisches Museum (gefrorene Überreste und Skelette von Mammuts)

SCHWEIZ

Basel Naturhistorisches Museum (Schädel und andere Überreste vom ursprünglichen Mammut)

TSCHECHISCHE REPUBLIK

Brno Anthropos-Museum (lebensgroße Nachbildung eines Mammuts; Skelett; Hinterlassenschaften von paläolithischen Fundstätten)

USA

Denver Denver Museum of Natural History, Colorado (Skelette und Schädel von Nordamerikanischen Mammuts)

Fairbanks University of Alaska Museum (verschiedene Fossilien)

Gainesville Florida State Museum of Natural History (ursprüngliche und Nordamerikanische Mammuts)

Hot Springs Hot Springs Mammoth Site, South Dakota (Ausgrabung Nordamerikanischer Mammuts)

Lincoln University Museum, Lincoln, Nebraska (Skelett eines Nordamerikanischen Mammuts, andere Fossilien)

Los Angeles Natural History Museum of Los Angeles County, California (Überreste aus den Pechgruben von Rancho La Brea, lebensgroße Modelle und Skelette von Nordamerikanischen Mammuts)

New York American Museum of Natural History (Skelett eines Nordamerikanischen Mammuts; gefrorenes Mammutkalb aus Alaska; andere Überreste)

Springfield Illinois State Museum (Skelett eines Mastodons; verschiedene Mammutfossilien)

Washington, D. C. National Museum of Natural History (verschiedene Fossilien)

Bibliographie

In jedem Abschnitt sind die wichtigsten Titel mit Sternchen gekennzeichnet.

Allgemeines

Agenbroad, L. D., und B. R. Barton: North American Mammoths: An Annotated Bibliography Mammoth Site, Hot Springs, South Dakota, 1991.

*Agenbroad, L. D., J. I. Mead und L. W. Nelson (Hgg.): Megafauna and Man: Discovery of America's Heartland, Hot Springs, South Dakota 1990.

Altuna, Jesús: Ekain und Altxerri bei San Sebastian. Zwei altsteinzeitliche Bilderhöhlen im spanischen Baskenland, hg. von G. Bosinski, Sigmaringen 1996.

Augusta, J., und Z. Burian: A Book of Mammoths, London 1992.

Carrington, R.: Elephants, New York 1959.

Clottes, Jean: Niaux. Die altsteinzeitlichen Bilderhöhlen in der Ariège, hg. von G. Bosinski, Sigmaringen 1997.

– und Courtin, Jean: Grotte Cosquer. Eine im Meer versunkene Bilderhöhle, hg. von G. Bosinski, Sigmaringen 1995.

Cohen, C.: Le Destin du Mammouth, Paris 1994.

Garutt, W. E.: Das Mammut *Mammuthus primigenius* (Blumenbach), Stuttgart 1964.

*Guthrie, R. D.: Frozen Fauna of the Mammoth Steppe. The Story of Blue Babe, Chicago 1990.

*Haynes, G.: Mammoths, Mastodonts, and Elephants: Biology, Behavior, and the Fossil Record, Cambridge 1991.

Joger, U., und U. Koch: Mammuts aus Sibirien, Darmstadt (Hessisches Landesmuseum) 1994.

Kurtén, B., und E. Anderson: Pleistocene Mammals of North America, New York 1980.

Mol, D., L. D. Agenbroad und J. I. Mead: Mammoths, Hot Springs, South Dakota, 1993.

*Mol, D., und H. van Essen: De Mammoet. Sporen uit de Ijstijd, 's-Gravenhage 1992.

Shoshani, J. (Hg.): Elephants, New South Wales 1992.

Silverberg, R.: Mammoths, Mastodons and Man, Kingswood 1970.

Stuart, A. J.: Pleistocene Vertebrates in the British Isles, London 1982.

*Surmely, F.: Le Mammouth, Géant de la Préhistoire, Paris 1993.

Sutcliffe, A. J.: On the Track of Ice Age Mammals, London/Cambridge, Mass., 1985.

Vereshchagin, N. K., und A. N. Tikhonov: Das äußere Erscheinungsbild des Mammuts, Jakutsh 1990 [in Russisch].

1 Die Ursprünge

Allgemein: Garutt, Kurtén und Anderson, Mol und van Essen, Shoshani.

Aguirre, E. E.: Revisión Sistemática de los Elephantidae por su Morfología y Morfometría Dentaria, in: Estudios Geológicos 24, 1968, 1969, S. 109–167; 25: S. 123–177, 317–367.

Azzaroli, A. A.: Evolutionary patterns of Villafranchian elephants in central Italy, in: Mem. Atti. Accad. Naz. Lincei, Sci. fiz., mat. und nat., ser. 8, 14, 1977, S. 149–168.

Caloi, L., T. Kotsakis, M. R. Palombo und C. Petronio: The Pleistocene dwarf elephants of Mediterranean islands, in: Shoshani und Tassy.

Dubrovo, I. A.: A history of the elephants of the Archidiskodon – Mammuthus phylogenetic line on the territory of the USSR, in: Journal of the Palaeontological Society of India 20, 1977, S. 33–40.

Frenzel, B., M. Pécsi und A. A. Velichko (Hgg.): Atlas of Paleoclimates and Paleoenvironments of the Northern Hemisphere. Late Pleistocene – Holocene, Stuttgart 1992.

Kalb, J. E., und A. Mebrate: Fossil elephantoids from the hominid-bearing Awash Group, Middle Awash Valley, Afar Depression, Ethiopia, in: Transactions of the American Philosophical Society 83, 1993, S. 1-114.

Lister, A. M.: Proboscidean Evolution, in: Trends in Ecology and Evolution 4, 1989, S. 362–363.

– Mammoths in miniature, in: Nature 362, 1993, S. 288–289.

*– History and taxonomy of the mammoth lineage in Eurasia, in: Shoshani und Tassy.

*Maglio, V. J.: Origin and evolution of the Elephantidae, in: Transactions of the American Philosophical Society 63, 1973, S. 1–149.

Osborn, H. F.: Proboscidea, Bd. 2, New York 1942.

Roth, V. L.: Dwarfism in elephants in the Californian Islands, in: Shoshani und Tassy.

Sher, A. V.: On the history of mammal fauna of Beringida, in: Quartärpaläontologie 6, 1986, S. 185–193.

Shoshani, J., J. M. Lowenstein, D. A. Walz und M. Goodman: Proboscidean origins of mastodon and woolly mammoth demonstrated immunologically, in: Paleobiology 11, 1985, S. 429–437.

*Shoshani, J., und P. Tassy (Hgg.): The Proboscidea: Trends in Evolution and Palaeoecology, Oxford 1994.

Tassy, P., und J. Shoshani: The Tethytheria: elephants and their relatives, in: The Phylogeny and Classification of the Tetrapods, Bd. 2 (hg. von M. J. Benton), Oxford 1988, S. 283–315.

Vartanyan, S. L., V. E. Garutt und A. V. Sher: Holocene dwarf mammoths from Wrangel Island in the Siberian Arctic, in: Nature 362, 1993, S. 337–340.

2. Ausgrabungen von Mammuts

Allgemein: Agenbroad und Barton, Garutt, Kurtén, Stuart, Sutcliffe.

*Agenbroad, L. D., und J. I. Mead (Hgg.): The Hot Springs Mammoth Site: A Decade of Field and Laboratory Research in Paleontology, Geology and Paleoecology, Hot Springs, South Dakota, 1994.

Anthony, H. E.: Nature's deep freeze, in: Natural History 58, 1949, S. 296–301.

*Digby, B.: The Mammoth and Mammoth-Hunting in North-East Siberia, London/New York 1926.

Harris, J. M. (Hg.): Terra 31 (1), 1992 [speziell zu Rancho La Brea].

Herz, O. F.: Frozen mammoth in Siberia, in: Ann. Rep. Smithsonian Inst. for year ending June 30 1903, 1904, S. 611–625.

Leroi-Gourhan, A.: Le mammouth dans la zoologie mythique des Esquimaux, in: La Terre et la Vie, 2. Folge, 1. 1935, S. 3–12.

Lister, A. M.: The Condover mammoth site: excavation and research 1986–93, in: Cranium 10, 1993, S. 61–67.

Mashchenko, E. N.: Die Struktur einer Mammutherde aus dem späten Pleistozän in Sevsk (Rußland, Brjansk-Gebiet), in: Proc. Zoological Inst. St. Petersburg 246, 1992, S. 41–59 [in Russisch].

Mol, D.: Het ijstijdlandschap van de zuidelijke Noordzee, in: Grondboor en Hamer (Nederlandse Geologische Vereniging) 45 (1), 1991, S. 9–14.

Mol, D., A. Verhagen und H. van Essen: De mammoet en de prehistorische mens van Siegsdorf, in: Cranium 5 (1), 1988, S. 57–64.

Nelson, L. W.: Mammoth Graveyard: A Treasure-Trove of Clues to the Past, Hot Springs, South Dakota, 1988.

*Pfizenmayer, E. W.: Mammutleichen und Urwaldmenschen in Nordost-Sibirien, Leipzig 1926.

Stock, C.: Rancho La Brea: A Record of Pleistocene Life in California, Los Angeles, ^{7}1992.

*Tolmachoff, I. P.: The carcasses of the mammoth and rhinoceros found in the frozen ground of Siberia, in: Transactions of the American Philosophical Society 23, 1929, S. 1–76.

Vereshchagin, N. K.: Der Mammut-»Friedhof« von Berelekh, in: Proc. Zoological Inst., Leningrad 72, 1977, S. 5–50 [in Russisch].

*Vereshchagin, N. K. und V. M. Mikhelson (Hgg.): Das Mammutkalb von Magadan, Leningrad 1981 [in Russisch].

3. Die Naturgeschichte der Mammuts

Allgemein: Guthrie, Haynes, Vereshchagin und Tikhonov.

Allison, N.: Evidence of mastodont's last meal: bacteria still working after 11 000 years, in: Mammoth Trumpet 6 (4), 1991, S. 1–6.

Bricknell, I.: Palaeopathology of Pleistocene proboscideans in Britain, in: Modern Geology 11, 1987, S. 295–309.

*Buss, I. O.: Elephant Life: Fifteen Years of High Population Density, Ames 1990.

*Kubiak, H.: Morphological adaptations of the mammoth: an adaptation to the arctic-steppe environment, in: Paleoecology of Beringia (hg. von D. M. Hopkins u. a.), New York 1982, S. 281–289.

Mead, J. I., L. D. Agenbroad, O. K. Davis und P. S. Martin: Dung of Mammuthus in the arid southwest, North America, in: Quaternary Research 25, 1986, S. 121–127.

Roth, V. L.: Fabricational noise in elephant dentitions, in: Paleobiology 15, 1989, S. 165–179.

*Sikes, S. K.: The Natural History of the African Elephant, London 1971.

Spiegeleire, M. A. de: Figurations paléolithiques et réalité anatomique du mammouth (*Mammuthus primigenius*): essai d'interprétation, in: Bull. Soc. belge Anthrop. Préhist. 96, 1985, S .93–116.

Suzuki, N., A. Tikhonov, N. K. Vereshchagin und T. Hamada: Extracted heart from the frozen baby mammoth in Siberia, in: Scientific Papers of the College of Arts and Sciences, Univ. Tokyo, 42, 1992, S. 63–78.

Ukraintseva, V. V.: Vegetation Cover and Environment of the »Mammoth Epoch« in Siberia, Hot Springs, South Dakota, 1993.

4 DIE MAMMUTS UND DIE MENSCHLICHE KULTUR

Allgemein: AUGUSTA und BURIAN.

BADER, O. N.: La Caverne Kapovaïa, Peinture Paléolithique, Moskau, 1965.

BAHN, P., und J. VERTUT: Journey through the Ice Age (erweiterte und aktualisierte Ausgabe von »Images of the Ice Age«), London 1997.

BERDIN, M. O.: La répartition des mammouths dans l'art pariétal quaternaire, in: Travaux de l'Institut d'Art Préhistorique de Toulouse 12, 1970, S. 181–367.

BIBIKOV, S. N.: Die ältesten Musikinstrumente aus Mammutknochen, Kiew 1981 [in Russisch].

BOSINSKI, G.: The mammoth engravings of the Magdalenian site Gönnersdorf (Rhineland, Germany), in: La Contribution de la Zoologie et de l'Ethologie à l'Interprétation de l'Art des Peuples Chasseurs Préhistoriques (hg. von H.-G. BANDI u. a.), Fribourg 1984, S. 295–322.

*BOSINSKI, G., und G. FISCHER: Mammut- und Pferdedarstellungen von Gönnersdorf, Wiesbaden 1980.

CAPITAN, L., H. BREUIL und D. PEYRONY: La Caverne de Font-de-Gaume aux Eyzies (Dordogne), Monaco 1910.

– Les Combarelles aux Eyzies (Dordogne), Paris 1924.

CHAUVET, Jean-Marie, DESCHAMPS, Éliette Brunel, und HILLAIRE, Christian: Grotte Chauvet. Altsteinzeitliche Höhlenkunst im Tal der Ardèche, hg. von G. BOSINSKI, Sigmaringen 1995.

CORCHÓN, M. S.: Representaciones de fauna fría en el arte mueble de la Cueva de Caldas (Asturias, España). Significación e implicaciones en el arte parietal, in: Zephyrus 44/45 (1991/92), S. 35–64.

*GLADKIH, M. I., N. L. KORNIETZ und O. SOFFER: Mammoth-bone dwellings on the Russian Plain, in: Scientific American 251 (5), 1984, S. 136–143.

HAHN, J.: Kraft und Aggression. Die Botschaft der Eiszeitkunst im Aurignacien Süddeutschlands?, in: Archaeologica Venatoria 7, Tübingen 1986.

HAHN, J., u. a. (Hgg.): Le Travail et l'Usage de l'Ivoire au Paléolithique Supérieur, Rom 1995.

HAYNES, C. V., und E. T. HEMMINGS: Mammoth-bone shaft wrench from Murray Springs, Arizona, in: Science 159, 1968, S. 186–187.

JORDA CERDA, F.: El mamut en el arte paleolitico peninsular y la hierogamia de Los Casares, in: Homenaje al Prof. M. Almagro Basch I, Madrid 1983, S. 265–272

*KLEIN, R. G.: Ice Age Hunters of the Ukraine, Chicago 1973.

KOZLOWSKI, J. K., und H. KUBIAK: Late Palaeolithic dwellings made of mammoth bones in South Poland, in: Nature 237, 1972, S. 463–464.

LIUBIN, V. P.: Die Mammutdarstellungen in der paläolithischen Kunst, in: Sovjetskaja Arkheologija, 1991, S. 20–42 [in Russisch].

LORBLANCHET, Michel: Höhlenmalerei. Ein Handbuch, hg. von G. BOSINSKI, Sigmaringen 1997.

*PALES, L., und M. T. DE ST. PEREUSE: Les Gravures de La Marche: IV, Cervidés, Eléphants et Divers, Paris 1989.

*SEMENOV, S. A.: Prehistoric Technology (übersetzt von M. W. THOMPSON), Bath 1964.

SOFFER, O.: The Upper Paleolithic of the Central Russian Plain, Orlando 1985.

THOMPSON, B.: Where have all the mammoths gone?, in: Patina (Utah), June 1993, in 2 Teilen: 1–21 und 1–23.

VALDE-NOWAK, P., A. NADACHOWSKI und M. WOLSAN: Upper Palaeolithic boomerang made of a mammoth tusk in South Poland, in: Nature 329, 1987, S. 436–438.

5 WARUM STARBEN DIE MAMMUTS AUS?

Allgemein: AGENBROAD, MEAD und NELSON, CARRINGTON, GUTHRIE, HAYNES.

BILLIARD, G.: Y a-t-il encore des mammouths vivants?, in: Bulletin de la Société Préhistorique française 44, 1947, S. 41–43.

BUDYKO, M. I.: On the causes of the extinction of some animals at the end of the Pleistocene, in: Soviet Geog. Review and Translation 8, 1967, S. 783–793.

CONYBEARE, A., und HAYNES, G.: Observations on elephant mortality and bones in water holes, in: Quaternary Research 22, 1984, S. 189–200.

DANSGAARD, W., u. a.: Evidence for general instability of past climate from a 250-kyr ice-core record, in: Nature 364, 1993, S. 218–220.

EISELEY, L. C.: Myth and mammoth in archaeology, in: American Antiquity 11 (2), 1945, S. 84–87.

FISHER, D. C.: Mastodon butchery by North American Paleo-Indians, in: Nature 308, 1984, S. 271–272.

– Extinction of proboscideans in North America, Kap. 30 (S. 296–315), in SHOSHANI und TASSY 1996.

FISHER, J. W.: Observations on the Late Pleistocene bone assemblage from the Lamb Spring site, Colorado, in: Ice Age Hunters of the Rockies (hg. von D. J. STANFORD und J. S. DAY), Niwot 1992, S. 51–81.

FRISON, G. C.: Cultural activity associated with prehistoric mammoth butchering and processing, in: Science 194, 1976, S. 728–730.

– Clovis tools and weaponry efficiency in an African elephant context, in: American Antiquity 54, 1989, S. 766–778.

FRISON, G. C., und L. C. TODD: The Colby Mammoth Site: Taphonomy and Archaeology of a Clovis Kill in Northern Wyoming, Albuquerque 1986.

HAGELBERG, E., M. G. THOMAS, C. E. COOK, jr., BARISCHNIKOV, G., SHER, A. V., und A. M. LISTER: DNA from mammoth bones, in: Nature 370, 1994, S. 333f.

HAYNES, C. V.: Elephant-hunting in North America, in: Scientific American 214, 1966, S. 104–112.

– Geoarchaeological and paleohydrological evidence for a Clovis-age drought in North America and its bearing on extinction, in: Quaternary Research 35, 1991, S. 438–450.

HAYNES, G.: Age profiles in elephant and mammoth bone assemblages, in: Quaternary Research 24, 1985, S. 333–345.

*– Late Pleistocene mammoth utilization in northern Eurasia and North America, in: Archaeozoologia 3, 1989, S. 81–108.

HEUVELMANS, B.: On the Track of Unknown Animals, London ^{2}1962.

LISTER, A. M., und SHER, A. V.: Ice cores and mammoth extinction, in: Nature 378, 1995, S. 23–24.

*MARTIN, P. S., und R. G. KLEIN (Hgg.): Quaternary Extinctions. A Prehistoric Revolution, Tucson 1984.

MITHEN, S.: Simulating mammoth hunting and extinction: implications for the Late Pleistocene of the Central Russian Plain, in: Hunting and Animal Exploitation in the Later Palaeolithic and Mesolithic of Eurasia (hg. von G. L. PETERSEN u. a.), 1993, S. 163–178.

MOSIMANN, J. E., und P. S. MARTIN: Simulating overkill by Paleoindians, in: American Scientist 63, 1975, S. 304–313.

NARR, K. J.: Des Mammuts Ende: Aussterben oder Ausrottung?, in: Jahrbuch des Bernischen Historischen Museums 63/4 (1983/4), 1985, S. 225–239.

OWEN-SMITH, N.: Pleistocene extinctions: the pivotal role of megaherbivores, in: Paleobiology 13, 1987, S. 351–362.

*SAUNDERS, J. J.: A model for man-mammoth relationships in Late Pleistocene North America, in: Canadian Journal of Anthropology 1 (1), 1980, S. 87–98.

SCOTT, K.: Two hunting episodes of Middle Palaeolithic age at La Cotte de Saint-Brelade, Jersey (Channel Islands), in: World Archaeology 12, 1980, S. 137–152.

SHER, A. V.: Late-Quaternary extinction of Large mammals in northern Eurasia: a new look at the Siberian evidence, in: HUNTLEY, B., u. a. (Hgg.), Past and Future Rapid Environmental Changes, S. 313–337, Berlin 1996.

SOFFER, O.: Upper Paleolithic adaptations in central and eastern Europe and man/mammoth interactions, in: From Kostenki to Clovis, Upper Paleolithic – Paleo-Indian Adaptations (hg. von O. SOFFER und N. D. PRASLOV), New York 1993, S. 31–49.

STANFORD, D., R. BONNICHSEN und R. E. MORLAN: The Ginsberg experiment: modern and prehistoric evidence of a bone flaking technology, in: Science 212, 1981, S. 438–440.

STRONG, W. D.: North American traditions suggesting a knowledge of the mammoth, in: American Anthropologist 36, 1934, S. 81–88.

*STUART, A. J.: Mammalian extinctions in the Late Pleistocene of northern Eurasia and North America, in: Biological Reviews 66, 1991, S. 453–562.

– The failure of evolution: Late Quaternary mammalian extinctions in the Holarctic, in: Quaternary International 19, 1993, S. 101–107.

WIE INTERPRETIERT MAN DIE BEFUNDE?

Allgemein: GUTHRIE, HAYNES, STUART, SUTCLIFFE

LISTER, A. M.: Sexual dimorphism in the mammoth pelvis: an aid to gender determination, in: SHOSHANI und TASSY.

*LOWE, J. J., und M. J. C. WALKER: Reconstructing Quaternary Environments, London ^{2}1997.

PÄÄBO, S.: Ancient DNA, in: Scientific American, Nov. 1993, S. 60–66.

REGISTER

Kursiv gesetzte Seitenzahlen verweisen auf eine Abbildung oder auf einen Text im Kasten

Danksagungen

Viele Freunde und Kollegen haben bei der Niederschrift dieses Buches unschätzbare Hilfe geleistet, indem sie uns Dokumentationen, Bilder und Informationen großzügig zur Verfügung stellten. Unser besonderer Dank gilt Larry Agenbroad, Gennady Baryshnikov, Gerhard Bosinski, Bernard Bredow, Ian Bricknell, Alan Bryan, Jane Callander, Paul Callow, Lucia Caloi, Claudine Cohen, Russell Coope, George Corner, Andrew Currant, Rob Driscole, Irina Dubrovo, Francesco d'Errico, Hans van Essen, George Frison, Asya Lvovna Gabysheva, Vadim Garutt, Morris Goodman, Dale Guthrie, Mariana Gvozdover, Erika Hagelberg, Adrien Hannus, Jon Hather, Gary Haynes, Vance Haynes, Gordon Hillman, Flavius Ikome, Ann Inscker, Ken Joysey, Kathy Judelson, Ralf Kahlke, Jon Kalb, Alice Kehoe, Wighart von Koenigswald, Thijs van Kolfschoten, Henryk Kubiak, Peter Lazarev, Phyllis Lee, Rod Long, Alexander Marshack, Paul Martin, Eugene Mashchenko, Geoffrey McCabe, Jim Mead, Simon Mikhailov, Steven Mithen, Dick Mol, Joe Muller, Adam Nadachowski, William Nawrocki, Kate O'Sullivan, Gilles Pacaud, Shirley-Ann Pager, Jean Plassard, Philip Powell, Nikolai Praslov, Louise Roth, Dominique Sachi, Robert Sattler, Jeffrey Saunders, Kate Scott, Nick Shackleton, Viachleslav Shchelinsky, Andrei und Anna Sher, Vladimir Shirokov, Jeheskel Shoshani, Anthony Stuart, Antony and Una Sutcliffe, Richard Tedford, Alexei Tikhonov, Pat Troy, Pawel Valde-Nowak, Nikolai Vereshchagin, Yvonne Vertut und Jesse Warner. Den nachfolgend aufgeführten Kollegen möchten wir herzlich dafür danken, daß wir die Ergebnisse ihrer Forschungsarbeiten in Schaubildern und Diagrammen darstellen konnten: W. Dansgaard und Kollegen (S. 134f.), Vadim Garutt (S. 149f.), Fiona Grün (S. 147), Dale Guthrie (S. 38), Erika Hagelberg und Kollegen (S. 138f.), Steven Mithen (S. 136), Kate Scott (S. 129), Nick Shackleton und Kollegen (S. 26), Andrei Sher (S. 74), Volker Sommer und M. A. de Spiegeleire (S. 149). Für die Abbildung S. 117 unten stand Cynthia Henriques Modell. Paul Bahn konnte die Kapova-Höhle im Ural dank der freundlichen Unterstützung von Olga Boiko, Nick Evans, Viacheslav Kotov, Nigel Lewis und Erika Rauschenbach besuchen. Adrian Listers Reise zu einer jakutischen Mammut-Ausstellung in Dinard (Frankreich) wurde durch die freundliche Unterstützung von Gilles Pacaud ermöglicht. Unser abschließender Dank gilt Jean Auel, der das Vorwort verfaßte; unserer Agentin Sheila Watson; und Antony Mason sowie allen Verlagsmitarbeitern, die die Fertigstellung des Buches von Anbeginn mit Rat und Tat begleiteten. Sollten wir unabsichtlich jemanden in dieser Aufzählung vergessen haben, so bitten wir um Entschuldigung.

Abbildungsnachweise l = links; r = rechts; o = oben; u = unten
1 Paul Bahn; 2/3 M. O. und J. Plassard; 6 The Natural History Museum, London; 7 Alexander Marshack; 10/11 Anup Shah/Planet Earth Pictures; 18o Douglas Faulkner/Oxford Scientific Films; 18u Paul McCullagh/Oxford Scientific Films; 22 P. Kumar/Planer Earth Pictures; 23 Jon Kalb; 24 Dick Mol; 25o Adrian Lister; 25u ENEL S. p. a. (Italien); 27 Daniel J. Cox/Oxford Scientific Films; 31 Dr. R. Tedford/American Museum; 34 Daniel J. Cox/Oxford Scientific Films; 35l Nikita Ovsianikov; 35r Mit freundlicher Genehmigung der University of Nebraska; 36/37 The Mammoth Site of Hot Springs, South Dakota, Inc.; 40 Matthieu Scandella; 40/41 The Mansell Collection; 41o The Peale Museum; 41u Matthieu Scandella; 42/43 Andrei Sher; 43 The Natural History Museum, London; 44 Torquay Museum; 45o Dr. V. E. Garutt; 45u Novosti; 46o Weltmuseum der Mammuts, Jakutien; 46u V. M. Khabri; 47 Andrei Sher, 48 A. V. Lozhkin; 49o Dale Guthrie; 49u Novosti; 50 N. K. Vereshchagin; 51o mit freundlicher Genehmigung von Gary Haynes und dem Hwange Research Trust; 51m Pavel A. Nikolskiy; 51u Dick Mol; 52o Northern Arizona University; 52u Larry Agenbroad; 53 The Mammoth Site of Hot Springs, South Dakota, Inc.; 56/57 mit freundlicher Genehmigung des George C. Page Museums; 57 Kate O'Sullivan; 58o A. J. Sutcliffe; 58u The Telegraph, 59 Flip Schulke/Planet Earth Pictures; 60 Thijs van Kolfschoten; 61o Adrian Lister; 61u Dick Mol; 62/63 M. O. und J. Plassard; 68 Paul Bahn; 68/69 Mike Newton; 69l N. K. Vereshchagin; 69r/70o Mike Newton; 70ul Lon E. Lauber/Oxford Scientific Films; 70ur Mike Newton; 71o Masahiro Iijima/Ardea; 71b Musée National d'Histoire Naturelle, Paris; 72l mit freundlicher Genehmigung von Gary Haynes und dem Hwange Research Trust; 72r Torquay Museum; 73l Naoki Suzuki; 73r Morris Goodman; 75o Musée Autun; 75ml A. J. Sutcliffe; 75mr Neil Davies/A–Z Botanical Collection; 75ul Jon Hather; 75ur A. J. Sutcliffe; 76o E. Mead; 76m Paul Martin; 76ul Gordon Hillman; 76ur Jon Hather; 77ol Naoki Suzuki; 77ur Paul Bahn; 77u M. O. und J. Plassard; 78o Adrian Lister; 78u Institut für Paläontologie, Universität Bonn, G. Oleschinski; 78/79 Mike Newton; 80ul Page Museum/Finley Holiday Films; 80or/u Musée Autun; 81o The Natural History Museum, London; 81ulr Musée Autun; 81um Adrian Lister; 86o M. O. und J. Plassard; 86/87u Steve Turner/Oxford Scientific Films; 87 Jean Vertut; 88 John Bracegirdle/Planet Earth Pictures; 89o Mike Newton; 89u Dr. C. Vance Haynes; 90o Mike Newton; 90ul Adrian Lister; 90ur/91o Mike Newton; 91u Oxford University Museum; 92/93 Paul Bahn; 95 Réunion des Musées Nationaux; 96o Musée National d'Histoire Naturelle, Paris; 96u Jean Vertut; 98o Dominique Sacchi; 98m Alexander Marshack; 98u Dominique Sacchi; 99 Prähistorische Staatssammlung, Museum für Vor- und Frühgeschichte, München; 100o Paul Bahn; 100u/102 Jean Vertut; 103o E. Mead; 103u/104 Paul Bahn; 106 Dominique Sacchi; 108 Alexander Marshack; 109 Paul Bahn; 110 Dr. L. Adrien Hannus; 111o Alexander Marshack; 111u The Natural History Museum, London; 112 Dr. Pawel Valde-Nowak; 112/113 Matthieu Scandella; 113/115 Alexander Marshack; 116l Mike Newton; 116r Jakutsk, Kunstmuseum; 117o N. K. Vereshchagin; 117ul/ur Mike Newton; 118/119 Jean Vertut; 126o Denver Museum of Natural History; 126u Arizona State Museum, The University of Arizona; 127o Denver Museum of Natural History; 127u Arizona State Museum, The University of Arizona; 128 Réunion des Musées Nationaux; 129o die Briefmarken mit freundlicher Genehmigung des Postamts von Jersey; 129m Kate Scott; 129u Adrian Lister; 130o/m Réunion des Musées Nationaux; 130u Adrian Lister; 131o N. Praslov; 131u Adrian Lister; 132/133o Lon E. Lauber/Oxford Scientific Films; 132/133u Juri Shibenev/Planet Earth Pictures; 137o Nikita Ovsianikov; 137u The Mansell Collection; 139ol Département de tourisme, Dordogne; 139or Paul Bahn; 139u Geoff Tompkinson/Science Photo Library; 151 Hulton Deutsch Collection.

Nachweise der Illustrationen
David Ashby 21r, 64or, 68--69; Bounford Chapman Associates 12o, 16o, 25ur, 26, 27u, 28o, 30o, 35o, 45, 53, 74u, 78o, 79ur, 121o, 134--135; Bill Donohue 38--39, 54--55; Andrew Farmer 64--65, 66--67, 82--83, 84--85, 149, 150; Gary Hincks 20--21, 120–121, 122--123; Mark Iley 94--95, 104--105; Mainline Design 138u; Oxford Cartographers 152–56; Richard Phipps 12--13, 14--15, 16--17, 28--29, 32--33; Sue Sharples 83u, 148; Ann Winterbotham 15o, 38u, 54u, 67o, 85o; 124–125; Michael Woods 5, 12u, 15u, 16u 22–23, 25ul, 27o, 28u, 31u, 32u, 137u; 97 Franz Steiner Verlag Wiesbaden GmbH, Stuttgart.